#빠르게
#상위권맛보기
#2주+2주_완성
#어려운문제도쉽게

초등
일등전략

Chunjae
Makes
Chunjae

[일등전략] 초등 수학 6-1

기획총괄 김안나
편집개발 이근우, 김정희, 서진호, 김현주, 최수정, 김혜민, 박웅, 김정민, 최경환
디자인총괄 김희정
표지디자인 윤순미, 심지영
내지디자인 박희춘, 이혜미
제작 황성진, 조규영

발행일 2022년 12월 1일 초판 2022년 12월 1일 1쇄
발행인 (주)천재교육
주소 서울시 금천구 가산로9길 54
신고번호 제2001-000018호
고객센터 1577-0902

BOOK1

분수의 나눗셈

소수의 나눗셈

각기둥과 각뿔

초등 **수학**

6·1

이 책의

구성과 특징

2주 완성

1주 분수의 나눗셈, 소수의 나눗셈

도입 만화

이번 주에 배울 내용의 핵심을 만화 또는 삽화로 제시하였습니다.

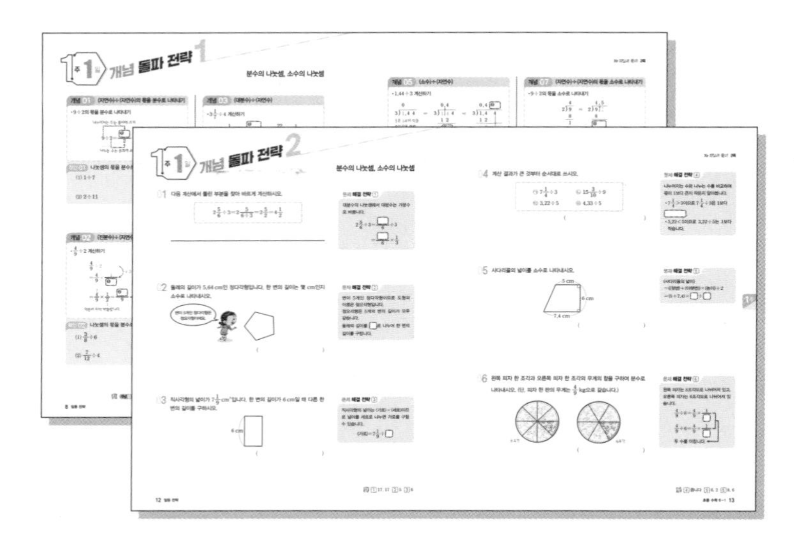

1·1 개념 돌파 전략 1

1·1 개념 돌파 전략 2

분수의 나눗셈, 소수의 나눗셈

개념 돌파 전략 1, 2

개념 돌파 전략1에서는 단원별로 개념을 설명하고 개념의 원리를 확인하는 문제를 제시하였습니다.
개념 돌파 전략2에서는 개념을 알고 있는지 문제로 확인할 수 있습니다.

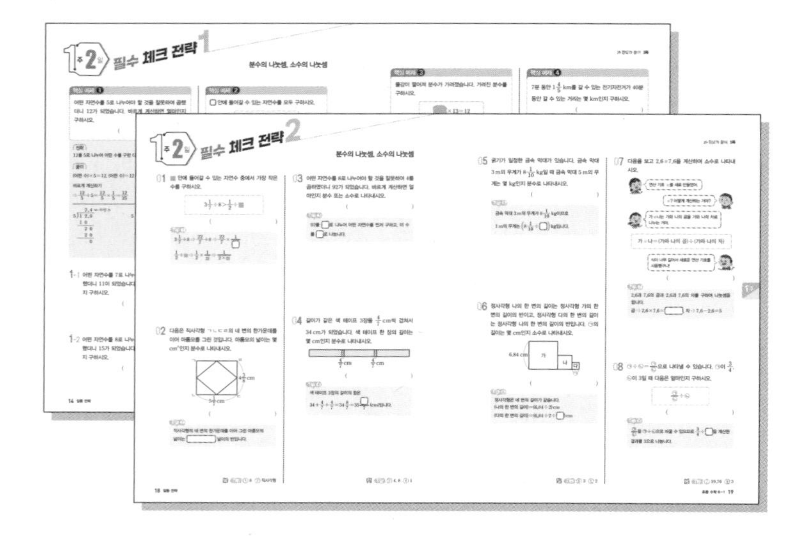

1·2 필수 체크 전략 1

1·2 필수 체크 전략 2

분수의 나눗셈, 소수의 나눗셈

필수 체크 전략 1, 2

필수 체크 전략1에서는 단원별로 나오는 중요한 유형을 반복 연습할 수 있도록 하였습니다.
필수 체크 전략2에서는 추가적으로 나오는 다른 유형을 문제로 확인할 수 있도록 하였습니다.

1주에 3일 구성 + 1일에 6쪽 구성

부록 꼭 알아야 하는 대표 유형집

부록을 뜯으면 미니북으로 활용할 수 있습니다. 대표 유형을 확실하게 익혀 보세요.

주 마무리 평가

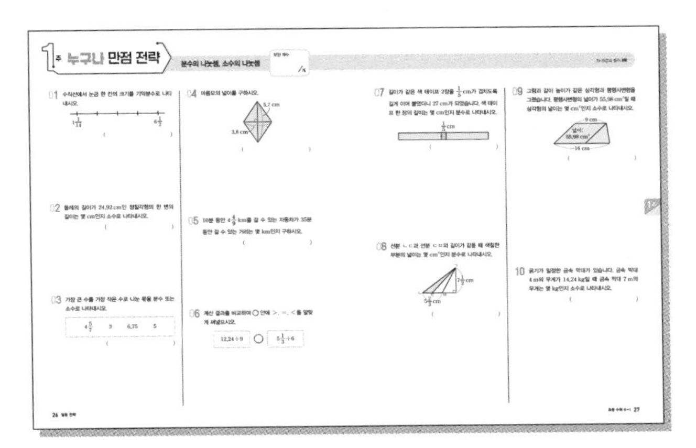

누구나 만점 전략

누구나 만점 전략에서는 주별로 꼭 기억해야 하는 문제를 제시하여 누구나 만점을 받을 수 있도록 하였습니다.

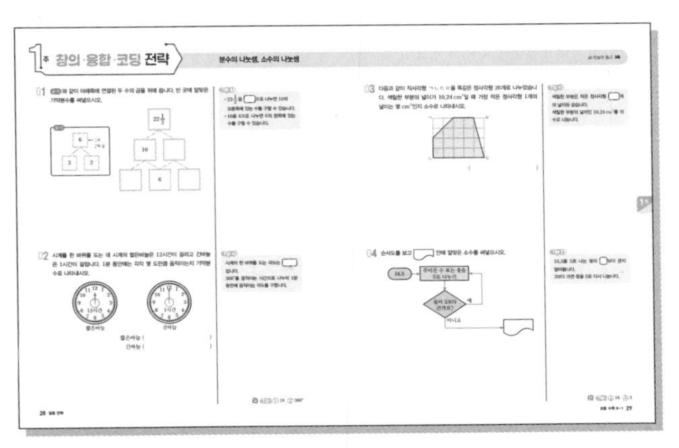

창의·융합·코딩 전략

창의·융합·코딩 전략에서는 새 교육과정에서 제시하는 창의, 융합, 코딩 문제를 쉽게 접근할 수 있도록 하였습니다.

마무리 코너

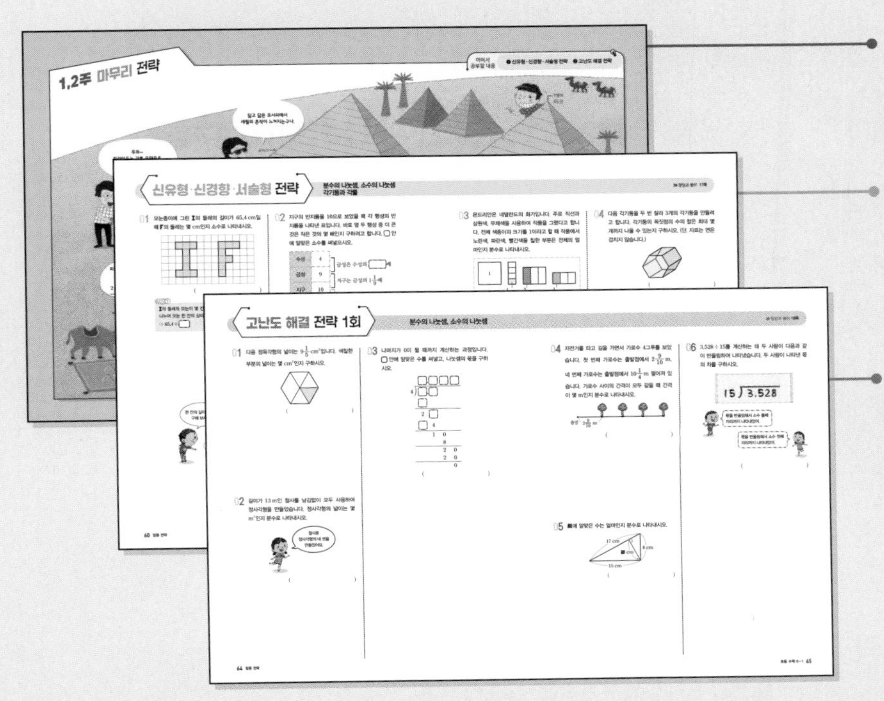

1, 2주 마무리 전략

마무리 전략은 이미지로 정리하여 마무리할 수 있게 하였습니다.

신유형·신경향·서술형 전략

신유형·신경향·서술형 전략은 새로운 유형도 연습하고 서술형 문제에 대한 적응력도 올릴 수 있습니다.

고난도 해결 전략 1회, 2회

실제 시험에 대비하여 연습하도록 고난도 실전 문제를 2회로 구성하였습니다.

이 책의 차례

BOOK1

1주 분수의 나눗셈, 소수의 나눗셈 6쪽

1일 개념 돌파 전략 1 8~11쪽
1일 개념 돌파 전략 2 12~13쪽
2일 필수 체크 전략 1 14~17쪽
2일 필수 체크 전략 2 18~19쪽
3일 필수 체크 전략 1 20~23쪽
3일 필수 체크 전략 2 24~25쪽

누구나 만점 전략 26~27쪽
창의 · 융합 · 코딩 전략 28~31쪽

2주 각기둥과 각뿔 32쪽

1일 개념 돌파 전략 1 34~37쪽
1일 개념 돌파 전략 2 38~39쪽
2일 필수 체크 전략 1 40~43쪽
2일 필수 체크 전략 2 44~45쪽
3일 필수 체크 전략 1 46~49쪽
3일 필수 체크 전략 2 50~51쪽

누구나 만점 전략 52~53쪽
창의 · 융합 · 코딩 전략 54~57쪽

1주에 3일 구성 + 1일에 6쪽 구성

1~2주 | 마무리 분수의 나눗셈, 소수의 나눗셈, 각기둥과 각뿔 58쪽

신유형·신경향·서술형 전략 60~63쪽

고난도 해결 전략 1회 64~67쪽

고난도 해결 전략 2회 68~71쪽

1주 분수의 나눗셈, 소수의 나눗셈

이번에는 컵케이크에 들어갈 설탕 $1\frac{3}{10}$ kg을

6개의 컵에 똑같이 나누어 담았어요.

컵 하나에는

$1\frac{3}{10} \div 6 = \frac{13}{10} \times \frac{1}{6} = \frac{13}{60}$ (kg)의 설탕이

담겨 있어요.

공부할 내용

❶ (자연수)÷(자연수)의 몫을 분수로 나타내기
❷ (분수)÷(자연수)
❸ (소수)÷(자연수)
❹ (자연수)÷(자연수)의 몫을 소수로 나타내기

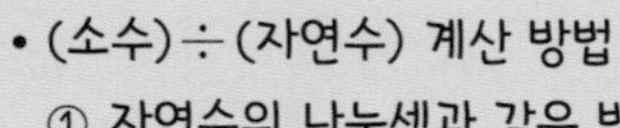

- (소수)÷(자연수) 계산 방법
  ① 자연수의 나눗셈과 같은 방법으로 세로로 계산하기
  ② 나누어지는 수의 소수점 위치에 맞추어 소수점 올려 찍기
  ③ 나누어떨어지지 않으면 나누어지는 수 뒤에 0을 붙여 계산하기

조각케이크를 포장하기 위해 5.28 m의 색 테이프를 똑같이 4조각으로 나누어 사용하려고 해요. 한 조각을 1.32 m로 잘랐어요.

$$\begin{array}{r} 1. \\ 4\overline{)5.28} \\ \underline{4} \\ 12 \end{array} \Rightarrow \begin{array}{r} 1.32 \\ 4\overline{)5.28} \\ \underline{4} \\ 12 \\ \underline{12} \\ 8 \\ \underline{8} \\ 0 \end{array}$$

$528 \div 4 = 132$

$\frac{1}{100}$배 ↓ ↓ $\frac{1}{100}$배

$5.28 \div 4 = 1.32$

나누어지는 수가 $\frac{1}{100}$배가 되면 몫도 $\frac{1}{100}$배가 됩니다.

"유미 덕분에 빵을 많이 팔 수 있었구나."
모두들 즐겁게 웃었습니다.

1주 1일 개념 돌파 전략 1

분수의 나눗셈, 소수의 나눗셈

개념 01 (자연수)÷(자연수)의 몫을 분수로 나타내기

• 9÷2의 몫을 분수로 나타내기

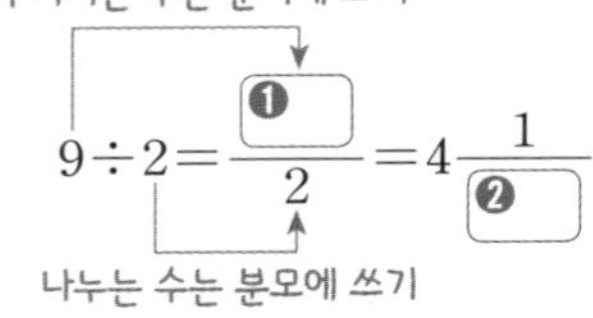

확인 01 나눗셈의 몫을 분수로 나타내시오.

(1) $1\div7$

(2) $2\div11$

개념 02 (진분수)÷(자연수)

• $\frac{4}{9}\div2$ 계산하기

$\frac{4}{9}\div2$

$=\frac{4}{9}\times\frac{1}{❶}$ ← $\div2$를 $\times\frac{1}{2}$로 바꾸어 나타냅니다.

$=\frac{\overset{2}{\cancel{4}}}{9}\times\frac{1}{\underset{1}{\cancel{2}}}=\frac{❷}{9}$ ← 분자끼리 곱하고 분모끼리 곱합니다.

약분이 되면 약분합니다.

확인 02 나눗셈의 몫을 분수로 나타내시오.

(1) $\frac{3}{8}\div6$

(2) $\frac{7}{12}\div4$

개념 03 (대분수)÷(자연수)

• $3\frac{1}{7}\div4$ 계산하기

$3\frac{1}{7}\div4=\frac{❶}{7}\div4=\frac{22}{7}\times\frac{1}{❷}$

$=\frac{\overset{11}{\cancel{22}}}{7}\times\frac{1}{\underset{2}{\cancel{4}}}=\frac{11}{14}$ 약분이 되면 약분하고 곱셈을 합니다.

확인 03 나눗셈의 몫을 분수로 나타내시오.

$2\frac{5}{6}\div3$

개념 04 분수의 나눗셈의 몫의 크기 비교하기

$\frac{5}{12}\div5$ $\frac{2}{3}\div6$

① 나눗셈하기

$\frac{5}{12}\div5=\frac{5}{12}\times\frac{1}{5}=\frac{1}{❶}$

$\frac{2}{3}\div6=\frac{2}{3}\times\frac{1}{6}=\frac{1}{9}$

② 크기 비교하기

분모인 12와 9의 최소공배수는 36입니다.

$\frac{1}{12}=\frac{3}{36}$, $\frac{1}{9}=\frac{4}{❷}$ ⇨ $\frac{1}{12}<\frac{1}{9}$

$\frac{5}{12}\div5$ ⓧ $\frac{2}{3}\div6$ (ⓧ: $<$)

확인 04 나눗셈의 몫의 크기를 비교하여 ○ 안에 >, =, <를 알맞게 써넣으시오.

$\frac{2}{7}\div4$  $\frac{3}{8}\div5$

답 개념 01 ❶ 9 ❷ 2 개념 02 ❶ 2 ❷ 2

답 개념 03 ❶ 22 ❷ 4 개념 04 ❶ 12 ❷ 36

>> 정답과 풀이 2쪽

개념 05 (소수)÷(자연수)

• 1.44÷3 계산하기

$3\overline{)1.44}$ 몫 0 → 1은 3보다 작은 수이므로 몫의 일의 자리에 0을 씁니다.

→ $3\overline{)1.44}$ 몫 0.4, 12, ❶ → 소수점을 올려 찍습니다. 14를 3으로 나눈 몫을 씁니다.

→ $3\overline{)1.44}$ 몫 0.4❷, 12, 24, 24, 0 → 24를 3으로 나눈 몫을 씁니다.

확인 05 소수의 나눗셈을 하시오.

$5\overline{)3.75}$

개념 06 (소수)÷(자연수) – 몫의 소수 첫째 자리가 0인 경우

• 72.4÷8 계산하기

$8\overline{)72.4}$ 몫 9., 72, ❶

→ $8\overline{)72.4}$ 몫 9.0, 72, 4 → 4는 8보다 작은 수이므로 몫의 소수 첫째 자리에 0을 씁니다.

→ $8\overline{)72.40}$ 몫 9.0❷, 72, 40, 40, 0 → 나누어떨어지지 않는 경우 0을 내려 계산합니다.

확인 06 소수의 나눗셈을 하시오.

$4\overline{)8.24}$

답 개념 05 ❶ 2 ❷ 8 개념 06 ❶ 4 ❷ 5

개념 07 (자연수)÷(자연수)의 몫을 소수로 나타내기

• 9÷2의 몫을 소수로 나타내기

$2\overline{)9}$ 몫 4, 8, 1 → $2\overline{)9.0}$ 몫 4.5, 8, ❶, 10, 0

9는 9.0으로 바꾸어 계산합니다.

확인 07 나눗셈의 몫을 소수로 나타내시오.

(1) 6÷5

(2) 10÷4

개념 08 자연수의 나눗셈을 이용하여 소수의 나눗셈하기

246÷2=123

$\frac{1}{10}$배 → 24.6÷2=12.3 ← $\frac{1}{10}$배

$\frac{1}{100}$배 → 2.46÷2=1.23 ← ❶ 배

나누어지는 수가 $\frac{1}{10}$, $\frac{1}{100}$배가 되면 몫도 $\frac{1}{10}$, $\frac{1}{100}$배가 됩니다.

확인 08 자연수의 나눗셈 결과를 보고 소수의 나눗셈을 하시오.

633÷3=211

(1) 6.33÷3

(2) 63.3÷3

답 개념 07 ❶ 10 개념 08 ❶ $\frac{1}{100}$

1주

개념 09 잘못 계산한 식에서 틀린 부분 찾기

$1\frac{4}{5}\div 2=1+\frac{4\div 2}{5}=1+\frac{2}{5}=1\frac{2}{5}$

대분수를 가분수로 바꾸지 않았습니다.

$1\frac{4}{5}$를 가분수인 $\frac{9}{5}$로 바꾸고 나눗셈을 해야 합니다.

$1\frac{4}{5}\div 2=\frac{❶}{5}\div 2=\frac{9}{5}\times\frac{1}{2}=\frac{9}{❷}$

확인 09 잘못 계산한 곳을 찾아 바르게 계산하시오.

$4\frac{4}{5}\div 4=4+\frac{4\div 4}{5}=4+\frac{1}{5}=4\frac{1}{5}$

$4\frac{4}{5}\div 4=$ ______________

____

개념 10 한 조각의 무게 구하기

• 피자 한 판의 무게가 $\frac{3}{5}$ kg일 때 한 조각의 무게 구하기

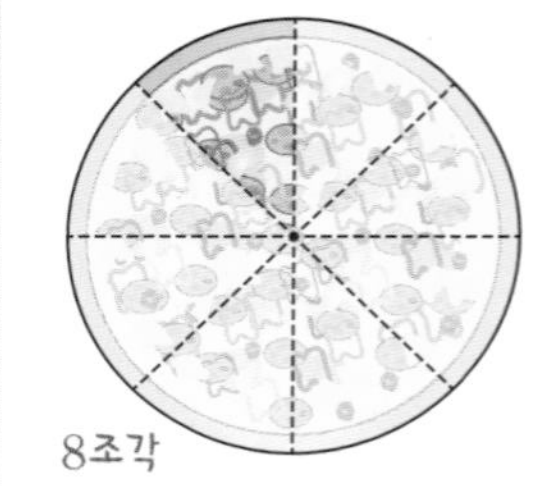
8조각

➡ $\frac{3}{5}$ kg을 ❶ 로 나눕니다.

$\frac{3}{5}\div 8=\frac{3}{5}\times\frac{1}{8}$

$=\frac{3}{❷}$ (kg)

확인 10 피자 한 판의 무게가 $\frac{3}{5}$ kg일 때 피자 한 조각의 무게를 분수로 나타내시오.

6조각

$\frac{3}{5}\div 6=\square$ (kg)

답 개념 09 ❶ 9 ❷ 10 개념 10 ❶ 8 ❷ 40

개념 11 정다각형의 한 변의 길이 구하기

• 둘레의 길이가 $3\frac{1}{3}$ cm인 정오각형의 한 변의 길이 구하기

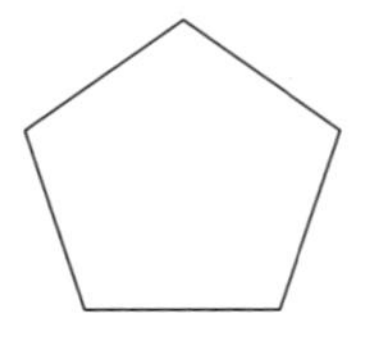

변의 수: 5개

정다각형은 모든 변의 길이가 같습니다.

$3\frac{1}{3}\div ❶=\frac{10}{3}\div 5=\frac{10}{3}\times\frac{1}{5}=\frac{❷}{3}$

➡ 한 변의 길이는 $\frac{2}{3}$ cm입니다.

확인 11 둘레의 길이가 다음과 같은 정다각형의 한 변의 길이를 분수로 나타내시오.

(1) 둘레의 길이가 $2\frac{2}{7}$ cm인 정사각형

( )

(2) 둘레의 길이가 $1\frac{9}{11}$ cm인 정오각형

( )

정다각형의 둘레를 변의 수로 나누면 변의 길이를 알 수 있어요.

답 개념 11 ❶ 5 ❷ 2

개념 12 몫이 1보다 큰 나눗셈식 찾기

- 나누어지는 수와 나누는 수가 같은 경우 ➡ 몫$=1$
- 나누어지는 수가 나누는 수보다 큰 경우 ➡ 몫>1
- 나누어지는 수가 나누는 수보다 작은 경우 ➡ 몫<1

예 $\frac{1}{4}\div 5$ ➡ $\frac{1}{4}<5$이므로 몫은 1보다 작습니다.

$5.74\div 5$ ➡ $5.74>5$이므로 몫은 ❶ ☐보다 큽니다.

확인 12 몫이 1보다 큰 것에 ○표 하시오.

$4.94\div 2$	$1\frac{2}{7}\div 3$	$0.22\div 5$
(　　)	(　　)	(　　)

개념 13 직사각형의 넓이를 보고 변의 길이 구하기

(직사각형의 넓이)$=$(가로)$\times$(세로)

➡ 넓이를 한 변의 길이로 나누면 이웃한 다른 한 변의 길이를 구할 수 있습니다.

넓이: $22\frac{1}{7}$ cm² (나누어지는 수)
5 cm ← 나누는 수
☐ cm ← 구하려는 수

$22\frac{1}{7}\div$ ❶ ☐ $=\frac{155}{7}\div 5=\frac{155}{7}\times\frac{1}{❷ ☐}=\frac{31}{7}=4\frac{3}{7}$,

☐는 $4\frac{3}{7}$입니다.

확인 13 직사각형의 넓이가 3.26 cm²이고 세로가 2 cm일 때 가로를 구하시오.

넓이: 3.26 cm²
2 cm
☐ cm

(　　　　　　)

개념 14 사다리꼴, 마름모의 넓이 구하기

- 사다리꼴의 넓이 구하기

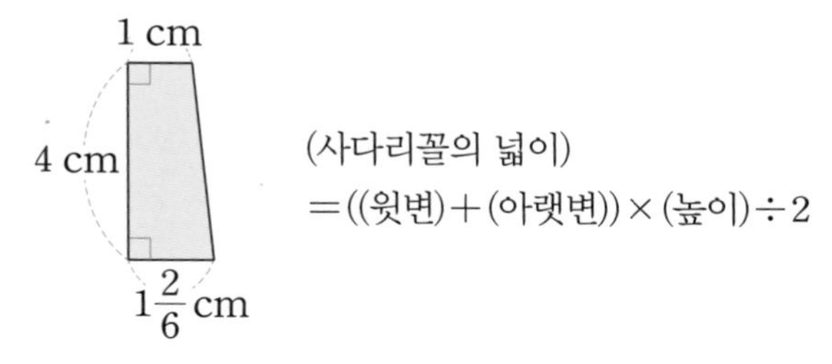

(사다리꼴의 넓이)
$=$((윗변)$+$(아랫변))$\times$(높이)$\div 2$

(윗변)$+$(아랫변)$=1+1\frac{2}{6}=2\frac{2}{6}=2\frac{1}{3}$

(넓이)$=2\frac{1}{3}\times 4\div 2=\frac{7}{3}\times 4\div 2=\frac{28}{3}\times\frac{1}{❶ ☐}$

$=\frac{28}{6}=\frac{14}{3}=4\frac{2}{3}$ (cm²)

- 마름모의 넓이 구하기

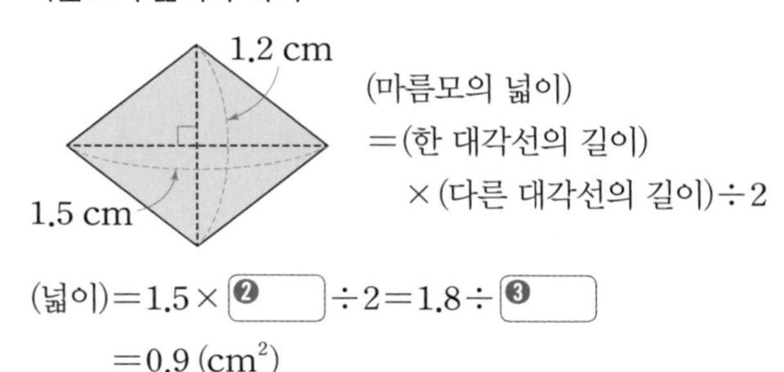

(마름모의 넓이)
$=$(한 대각선의 길이)
$\times$(다른 대각선의 길이)$\div 2$

(넓이)$=1.5\times$ ❷ ☐ $\div 2=1.8\div$ ❸ ☐

$=0.9$ (cm²)

확인 14 마름모의 넓이를 구하시오.

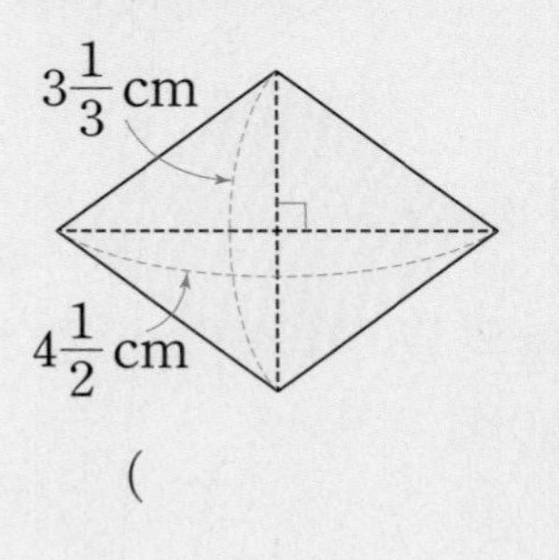

(　　　　　　)

답 개념 12 ❶ 1 개념 13 ❶ 5 ❷ 5

답 개념 14 ❶ 2 ❷ 1.2 ❸ 2

1주 1일 개념 돌파 전략 2

분수의 나눗셈, 소수의 나눗셈

01 다음 계산에서 틀린 부분을 찾아 바르게 계산하시오.

$$2\frac{5}{6}\div 3=2\frac{5}{6\div 3}=2\frac{5}{2}=4\frac{1}{2}$$

문제 해결 전략 1

대분수의 나눗셈에서 대분수는 가분수로 바꿉니다.

$$2\frac{5}{6}\div 3=\frac{\square}{6}\div 3$$
$$=\frac{\square}{6}\times\frac{1}{3}$$

02 둘레의 길이가 5.64 cm인 정다각형입니다. 한 변의 길이는 몇 cm인지 소수로 나타내시오.

(　　　　　　　　　　)

문제 해결 전략 2

변이 5개인 정다각형이므로 도형의 이름은 정오각형입니다.
정오각형은 5개의 변의 길이가 모두 같습니다.
둘레의 길이를 □로 나누어 한 변의 길이를 구합니다.

03 직사각형의 넓이가 $7\frac{1}{9}$ cm^2입니다. 한 변의 길이가 6 cm일 때 다른 한 변의 길이를 구하시오.

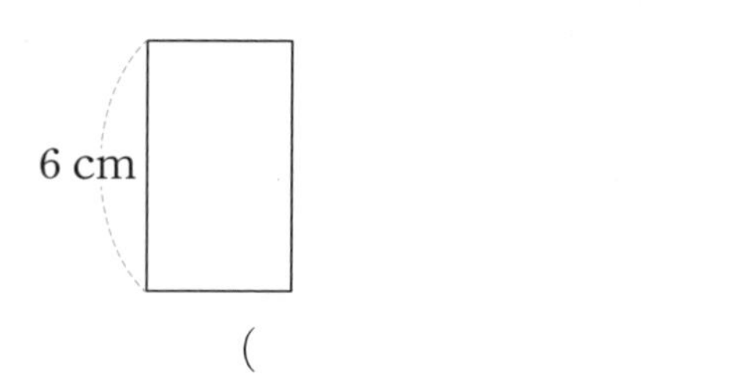

(　　　　　　　　　　)

문제 해결 전략 3

직사각형의 넓이는 (가로)×(세로)이므로 넓이를 세로로 나누면 가로를 구할 수 있습니다.

$$(가로)=7\frac{1}{9}\div\square$$

답 1 17, 17 2 5 3 6

04 계산 결과가 큰 것부터 순서대로 쓰시오.

㉠ $7\frac{1}{4}\div3$	㉡ $15\frac{3}{10}\div9$
㉢ $3.22\div5$	㉣ $4.33\div5$

( )

문제 해결 전략 4

나누어지는 수와 나누는 수를 비교하여 몫이 1보다 큰지 작은지 알아봅니다.

- $7\frac{1}{4}>3$이므로 $7\frac{1}{4}\div3$은 1보다 ☐.
- $3.22<5$이므로 $3.22\div5$는 1보다 작습니다.

05 사다리꼴의 넓이를 소수로 나타내시오.

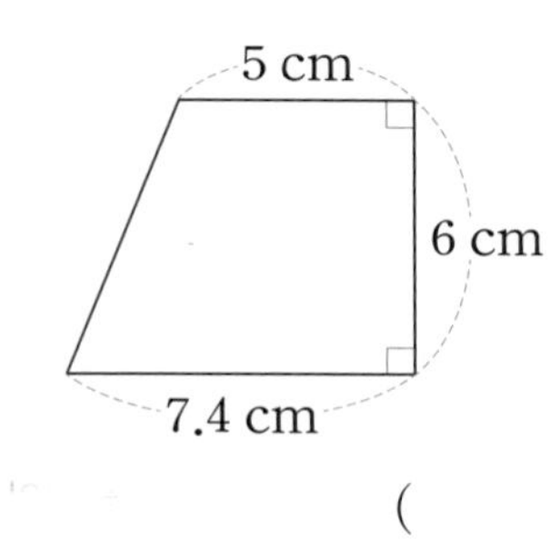

( )

문제 해결 전략 5

(사다리꼴의 넓이)
$=$((윗변)$+$(아랫변))$\times$(높이)$\div2$
$=(5+7.4)\times$☐$\div$☐

06 왼쪽 피자 한 조각과 오른쪽 피자 한 조각의 무게의 합을 구하여 분수로 나타내시오. (단, 피자 한 판의 무게는 $\frac{4}{9}$ kg으로 같습니다.)

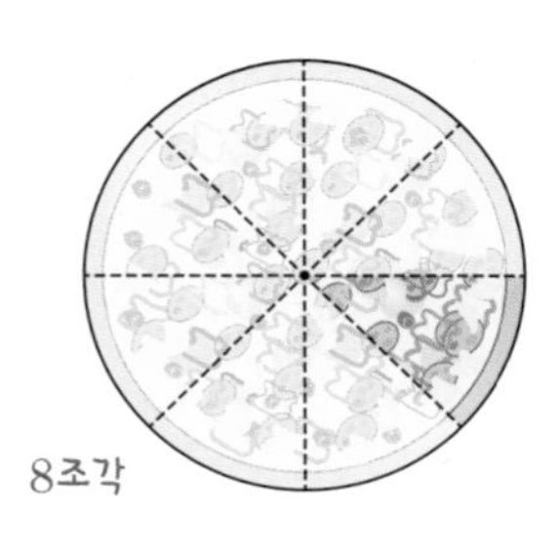

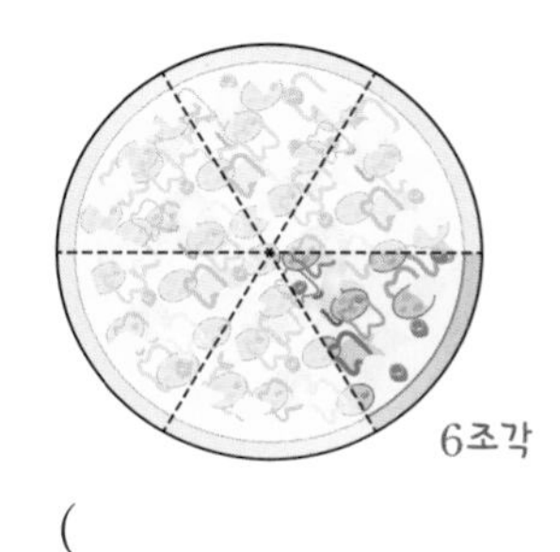

( )

문제 해결 전략 6

왼쪽 피자는 8조각으로 나뉘어져 있고, 오른쪽 피자는 6조각으로 나뉘어져 있습니다.

$\frac{4}{9}\div8=\frac{4}{9}\times\frac{1}{☐}$

$\frac{4}{9}\div6=\frac{4}{9}\times\frac{1}{☐}$

두 수를 더합니다.

1주

답 4 큽니다 5 6, 2 6 8, 6

핵심 예제 1

어떤 자연수를 5로 나누어야 할 것을 잘못하여 곱했더니 12가 되었습니다. 바르게 계산하면 얼마인지 구하시오.

(　　　　　　　　)

전략

12를 5로 나누어 어떤 수를 구한 다음 바르게 계산합니다.

풀이

(어떤 수)$\times 5=12$, (어떤 수)$=12\div 5=\frac{12}{5}$

바르게 계산하기

⇨ $\frac{12}{5}\div 5=\frac{12}{5}\times\frac{1}{5}=\frac{12}{25}$

$$\begin{array}{r} 2.4 \\ 5\overline{)12.0} \\ 10 \\ \hline 20 \\ 20 \\ \hline 0 \end{array}$$ ← 어떤 수

$$\begin{array}{r} 0.48 \\ 5\overline{)2.4} \\ 20 \\ \hline 40 \\ 40 \\ \hline 0 \end{array}$$ ← 바르게 계산

답 $\frac{12}{25}$ $(=0.48)$

1-1 어떤 자연수를 7로 나누어야 할 것을 잘못하여 곱했더니 11이 되었습니다. 바르게 계산하면 얼마인지 구하시오.

(　　　　　　　　)

1-2 어떤 자연수를 8로 나누어야 할 것을 잘못하여 곱했더니 15가 되었습니다. 바르게 계산하면 얼마인지 구하시오.

(　　　　　　　　)

핵심 예제 2

□ 안에 들어갈 수 있는 자연수를 모두 구하시오.

$$\frac{\square}{8}<2\frac{1}{4}\div 3$$

(　　　　　　　　)

전략

부등호 오른쪽의 식을 계산하고 분모를 8로 바꾸어 비교합니다.

풀이

$2\frac{1}{4}\div 3=\frac{9}{4}\div 3=\frac{\overset{3}{\cancel{9}}}{4}\times\frac{1}{\underset{1}{\cancel{3}}}=\frac{3}{4}=\frac{6}{8}$

$\frac{\square}{8}<\frac{6}{8}$ ⇨ $\square<6$

따라서 1, 2, 3, 4, 5가 들어갈 수 있습니다.

답 1, 2, 3, 4, 5

2-1 □ 안에 들어갈 수 있는 자연수를 모두 구하시오.

$$\frac{\square}{7}<4\frac{2}{7}\div 3$$

(　　　　　　　　)

2-2 □ 안에 들어갈 수 있는 자연수를 모두 구하시오.

$$\frac{\square}{8}<3\frac{3}{4}\div 5$$

(　　　　　　　　)

핵심 예제 3

물감이 떨어져 분수가 가려졌습니다. 가려진 분수를 구하시오.

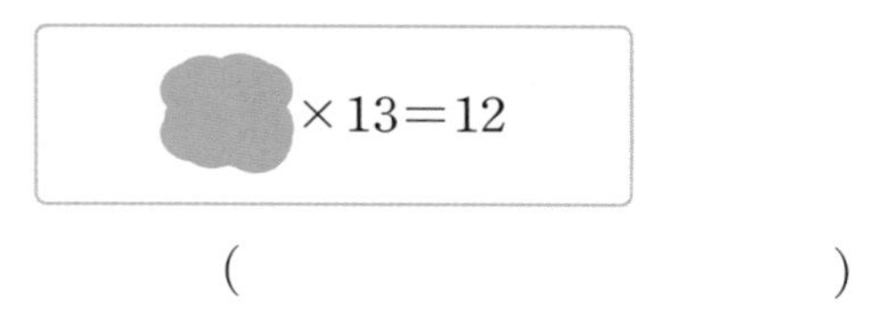

(　　　　　　　　　　)

전략

곱셈식을 나눗셈식으로 바꾸어 가려진 수를 구합니다.

풀이

가려진 수를 □라고 하고 식을 씁니다.

$\square \times 13 = 12 \Rightarrow \square = 12 \div 13$

$12 \div 13$을 분수로 나타내면 $\frac{12}{13}$입니다.

답 $\frac{12}{13}$

3-1 물감이 떨어져 분수가 가려졌습니다. 가려진 분수를 구하시오.

$10 \times$ ■ $= 24$

(　　　　　　　　　　)

3-2 물감이 떨어져 분수가 가려졌습니다. 가려진 분수를 구하시오.

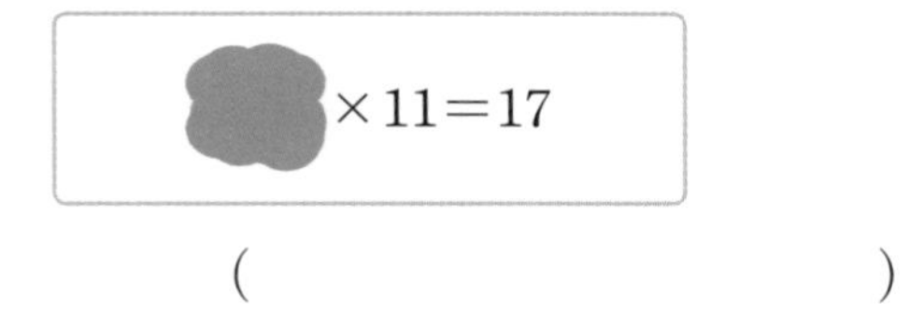

(　　　　　　　　　　)

핵심 예제 4

7분 동안 $1\frac{4}{5}$ km를 갈 수 있는 전기자전거가 40분 동안 갈 수 있는 거리는 몇 km인지 구하시오.

(　　　　　　　　　　)

전략

분수의 나눗셈을 이용하여 1분 동안 갈 수 있는 거리를 구한 다음 40을 곱합니다.

풀이

(1분 동안 갈 수 있는 거리)

$= 1\frac{4}{5} \div 7 = \frac{9}{5} \div 7 = \frac{9}{5} \times \frac{1}{7} = \frac{9}{35}$ (km)

(40분 동안 갈 수 있는 거리)

$= \frac{9}{\cancel{35}_{7}} \times \cancel{40}^{8} = \frac{72}{7} = 10\frac{2}{7}$ (km)

답 $10\frac{2}{7}$ km

4-1 22분 동안 $2\frac{3}{4}$ km를 갈 수 있는 전기자전거가 30분 동안 갈 수 있는 거리는 몇 km인지 구하시오.

(　　　　　　　　　　)

4-2 10분 동안 $2\frac{4}{5}$ km를 갈 수 있는 전기자전거가 40분 동안 갈 수 있는 거리는 몇 km인지 구하시오.

(　　　　　　　　　　)

1주

핵심 예제 5

1부터 9까지의 자연수 중에서 ☐ 안에 들어갈 수 있는 수는 모두 몇 개인지 구하시오.

$21.54 \div 6 > \square$

(　　　　　　　　　　)

전략

나눗셈식을 계산하여 나눗셈의 몫보다 작은 자연수를 모두 구합니다.

풀이

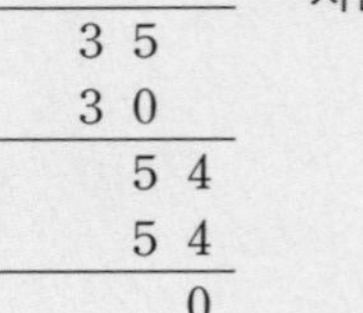

$$\begin{array}{r} 3.59 \\ 6\overline{)21.54} \\ \underline{18} \\ 3\,5 \\ \underline{3\,0} \\ 54 \\ \underline{54} \\ 0 \end{array}$$

⇨ $3.59 > \square$

☐ 안에 들어갈 수 있는 자연수는 1, 2, 3입니다.

3.59보다 작은 자연수를 찾아보세요.

답 3개

핵심 예제 6

가로 4 m, 세로 3 m인 직사각형 모양의 벽을 칠하는 데 페인트 32.4 L를 사용했습니다. 1 m^2의 벽을 칠하는 데 사용한 페인트의 양은 몇 L인지 소수로 나타내시오.

(　　　　　　　　　　)

전략

가로 4 m, 세로 3 m인 직사각형의 넓이를 구한 다음 사용한 페인트의 양을 직사각형의 넓이로 나눕니다.

풀이

(벽의 넓이)$=4\times3=12\,(m^2)$

$$\begin{array}{r} 2.7 \\ 12\overline{)32.4} \\ \underline{24} \\ 8\,4 \\ \underline{8\,4} \\ 0 \end{array}$$

따라서 벽 1 m^2를 칠하는 데 사용한 페인트의 양은 2.7 L입니다.

답 2.7 L

5-1 1부터 9까지의 자연수 중에서 ☐ 안에 들어갈 수 있는 수는 모두 몇 개인지 구하시오.

$24.15 \div 7 > \square$

(　　　　　　　　　　)

5-2 1부터 9까지의 자연수 중에서 ☐ 안에 들어갈 수 있는 수는 모두 몇 개인지 구하시오.

$24.02 \div 5 > \square$

(　　　　　　　　　　)

6-1 가로 5 m, 세로 3 m인 직사각형 모양의 벽을 칠하는 데 페인트 47.1 L를 사용했습니다. 1 m^2의 벽을 칠하는 데 사용한 페인트의 양은 몇 L인지 소수로 나타내시오.

(　　　　　　　　　　)

6-2 가로 4 m, 세로 4 m인 직사각형 모양의 벽을 칠하는 데 페인트 41.28 L를 사용했습니다. 1 m^2의 벽을 칠하는 데 사용한 페인트의 양은 몇 L인지 소수로 나타내시오.

(　　　　　　　　　　)

핵심 예제 7

다음을 보고 ▲에 알맞은 수를 구하시오.

$$\begin{array}{r} 0.7 \\ ■\overline{)\,▲.■} \\ ▲\ ■ \\ \hline 0 \end{array}$$

▲와 ■는 서로 다른 한 자리 수입니다.
▲는 0이 아닙니다.

( )

전략
몫의 소수 첫째 자리의 계산에서 ■×7=▲■이므로 곱하는 수가 7일 때 곱의 일의 자리 숫자가 곱하는 수와 같은 경우를 찾아봅니다.

풀이
7의 단 곱셈구구에서 곱하는 수와 곱의 일의 자리 숫자가 같은 경우는 7×5=35입니다.
⇨ 5×7=35

$$\begin{array}{r} 0.7 \\ 5\overline{)\,▲\ ■} \\ 3\ 5 \\ \hline 0 \end{array}$$

▲=3
■=5

답 3

핵심 예제 8

오른쪽과 같이 지름이 6.36 cm인 원 안에 똑같은 크기의 작은 원 3개를 그렸습니다. 작은 원의 반지름은 몇 cm인지 소수로 나타내시오.

( )

전략
큰 원의 지름은 작은 원의 반지름 6개의 길이와 같습니다.
따라서 큰 원의 지름을 6으로 나눕니다.

풀이

$$\begin{array}{r} 1.0\ 6 \\ 6\overline{)\,6.3\ 6} \\ 6 \\ \hline 3\ 6 \\ 3\ 6 \\ \hline 0 \end{array}$$

⇨ 작은 원의 반지름은 1.06 cm입니다.

답 1.06 cm

7-1 다음을 보고 ■에 알맞은 수를 구하시오.

$$\begin{array}{r} 0.9 \\ ■\overline{)\,▲.■} \\ ▲\ ■ \\ \hline 0 \end{array}$$

▲와 ■는 서로 다른 한 자리 수입니다.
▲는 0이 아닙니다.

( )

7-2 다음을 보고 ■에 알맞은 수를 구하시오.

$$\begin{array}{r} 0.6 \\ ■\overline{)\,▲.■} \\ ▲\ ■ \\ \hline 0 \end{array}$$

▲와 ■는 서로 다른 한 자리 수입니다.
▲는 3보다 큰 수입니다.

( )

8-1 지름이 10.08 cm인 원 안에 똑같은 크기의 작은 원 3개를 그렸습니다. 작은 원의 반지름은 몇 cm인지 소수로 나타내시오.

( )

8-2 지름이 23.52 cm인 원 안에 똑같은 크기의 작은 원 4개를 그렸습니다. 작은 원의 반지름은 몇 cm인지 소수로 나타내시오.

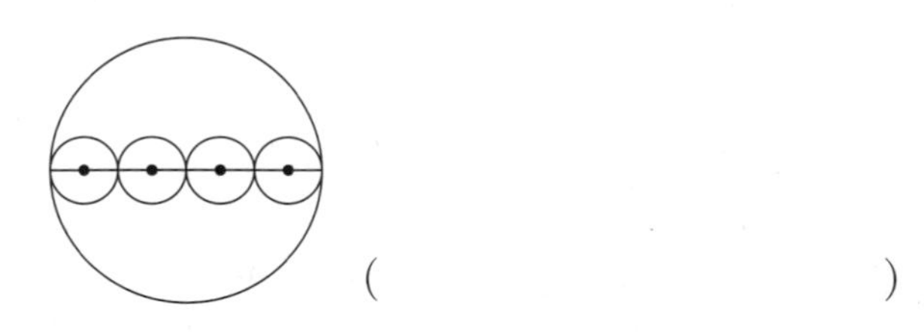

( )

1주

01 ■ 안에 들어갈 수 있는 자연수 중에서 가장 작은 수를 구하시오.

$$3\frac{1}{7}\div 8>\frac{1}{2}\div■$$

(　　　　　　　　)

Tip ①

$3\frac{1}{7}\div 8 \Rightarrow \frac{22}{7}\div 8 \Rightarrow \frac{22}{7}\times\frac{1}{\square}$

$\frac{1}{2}\div■ \Rightarrow \frac{1}{2}\times\frac{1}{■} \Rightarrow \frac{1}{2\times■}$

02 다음은 직사각형 ㄱㄴㄷㄹ의 네 변의 한가운데를 이어 마름모를 그린 것입니다. 마름모의 넓이는 몇 cm^2인지 분수로 나타내시오.

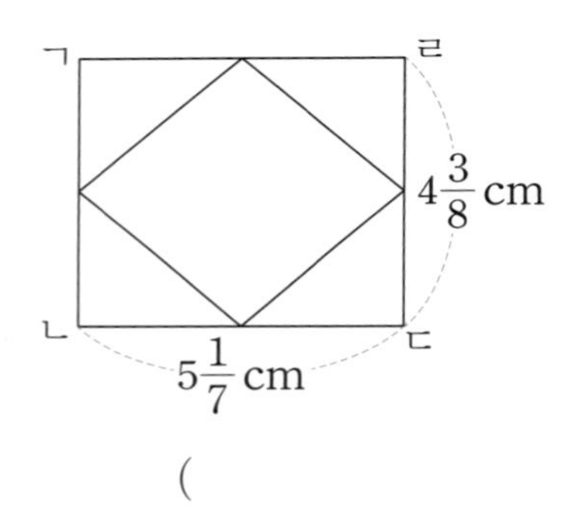

(　　　　　　　　)

Tip ②

직사각형의 네 변의 한가운데를 이어 그린 마름모의 넓이는 [　　　　] 넓이의 반입니다.

답 Tip ① 8 ② 직사각형

03 어떤 자연수를 8로 나누어야 할 것을 잘못하여 4를 곱하였더니 92가 되었습니다. 바르게 계산하면 얼마인지 분수 또는 소수로 나타내시오.

(　　　　　　　　)

Tip ③

92를 [　]로 나누어 어떤 자연수를 먼저 구하고, 이 수를 [　]로 나눕니다.

04 길이가 같은 색 테이프 3장을 $\frac{4}{7}$ cm씩 겹쳐서 34 cm가 되었습니다. 색 테이프 한 장의 길이는 몇 cm인지 분수로 나타내시오.

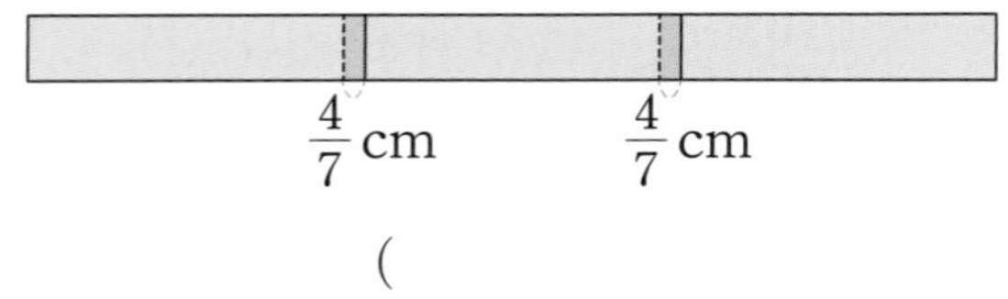

(　　　　　　　　)

Tip ④

색 테이프 3장의 길이의 합은

$34+\frac{4}{7}+\frac{4}{7}=34\frac{8}{7}=35\frac{\square}{7}$ (cm)입니다.

답 Tip ③ 4, 8 ④ 1

05 굵기가 일정한 금속 막대가 있습니다. 금속 막대 3 m의 무게가 $8\frac{1}{10}$ kg일 때 금속 막대 5 m의 무게는 몇 kg인지 분수로 나타내시오.

(　　　　　　　　)

Tip ⑤

금속 막대 3 m의 무게가 $8\frac{1}{10}$ kg이므로

1 m의 무게는 $\left(8\frac{1}{10} \div \square\right)$ kg입니다.

06 정사각형 나의 한 변의 길이는 정사각형 가의 한 변의 길이의 반이고, 정사각형 다의 한 변의 길이는 정사각형 나의 한 변의 길이의 반입니다. ㉠의 길이는 몇 cm인지 소수로 나타내시오.

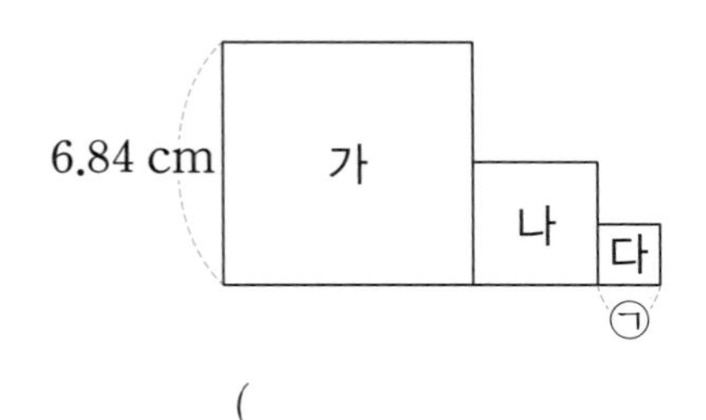

(　　　　　　　　)

Tip ⑥

정사각형은 네 변의 길이가 같습니다.
(나의 한 변의 길이)=(6.84÷2) cm
(다의 한 변의 길이)=(6.84÷2÷$\square$) cm

답 Tip ⑤ 3 ⑥ 2

07 다음을 보고 2.6※7.6을 계산하여 소수로 나타내시오.

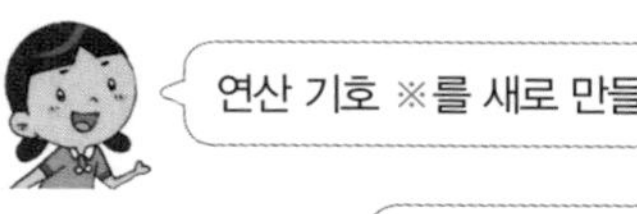

가※나=(가와 나의 곱)÷(가와 나의 차)

(　　　　　　　　)

Tip ⑦

2.6과 7.6의 곱과 2.6과 7.6의 차를 구하여 나눗셈을 합니다.
곱 ⇨ $2.6 \times 7.6 = \square$, 차 ⇨ $7.6 - 2.6 = 5$

08 ㉠÷㉡=$\frac{㉠}{㉡}$으로 나타낼 수 있습니다. ㉠이 $\frac{3}{4}$, ㉡이 3일 때 다음은 얼마인지 구하시오.

$\frac{㉠}{㉡} \div ㉡$

(　　　　　　　　)

Tip ⑧

$\frac{㉠}{㉡}$을 ㉠÷㉡으로 바꿀 수 있으므로 $\frac{3}{4} \div \square$을 계산한 결과를 3으로 나눕니다.

답 Tip ⑦ 19.76 ⑧ 3

1주

필수 체크 전략 1

분수의 나눗셈, 소수의 나눗셈

핵심 예제 1

□ 안에 들어갈 수 있는 자연수 중에서 가장 큰 수를 구하시오.

$$\frac{7}{8} \div \square > 1\frac{1}{4} \div 4$$

(　　　　　　　　　　　)

전략

부등호 오른쪽의 식을 계산하고 □ 안에 들어갈 수 있는 수를 찾습니다.

풀이

$1\frac{1}{4} \div 4 = \frac{5}{4} \times \frac{1}{4} = \frac{5}{16}$, $\frac{7}{8} \div \square = \frac{7}{8} \times \frac{1}{\square} = \frac{7}{8 \times \square}$

$\square = 1$이면 $\frac{7}{8} > \frac{5}{16}$, $\square = 2$이면 $\frac{7}{16} > \frac{5}{16}$

$\square = 3$이면 $\frac{7}{24} < \frac{5}{16}$, ...

따라서 □ 안에 들어갈 수 있는 가장 큰 자연수는 2입니다.

답 2

핵심 예제 2

수 카드 4, 5를 □에 한 장씩 놓아 분수의 나눗셈식을 만들 때 가장 큰 몫을 구하시오.

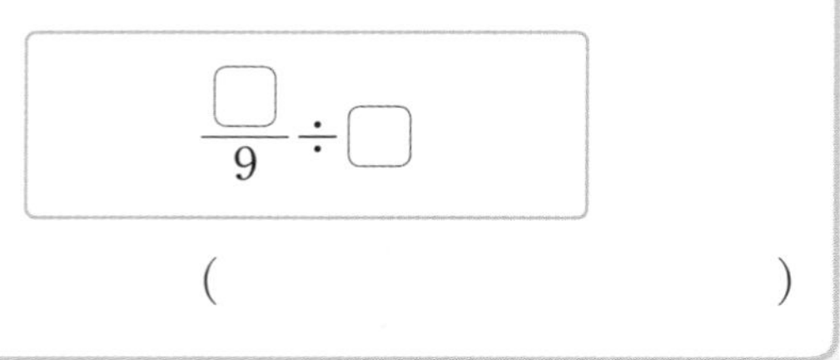

(　　　　　　　　　　　)

전략

나누어지는 수를 가장 크게, 나누는 수를 가장 작게 만들어 계산합니다.

풀이

$\frac{4}{9} > \frac{5}{9}$이므로 나누어지는 수는 $\frac{5}{9}$로 합니다.

$\frac{5}{9} \div 4 = \frac{5}{9} \times \frac{1}{4} = \frac{5}{36}$

답 $\frac{5}{36}$

1-1 □ 안에 들어갈 수 있는 자연수를 구하시오.

$$\frac{9}{10} \div \square > 4\frac{2}{5} \div 8$$

(　　　　　　　　　　　)

1-2 □ 안에 들어갈 수 있는 자연수 중에서 가장 큰 수를 구하시오.

$$2\frac{2}{11} \div 6 < \frac{8}{9} \div \square$$

(　　　　　　　　　　　)

2-1 수 카드 6, 7을 □에 한 장씩 놓아 분수의 나눗셈식을 만들 때 가장 큰 몫을 구하시오.

$$\frac{\square}{8} \div \square$$

(　　　　　　　　　　　)

2-2 수 카드 2, 9를 □에 한 장씩 놓아 분수의 나눗셈식을 만들 때 가장 큰 몫을 구하시오.

$$\frac{\square}{7} \div \square$$

(　　　　　　　　　　　)

핵심 예제 3

수직선에서 눈금 한 칸의 크기를 기약분수로 나타내시오.

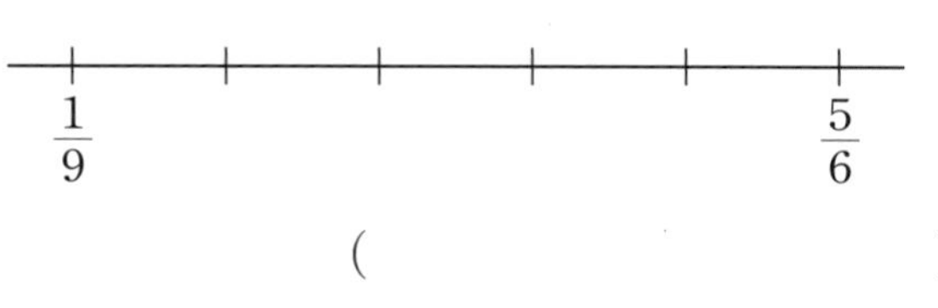

( )

전략

$\frac{1}{9}$에서 오른쪽으로 5칸 간 곳이 $\frac{5}{6}$이므로 $\frac{5}{6}$와 $\frac{1}{9}$의 차를 5로 나눕니다.

풀이

(눈금 5칸의 크기)$=\frac{5}{6}-\frac{1}{9}=\frac{15}{18}-\frac{2}{18}=\frac{13}{18}$,

(눈금 한 칸의 크기)$=\frac{13}{18}\div 5=\frac{13}{18}\times\frac{1}{5}=\frac{13}{90}$

답 $\frac{13}{90}$

3-1 수직선에서 눈금 한 칸의 크기를 기약분수로 나타내시오.

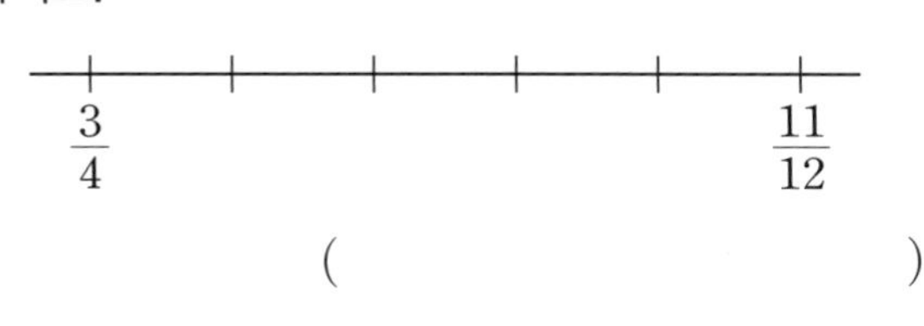

( )

3-2 수직선에서 눈금 한 칸의 크기를 기약분수로 나타내시오.

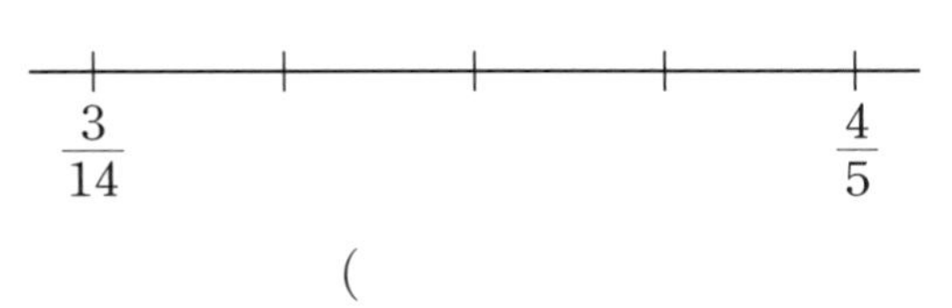

( )

핵심 예제 4

그림과 같이 평행사변형과 삼각형을 그렸습니다. 평행사변형의 넓이가 $6\frac{6}{7}\,\mathrm{cm}^2$일 때, 삼각형의 넓이를 구하시오.

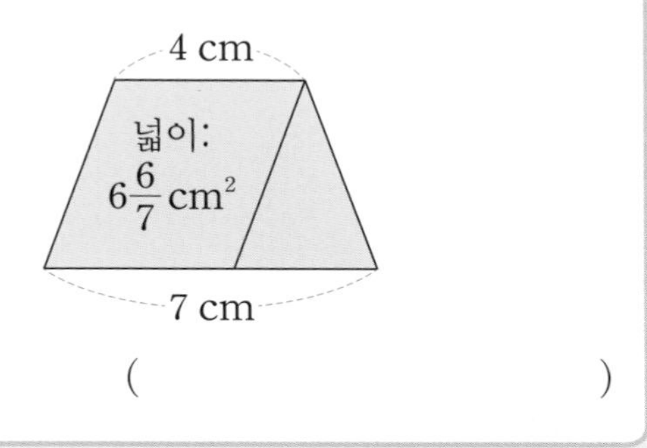

( )

전략

평행사변형의 밑변이 4 cm일 때 높이를 구하고 삼각형의 넓이를 구합니다.

풀이

(평행사변형의 높이)$=6\frac{6}{7}\div 4=\frac{\overset{12}{\cancel{48}}}{7}\times\frac{1}{\underset{1}{\cancel{4}}}=\frac{12}{7}=1\frac{5}{7}\,(\mathrm{cm})$

삼각형의 밑변이 $7-4=3\,(\mathrm{cm})$일 때 높이는 $1\frac{5}{7}$ cm입니다.

(삼각형의 넓이)$=3\times 1\frac{5}{7}\div 2=3\times\frac{12}{7}\div 2$

$=\frac{\overset{18}{\cancel{36}}}{7}\times\frac{1}{\underset{1}{\cancel{2}}}=\frac{18}{7}=2\frac{4}{7}\,(\mathrm{cm}^2)$

답 $2\frac{4}{7}\,\mathrm{cm}^2$

4-1 그림과 같이 평행사변형과 삼각형을 그렸습니다. 평행사변형의 넓이가 $12\frac{1}{3}\,\mathrm{cm}^2$일 때, 삼각형의 넓이를 구하시오.

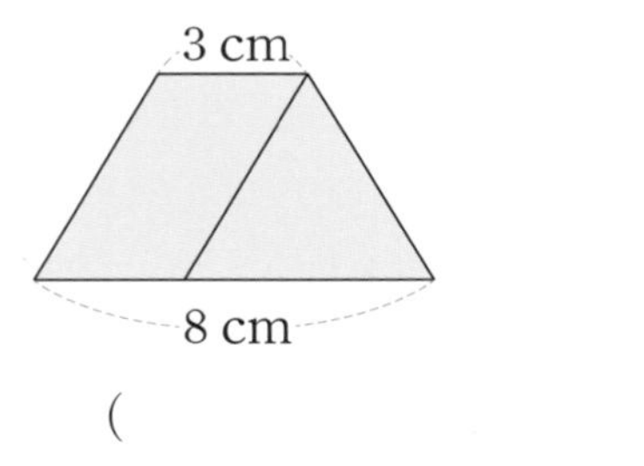

( )

1주

핵심 예제 5

길이가 2.1 km인 도로의 한쪽에 처음부터 끝까지 같은 간격으로 가로수 15그루를 심으려고 합니다. 가로수 사이의 간격을 몇 km로 해야 하는지 소수로 나타내시오. (단, 가로수의 두께는 생각하지 않습니다.)

(　　　　　　　　)

전략

가로수가 15그루일 때 가로수 사이의 간격의 수는 가로수보다 1만큼 더 작은 15−1=14입니다.

풀이

도로의 길이를 간격의 수로 나눕니다.

간격

⇨ 간격의 수는 15−1=14입니다.

$$\begin{array}{r} 0.15 \\ 14\overline{)2.10} \\ \underline{14} \\ 70 \\ \underline{70} \\ 0 \end{array}$$

⇨ 가로수 사이의 간격은 0.15 km입니다.

답 0.15 km

5-1 길이가 3.45 km인 도로의 한쪽에 처음부터 끝까지 같은 간격으로 가로수 16그루를 심으려고 합니다. 가로수 사이의 간격을 몇 km로 해야 하는지 소수로 나타내시오. (단, 가로수의 두께는 생각하지 않습니다.)

(　　　　　　　　)

5-2 길이가 2.46 km인 도로의 한쪽에 처음부터 끝까지 같은 간격으로 가로수 13그루를 심으려고 합니다. 가로수 사이의 간격을 몇 km로 해야 하는지 소수로 나타내시오. (단, 가로수의 두께는 생각하지 않습니다.)

(　　　　　　　　)

핵심 예제 6

같은 모양은 같은 수를 나타냅니다. ★이 나타내는 수를 구하시오.

4×■=25.04
■÷2=★

(　　　　　　　　)

전략

곱셈식을 나눗셈식으로 바꾸어 ■가 나타내는 수를 구하고 ■를 2로 나눕니다.

풀이

4×■=25.04 ⇨ ■=25.04÷4

$$\begin{array}{r} 6.26 \\ 4\overline{)25.04} \end{array} \leftarrow ■ \qquad \begin{array}{r} 3.13 \\ 2\overline{)6.26} \end{array} \leftarrow ★$$

답 3.13

6-1 같은 모양은 같은 수를 나타냅니다. ★이 나타내는 수를 구하시오.

5×▲=47.25
▲÷3=★

(　　　　　　　　)

6-1 같은 모양은 같은 수를 나타냅니다. ★이 나타내는 수를 구하시오.

6×■=28.44
■÷6=★

(　　　　　　　　)

핵심 예제 7

직사각형 가와 평행사변형 나의 넓이가 같습니다. 직사각형 가의 세로는 몇 cm인지 소수로 나타내시오.

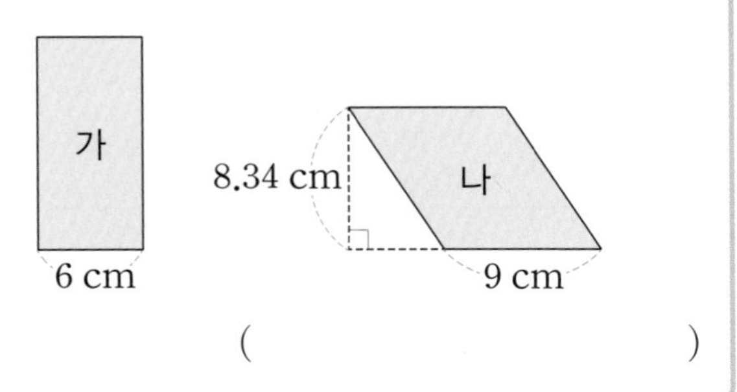

( )

전략

평행사변형 나의 넓이를 구한 다음 넓이를 직사각형의 가로로 나눕니다.

풀이

(평행사변형 나의 넓이)$=9\times8.34=75.06\,(\text{cm}^2)$

(직사각형 가의 세로)$=75.06\div6=12.51\,(\text{cm})$

답 12.51 cm

7-1 직사각형 가와 평행사변형 나의 넓이가 같습니다. 직사각형 가의 세로는 몇 cm인지 소수로 나타내시오.

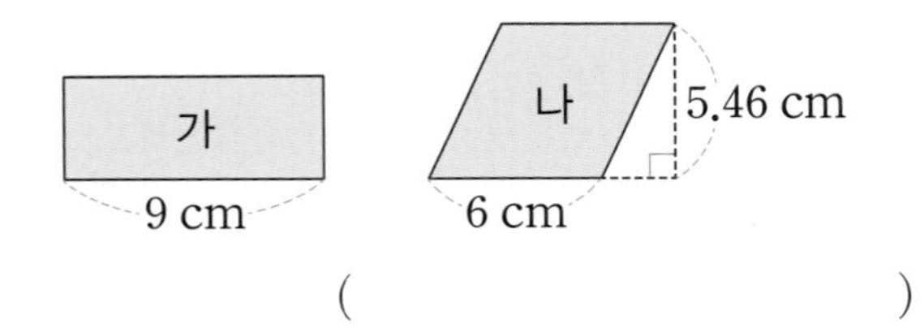

( )

7-2 직사각형 가와 평행사변형 나의 넓이가 같습니다. 직사각형 가의 세로는 몇 cm인지 소수로 나타내시오.

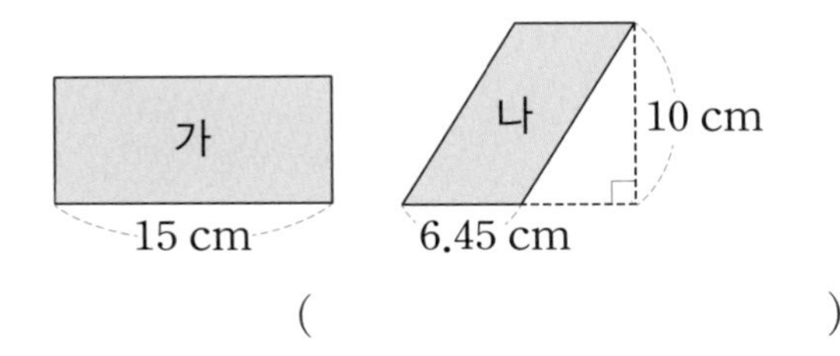

( )

핵심 예제 8

번개를 보고 나서 4초 후에 천둥 소리를 들었습니다. 번개가 친 곳으로부터 1.36 km 떨어져 있다면 천둥 소리는 1초에 몇 km를 간 것인지 소수로 나타내시오.

( )

전략

4초 동안 간 거리인 1.36 km를 4로 나누어 1초 동안 간 거리를 구합니다.

풀이

$$\begin{array}{r} 0.34 \\ 4\overline{)1.36} \\ 12 \\ \hline 16 \\ 16 \\ \hline 0 \end{array}$$

⇨ 1초 동안 0.34 km를 간 것입니다.

답 0.34 km

8-1 번개를 보고 나서 5초 후에 천둥 소리를 들었습니다. 번개가 친 곳으로부터 1.7 km 떨어져 있다면 천둥 소리는 1초에 몇 km를 간 것인지 소수로 나타내시오.

( )

8-2 번개를 보고 나서 3초 후에 천둥 소리를 들었습니다. 번개가 친 곳으로부터 1.02 km 떨어져 있다면 천둥 소리는 1초에 몇 km를 간 것인지 소수로 나타내시오.

( )

1주

분수의 나눗셈, 소수의 나눗셈

01 □ 안에 들어갈 수 있는 자연수는 모두 몇 개인지 구하시오.

$8.64 \div 8 < \square < 20.52 \div 4$

(　　　　　　　　)

Tip ① 나눗셈을 하여 두 몫 사이에 들어갈 수 있는 □를 모두 구해 봅니다.

02 수 카드 7, 5, 3을 모두 한 번씩 사용하여 계산 결과가 가장 작은 (진분수)÷(자연수) 식을 만들고 계산 결과를 쓰시오.

$\dfrac{\square}{\square} \div \square$

결과 (　　　　　　　　)

Tip ② $\dfrac{㉠}{㉡} \div ㉢ \Rightarrow \dfrac{㉠}{㉡} \times \dfrac{1}{㉢} = \dfrac{㉠}{㉡ \times ㉢}$

분자는 가장 작게, 분모는 가장 □ 만듭니다.

03 그림과 같이 높이가 같은 평행사변형을 2개 그렸습니다. 가의 넓이가 $50\frac{4}{9}$ cm²일 때 나의 넓이를 분수로 나타내시오.

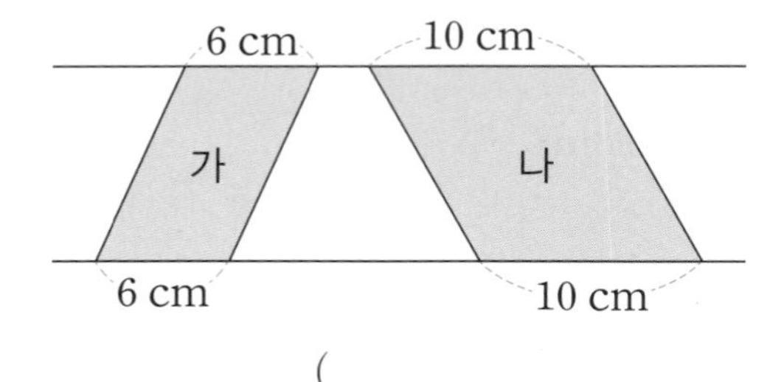

(　　　　　　　　)

Tip ③ 가의 넓이를 이용하여 밑변이 6 cm일 때 높이를 구합니다.
(가의 높이)$=\left(50\frac{4}{9} \div \square\right)$ cm

04 같은 연료의 양으로 가장 먼 거리를 갈 수 있는 자동차를 찾아 기호를 쓰시오.

가	5 L의 연료로 73 km를 갑니다.
나	6 L의 연료로 82.2 km를 갑니다.
다	7 L의 연료로 101.5 km를 갑니다.

(　　　　　　　　)

Tip ④ 1 L의 연료로 갈 수 있는 거리를 구하여 비교합니다.
가 ⇨ 73÷5, 나 ⇨ 82.2÷□, 다 ⇨ 101.5÷7

답 Tip ① 자연수 ② 크게

답 Tip ③ 6 ④ 6

05 같은 모양은 같은 소수를 나타냅니다. ▲가 나타내는 소수를 구하시오.

$3\times$■$=109.5$
■$\div 5\div 5=$▲

(　　　　　　　　　　)

Tip ⑤
■$=109.5\div$□
■의 값을 5로 나눈 다음 이 몫을 5로 한번 더 나눕니다.

06 넓이가 $30\frac{5}{8}\,\mathrm{m}^2$인 밭이 있습니다. 이 밭의 $\frac{2}{3}$에는 감자를 심고, 나머지의 반에는 오이를 심으려고 합니다. 오이를 심을 밭의 넓이는 몇 m^2인지 분수로 나타내시오.

(　　　　　　　　　　)

Tip ⑥
감자를 심고 남은 부분은 $30\frac{5}{8}$의 $\frac{1}{\square}$입니다.
오이를 심을 밭의 넓이는 $30\frac{5}{8}\times\frac{1}{3}$을 □로 나눈 넓이입니다.

답 Tip ⑤ 3 ⑥ 3, 2

07 두 사람이 같은 방향으로 걷고 있습니다. 한 사람은 1초에 1.16 m를 가는 빠르기로 가고 있고 다른 한 사람은 더 빠르게 걷습니다. 30초 후에 두 사람의 거리가 91.2 m 떨어져 있을 때 더 빠르게 걸었던 사람은 1초에 몇 m씩 걸었는지 구하시오. (단, 두 사람이 걷는 빠르기는 일정합니다.)

(　　　　　　　　　　)

Tip ⑦
30초 후에 두 사람이 떨어져 있는 거리가 91.2 m이므로 두 사람의 거리는 1초에 (91.2÷□) m씩 벌어집니다.

답 Tip ⑦ 30

1주

분수의 나눗셈, 소수의 나눗셈

맞힌 개수 /개

01 수직선에서 눈금 한 칸의 크기를 기약분수로 나타내시오.

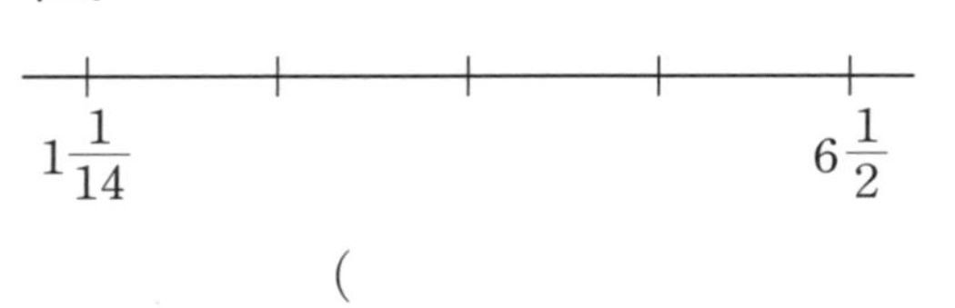

(　　　　　　　　　　)

02 둘레의 길이가 24.92 cm인 정칠각형의 한 변의 길이는 몇 cm인지 소수로 나타내시오.

(　　　　　　　　　　)

03 가장 큰 수를 가장 작은 수로 나눈 몫을 분수 또는 소수로 나타내시오.

$4\frac{5}{7}$	3	6.75	5

(　　　　　　　　　　)

04 마름모의 넓이를 구하시오.

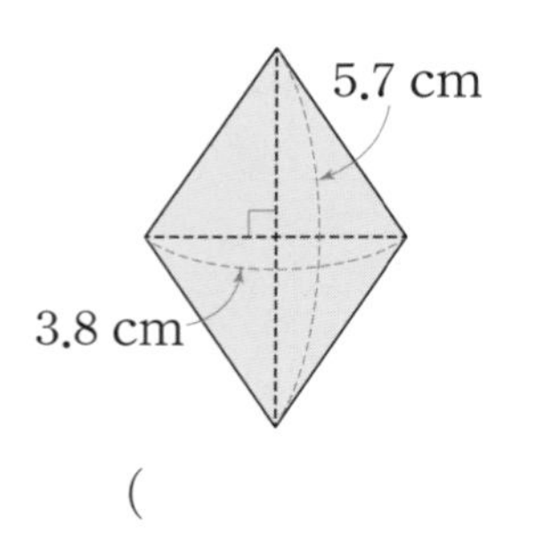

(　　　　　　　　　　)

05 10분 동안 $4\frac{4}{9}$ km를 갈 수 있는 자동차가 35분 동안 갈 수 있는 거리는 몇 km인지 구하시오.

(　　　　　　　　　　)

06 계산 결과를 비교하여 ○ 안에 >, =, <를 알맞게 써넣으시오.

$12.24 \div 9$ ○ $5\frac{1}{3} \div 6$

07 길이가 같은 색 테이프 2장을 $\frac{1}{5}$ cm가 겹치도록 길게 이어 붙였더니 27 cm가 되었습니다. 색 테이프 한 장의 길이는 몇 cm인지 분수로 나타내시오.

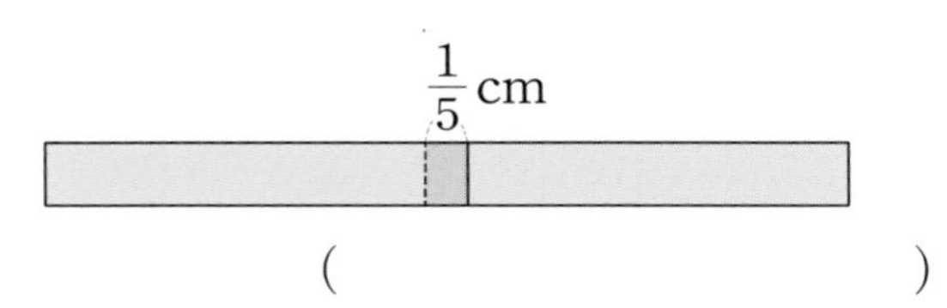

(　　　　　　　　)

08 선분 ㄴㄷ과 선분 ㄷㄹ의 길이가 같을 때 색칠한 부분의 넓이는 몇 cm^2인지 분수로 나타내시오.

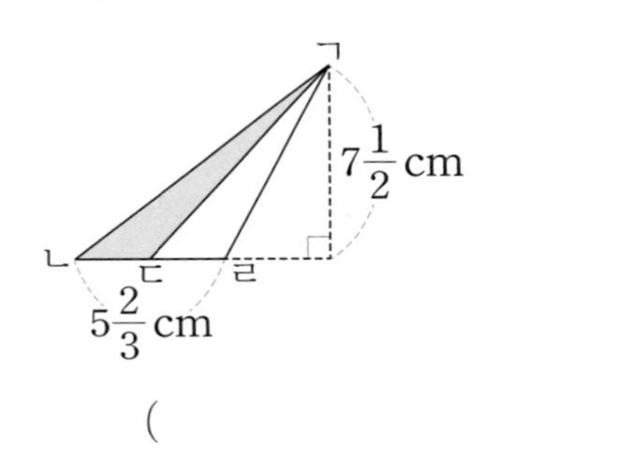

(　　　　　　　　)

09 그림과 같이 높이가 같은 삼각형과 평행사변형을 그렸습니다. 평행사변형의 넓이가 55.98 cm^2일 때 삼각형의 넓이는 몇 cm^2인지 소수로 나타내시오.

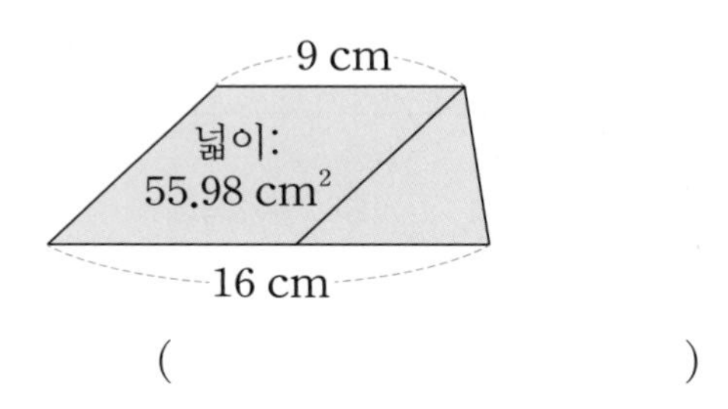

(　　　　　　　　)

10 굵기가 일정한 금속 막대가 있습니다. 금속 막대 4 m의 무게가 14.24 kg일 때 금속 막대 7 m의 무게는 몇 kg인지 소수로 나타내시오.

(　　　　　　　　)

01 보기 와 같이 아래쪽에 연결된 두 수의 곱을 위에 씁니다. 빈 곳에 알맞은 기약분수를 써넣으시오.

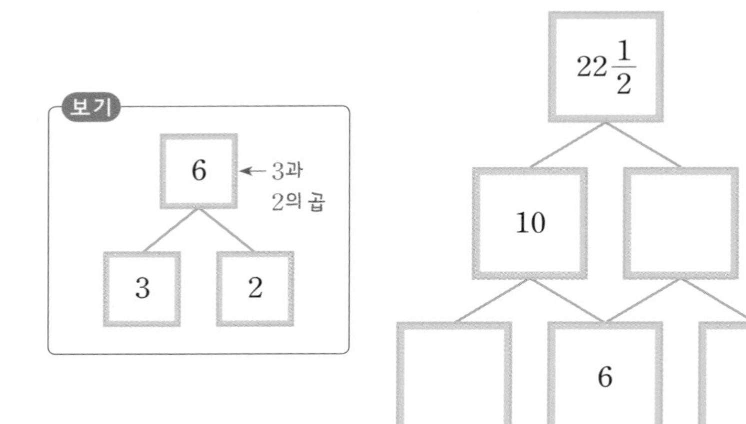

Tip ①

- $22\frac{1}{2}$을 ☐으로 나누면 10의 오른쪽에 있는 수를 구할 수 있습니다.
- 10을 6으로 나누면 6의 왼쪽에 있는 수를 구할 수 있습니다.

02 시계를 한 바퀴를 도는 데 시계의 짧은바늘은 12시간이 걸리고 긴바늘은 1시간이 걸립니다. 1분 동안에는 각각 몇 도만큼 움직이는지 기약분수로 나타내시오.

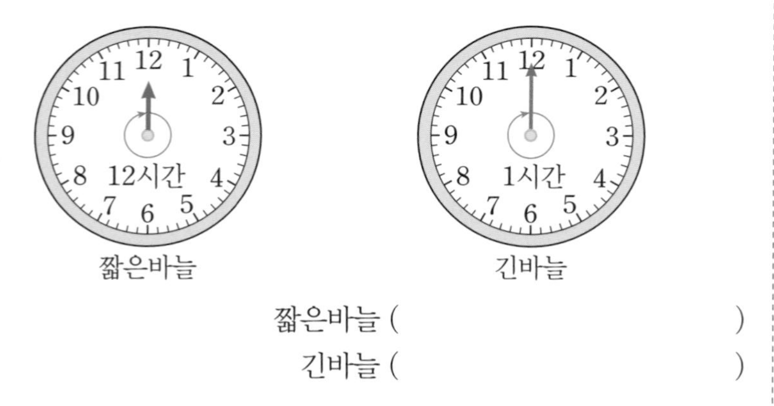

짧은바늘 (　　　　　　　　)

긴바늘 (　　　　　　　　)

Tip ②

시계의 한 바퀴를 도는 각도는 ☐입니다.

360°를 움직이는 시간으로 나누어 1분 동안에 움직이는 각도를 구합니다.

답 Tip ① 10 ② 360°

03 다음과 같이 직사각형 ㄱㄴㄷㄹ을 똑같은 정사각형 20개로 나누었습니다. 색칠한 부분의 넓이가 $10.24\ cm^2$일 때 가장 작은 정사각형 1개의 넓이는 몇 cm^2인지 소수로 나타내시오.

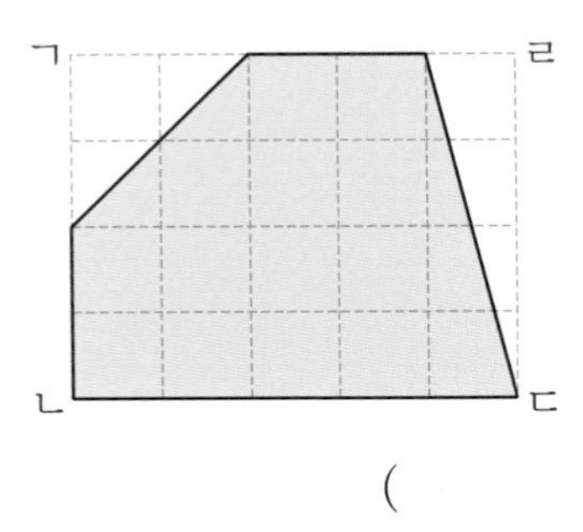

( )

Tip ③

색칠한 부분은 작은 정사각형 ☐개의 넓이와 같습니다.
색칠한 부분의 넓이인 $10.24\ cm^2$를 이 수로 나눕니다.

04 순서도를 보고 ☐ 안에 알맞은 소수를 써넣으시오.

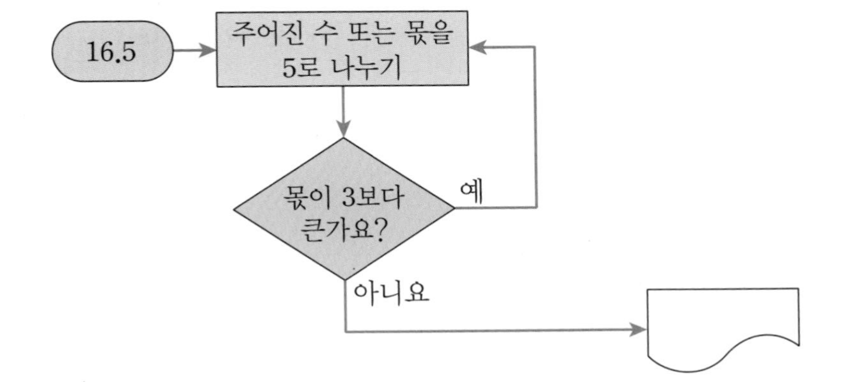

Tip ④

16.5를 5로 나눈 몫이 ☐보다 큰지 알아봅니다.
3보다 크면 몫을 5로 다시 나눕니다.

1주

답 Tip ③ 16 ④ 3

05 숲을 가꾸면 이산화탄소 흡수 능력이 증가합니다. 우리나라의 숲 50 m^2는 매년 25 kg의 산소를 생산하고, 35 kg의 이산화탄소를 흡수합니다. □ 안에 알맞은 소수를 써넣으시오.

우리나라의 숲 1 m^2는 매년 □ kg의 산소를 생산하고, □ kg의 이산화탄소를 흡수합니다.

Tip ⑤
숲의 넓이가 50 m^2일 때 산소 25 kg을 생산하고, 이산화탄소 35 kg을 흡수하므로 각각 나누는 수를 □으로 하여 나눗셈식을 만듭니다.

06 시어핀스키 삼각형을 만드는 방법입니다. 시어핀스키 삼각형에서 색칠하여 나타낸 가장 작은 삼각형은 모두 모양과 크기가 같습니다. 첫 번째 삼각형의 변의 길이의 합이 1.7 cm일 때 두 번째 모양에서 색칠된 삼각형의 모든 변의 길이의 합은 몇 cm인지 소수로 나타내시오.

첫 번째

① 색칠된 정삼각형을 그립니다.

두 번째

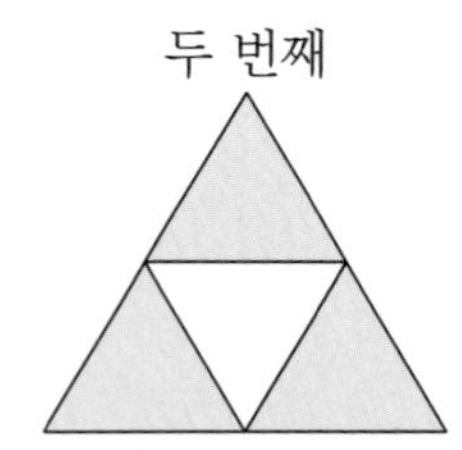

② 색칠된 삼각형의 각 변의 가운뎃점을 꼭짓점으로 하는 삼각형을 만들고, 가운데 삼각형은 색칠을 지웁니다.

세 번째

③ 새로 만든 삼각형도 ②의 과정을 반복합니다.
④ 위 ③의 과정을 반복합니다.

(　　　　　　　　　　)

Tip ⑥
색칠한 삼각형의 둘레는 □으로 줄어들고 색칠하여 나타낸 가장 작은 삼각형의 수는 3배가 됩니다.

답 Tip ⑤ 50 ⑥ 반(또는 $\frac{1}{2}$)

07 정육면체의 전개도입니다. 마주 보는 면에 있는 두 수의 곱이 모두 같도록 비어 있는 면에 분수를 알맞게 써넣으시오.

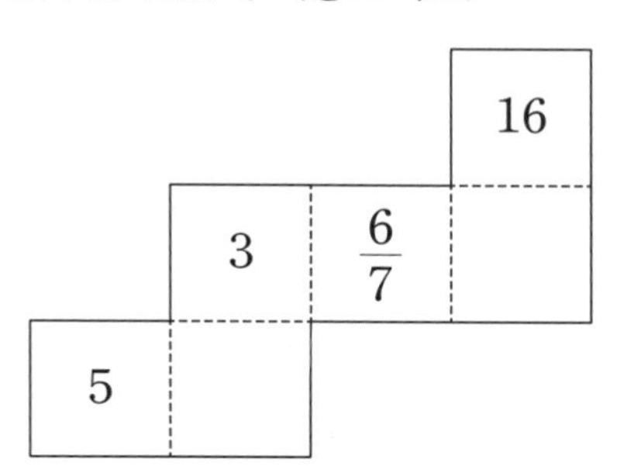

Tip ⑦

5가 쓰여 있는 면과 $\frac{\square}{7}$이 쓰여 있는 면이 서로 마주 봅니다.
따라서 마주 보는 두 면의 수의 곱은 $\square \times \frac{6}{7}$입니다.

08 규칙을 보고 이기려면 어떤 식을 만들어야 하는지 구하고 누가 이겼는지 구하시오.

규칙

- 수 카드 3장을 한 번씩 사용하여 $\frac{\square}{\square} \div \square$ 모양의 식을 만듭니다.
- 결과가 더 큰 사람이 이깁니다.

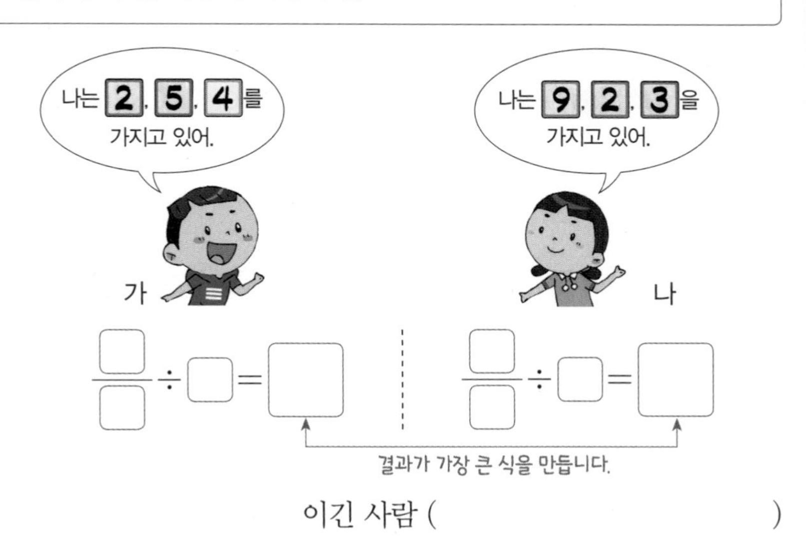

$\frac{\square}{\square} \div \square = \square$ $\frac{\square}{\square} \div \square = \square$

이긴 사람 ( )

Tip ⑧

나누는 수를 바꿔가면서 나눗셈식을 만듭니다.
결과가 더 큰 사람이 이기는 규칙이므로 나누는 수를 정하였을 때 나누어지는 수는 되도록 $\square$ 만듭니다.

1주

답 Tip ⑦ 6, 5 ⑧ 크게

2주 각기둥과 각뿔

우와~ 무덤의 비석들이
모두 입체도형이야.
제대로 봐. 내 비석은
평면도형이라고!
평면도형
내 비석은 각기둥 중에서도
삼각기둥 모양이지.

밑면이 삼각형인
삼각기둥

공부할 내용

❶ 각기둥과 각뿔 알아보기
❷ 각기둥과 각뿔의 구성 요소 알아보기
❸ 각기둥과 각뿔의 구성 요소의 수 알아보기
❹ 각기둥의 전개도 알아보기

내 비석은 오각기둥 모양인데 옆으로 쓰러져서 밑면이 양 옆에 있어.

내 비석은 왜 밑면이 1개인 거야? 그리고 뾰족해.

밑면이 오각형인 오각기둥

밑면이 1개이고 옆면이 삼각형 모양인 각뿔

그 비석은 직육면체야. 직육면체는 사각기둥이지. 모든 면이 다 밑면이 될 수 있어.

이 비석은 밑면이 어디이고, 옆면이 어디인지 모르겠네.

모든 면이 직사각형인 사각기둥

2주 1일 개념 돌파 전략 1

개념 01 각기둥 알아보기

• 각기둥: 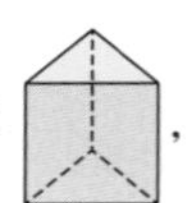, 와 같은 입체도형

- 서로 평행한 두 면이 있는 입체도형
- 서로 평행한 두 면이 ❶ [ ]
- 모든 면이 ❷ [ ]각형

확인 01 오른쪽 도형이 각기둥이 아닌 이유는 무엇입니까? ··············· (　　　　)

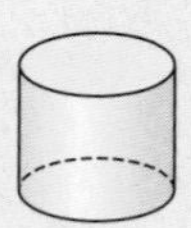

① 서로 평행한 두 면이 없습니다.
② 다각형이 아닌 면이 있습니다.

개념 02 각뿔 알아보기

• 각뿔: 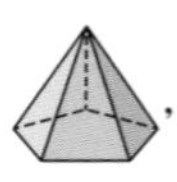, 와 같은 입체도형

- 뿔 모양의 입체도형
- 옆으로 둘러싼 면이 ❶ [ ]각형
- 모든 면이 다각형

확인 02 오른쪽 도형이 각뿔이 아닌 이유는 무엇입니까? ··········· (　　　　)

① 옆으로 둘러싼 면이 삼각형이 아닙니다.
② 다각형이 아닌 면이 있습니다.

개념 03 각기둥과 각뿔의 밑면

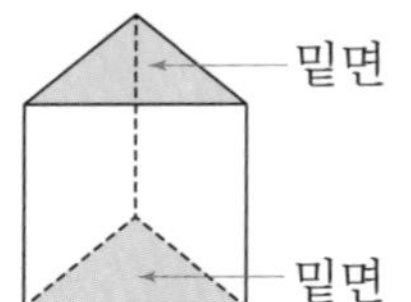

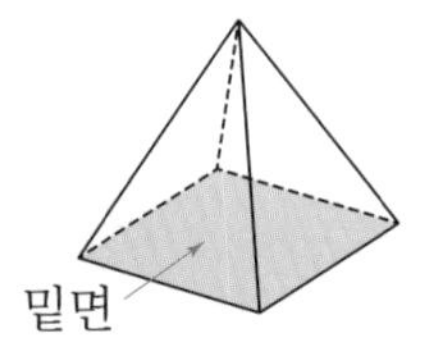

각기둥에서 색칠한 면과 같이 서로 ❶ [ ]이고 평행한 두 면

각뿔에서 색칠한 면과 같이 모든 삼각형 모양의 면과 만나는 면

확인 03 밑면을 모두 찾아 색칠하시오.

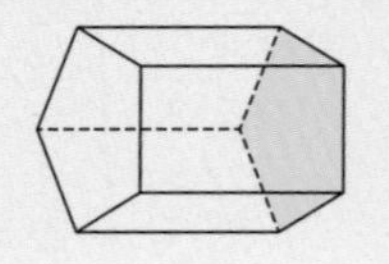

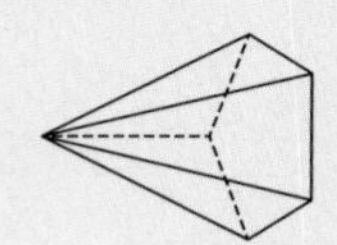

개념 04 각기둥과 각뿔의 옆면

• 옆면: 밑면과 만나는 면

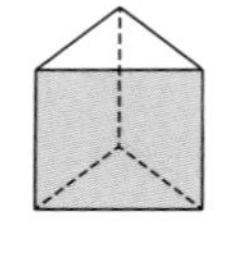

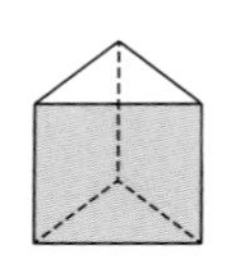

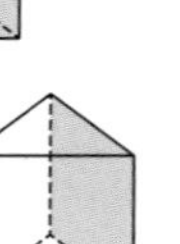

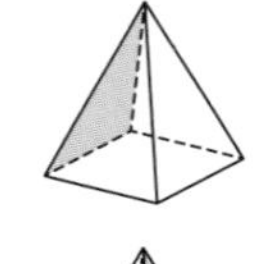

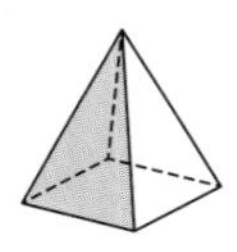

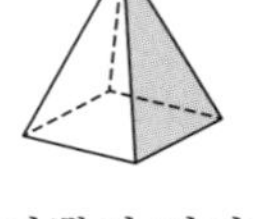

각기둥의 옆면: ❶ [ ] 모양, 밑면과 수직

각뿔의 옆면: ❷ [ ] 모양

확인 04 □ 안에 알맞은 말을 써넣으시오.

각기둥에서 밑면과 옆면은 으로 만납니다.

답 개념 01 ❶ 합동 ❷ 다 개념 02 ❶ 삼

답 개념 03 ❶ 합동 개념 04 ❶ 직사각형 ❷ 삼각형

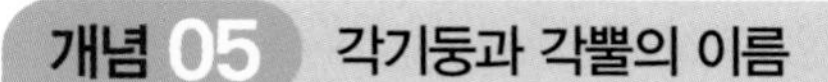

개념 05 각기둥과 각뿔의 이름

• 밑면의 ❶ [ ]에 따라 각기둥과 각뿔의 이름을 정합니다.

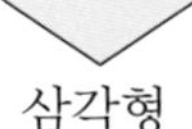

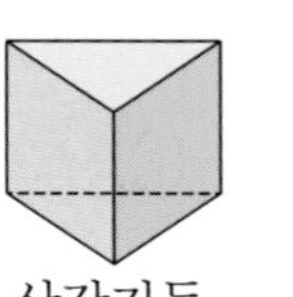
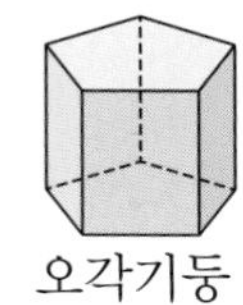
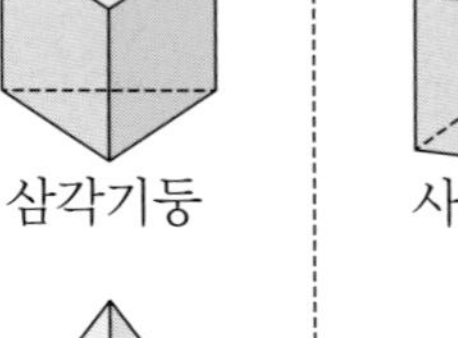
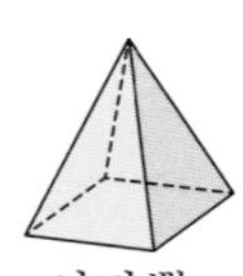
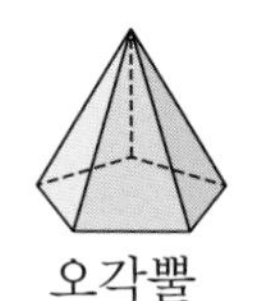

삼각형	사각형	오각형
삼각기둥	사각기둥	오각기둥
삼각뿔	사각뿔	오각뿔

확인 05 입체도형의 밑면의 모양의 이름을 쓰시오.

(1) 칠각기둥과 칠각뿔

( )

(2) 구각기둥과 구각뿔

( )

답 개념 05 ❶ 모양

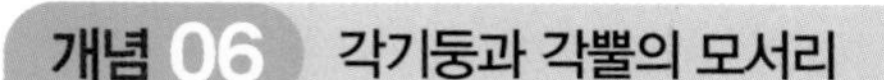

개념 06 각기둥과 각뿔의 모서리

• 모서리: 면과 면이 만나는 ❶ [ ]

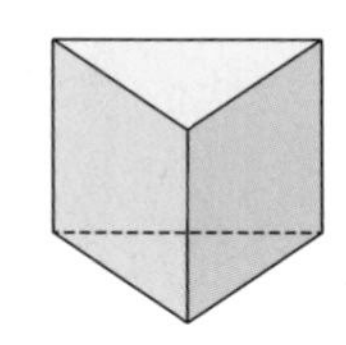
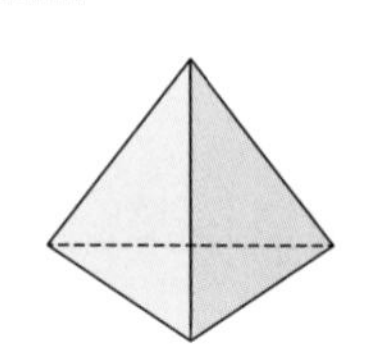

삼각기둥의 모서리: $3\times3=9$(개)

삼각뿔의 모서리: $3\times2=6$(개)

확인 06 사각기둥과 사각뿔의 모서리의 수를 각각 구하시오.

사각기둥 ⇨ $4\times$ [ ] $=$ [ ](개)

사각뿔 ⇨ $4\times$ [ ] $=$ [ ](개)

개념 07 각기둥과 각뿔의 꼭짓점

• 꼭짓점: 모서리와 모서리가 만나는 점

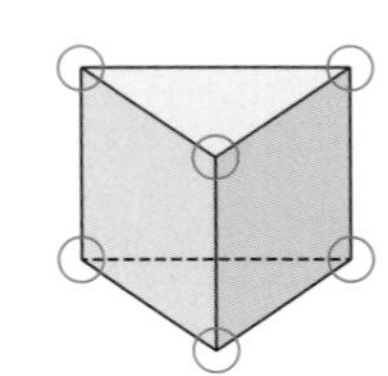
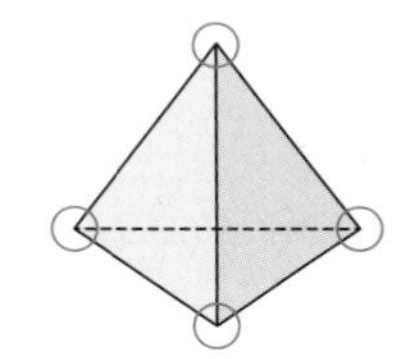

삼각기둥의 꼭짓점: $3\times2=$ ❶ [ ](개)

삼각뿔의 꼭짓점: $3+1=$ ❷ [ ](개)

확인 07 사각기둥과 사각뿔에 있는 꼭짓점의 수를 각각 구하시오.

사각기둥 ⇨ $4\times$ [ ] $=$ [ ](개)

사각뿔 ⇨ $4+$ [ ] $=$ [ ](개)

2주

답 개념 06 ❶ 선분 개념 07 ❶ 6 ❷ 4

개념 08 각뿔의 꼭짓점 알아보기

• 각뿔의 꼭짓점: 각뿔에서 옆면이 모두 만나는 점

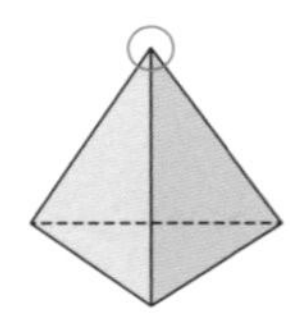
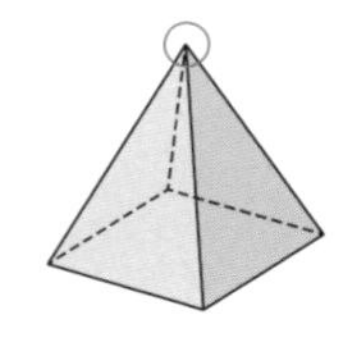
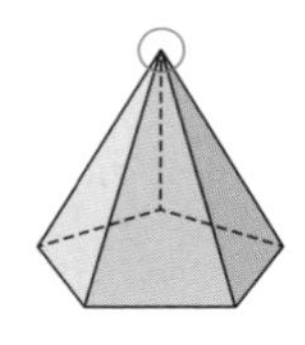

한 각뿔에서 각뿔의 꼭짓점은 ❶ ☐개입니다.

확인 08 오각뿔에서 찾을 수 있는 꼭짓점의 수와 각뿔의 꼭짓점의 수를 각각 구하시오.

꼭짓점의 수 (　　　　)

각뿔의 꼭짓점의 수 (　　　　)

개념 09 각기둥과 각뿔의 높이

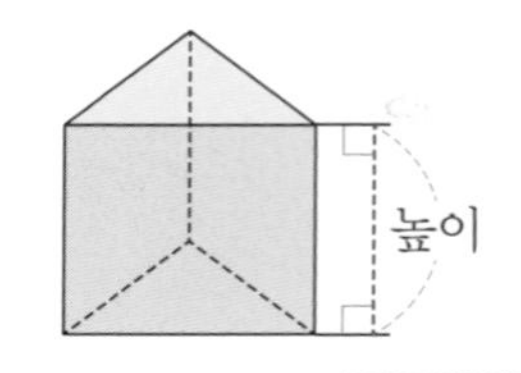

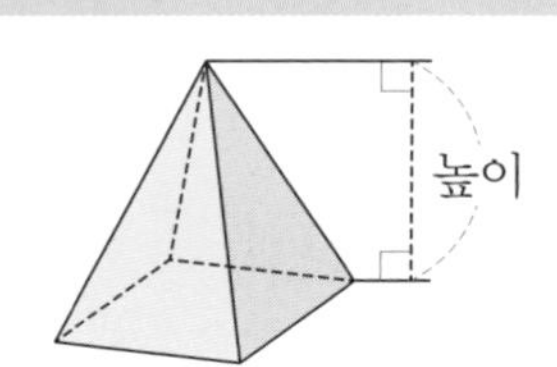

각기둥에서 두 ❶ ☐ 사이의 거리

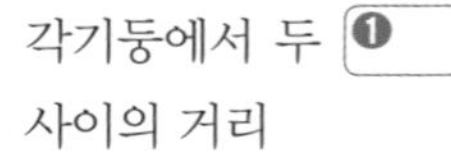

각뿔의 ❷ ☐에서 밑면에 수직으로 내린 선분의 길이

확인 09 각기둥에서 높이를 잴 수 있는 모서리를 모두 찾아 쓰시오.

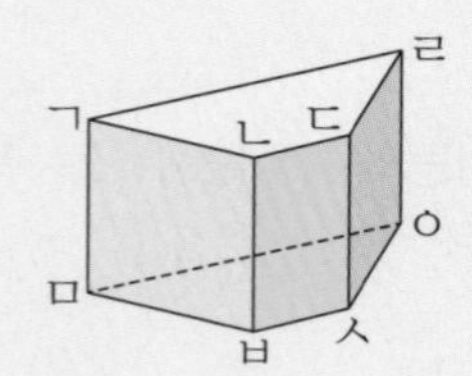

모서리 ㄱㅁ, ____________________

____

답 개념 08 ❶ 1 개념 09 ❶ 밑면 ❷ 꼭짓점

개념 10 각기둥의 전개도

• 옆면: 삼각기둥의 전개도

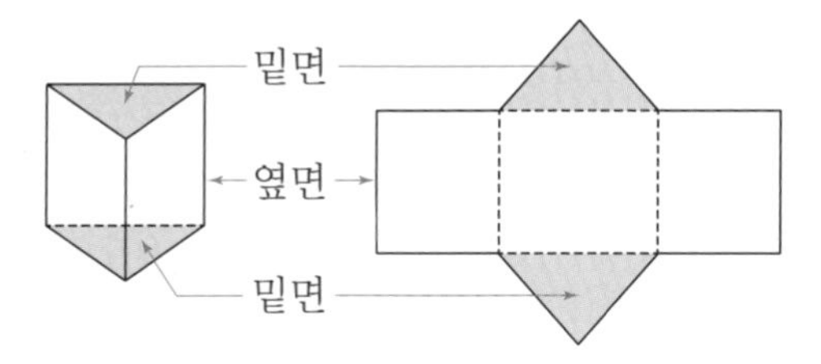

각기둥의 전개도에서 밑면은 합동인 다각형 2개입니다.

각기둥의 전개도에서 ❶ ☐면은 직사각형입니다.

확인 10 전개도를 접으면 어떤 입체도형이 만들어지는지 이름을 쓰시오.

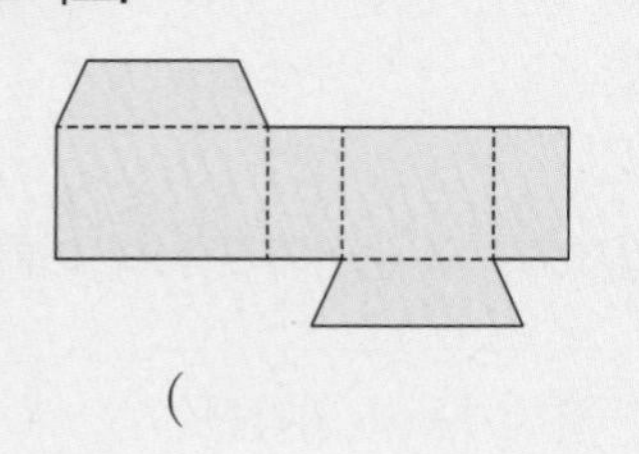

(　　　　　　　)

각기둥의 전개도를 보고 이름을 알아보려면 어떻게 해야 하지?

직사각형이 아닌 면을 찾아봐. 그 면이 밑면이니까 밑면에 따라 이름을 정해.

모두 직사각형이면?

그럼 어떤 면이든 마주 보는 두 면이 밑면이고, 이름은 사각기둥이지.

답 개념 10 ❶ 옆

개념 11 전개도를 접었을 때 맞닿는 부분 알아보기

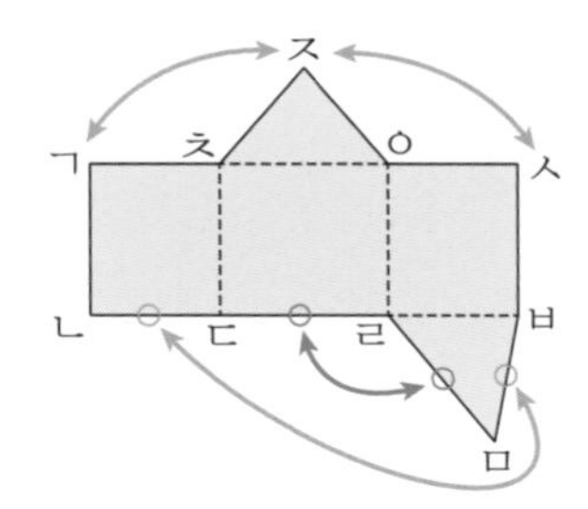

전개도를 접으면 삼각기둥이 만들어집니다.

점 ㄱ, ㅈ, ❶ ☐이 서로 만납니다.
선분 ㄷㄹ과 선분 ❷ ☐이 맞닿습니다.
선분 ㄴㄷ과 선분 ㅂㅁ이 맞닿습니다.

확인 11 전개도를 접었을 때 선분 ㄱㄴ과 맞닿는 선분을 찾아 쓰시오.

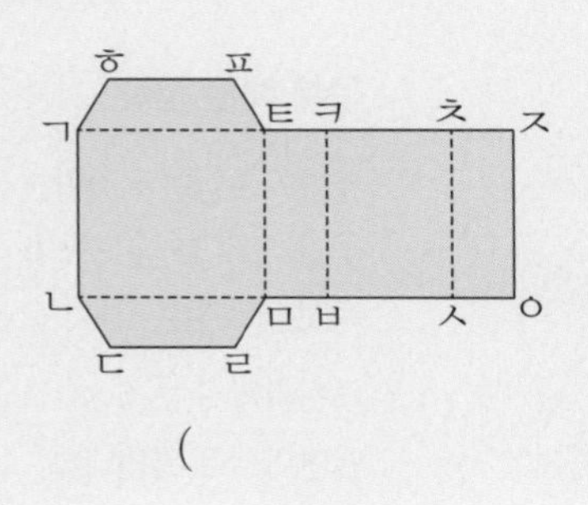

(　　　　　　)

개념 12 각기둥의 구성 요소의 수

밑면의 모양	■각형
각기둥의 이름	■각기둥
면의 수	■+2
모서리의 수	■×❶ ☐
꼭짓점의 수	■×❷ ☐

확인 12 밑면의 모양이 오각형인 각기둥의 꼭짓점의 수를 구하시오.

(　　　　　　)

답 개념 11 ❶ ㅅ ❷ ㄹㅁ 개념 12 ❶ 3 ❷ 2

개념 13 각뿔의 구성 요소의 수

밑면의 모양	■각형
각뿔의 이름	■각뿔
면의 수	■+1
모서리의 수	■×❶ ☐
꼭짓점의 수	■+❷ ☐

확인 13 밑면의 모양이 삼각형인 각뿔의 모서리의 수는 몇 개입니까?

(　　　　　　)

개념 14 구성 요소의 수로 입체도형 이름 구하기

㉠ 꼭짓점이 10개인 각기둥의 이름 구하기
☐각기둥의 꼭짓점의 수: ☐×2
➡ ☐×2=10이므로 ☐는 5입니다.
➡ ❶ ☐각기둥입니다.
(5)

㉠ 면이 8개인 각뿔의 이름 구하기
☐각뿔의 면의 수: ☐+1
➡ ☐+1=8이므로 ☐=7입니다.
➡ ❷ ☐각뿔입니다.
(7)

확인 14 면이 8개인 각기둥의 이름을 구하시오.

(　　　　　　)

답 개념 13 ❶ 2 ❷ 1 개념 14 ❶ 오 ❷ 칠

2주

2주 1일 개념 돌파 전략 2

01 입체도형 중에서 각기둥을 찾아 그 각기둥의 옆면의 모양을 오른쪽에 그리고, 각기둥의 옆면은 어떤 모양인지 쓰시오.

입체도형　　　　　　　　옆면

(　　　　　　　　　　)

문제 해결 전략 1

각기둥의 두 밑면은 다각형이고 옆면은 모두 ☐사각형입니다.

02 왼쪽 각기둥에서 개수가 같은 것 두 가지를 찾아 기호를 쓰시오.

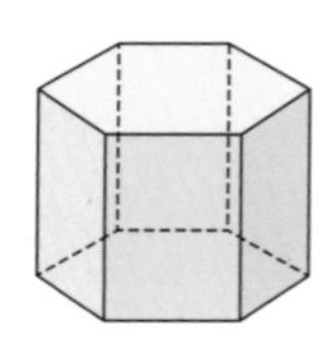

㉠ 두 밑면의 변의 수의 합	㉡ 꼭짓점의 수
㉢ 모서리의 수	㉣ 옆면의 수

(　　　　　　　　　　)

문제 해결 전략 2

밑면의 모양이 육각형인 육각기둥입니다.
두 밑면의 변의 수는 6×2,
꼭짓점의 수는 $6 \times$ ☐,
모서리의 수는 $6 \times$ ☐,
옆면의 수는 6입니다.

03 다음 전개도를 접었을 때 만들어지는 사각기둥의 한 밑면의 둘레를 구하시오.

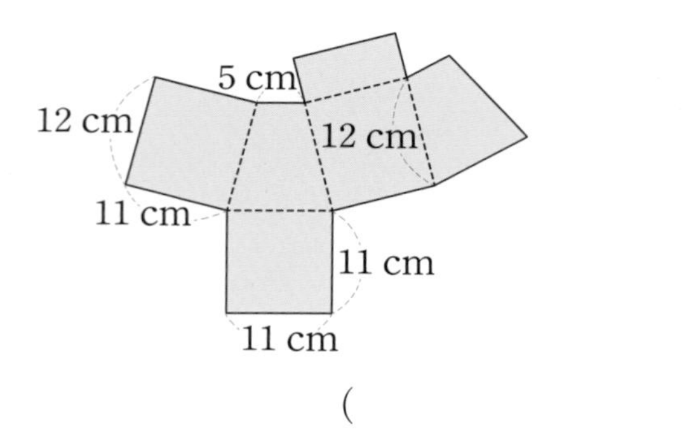

(　　　　　　　　　　)

문제 해결 전략 3

사각기둥의 전개도에서 직사각형이 아닌 면은 ☐이 됩니다.
각기둥의 전개도에서 옆면은 직사각형이므로 한 옆면에서 마주 보는 변의 길이는 같습니다.

답 1 직 2 2, 3 3 밑면

≫ 정답과 풀이 11쪽

04 어떤 입체도형에 대한 설명입니까? (단, 입체도형은 각기둥이거나 각뿔입니다.)

- 밑면은 칠각형입니다.
- 모서리는 14개 있습니다.

(　　　　　　　　　　)

문제 해결 전략 4

밑면이 칠각형인 각기둥은 칠각기둥이고, 각뿔은 ☐입니다.
모서리의 수를 각각 구해 봅니다.

05 한 밑면의 꼭짓점이 5개인 각기둥의 이름을 쓰고, 그렇게 생각한 이유를 쓰시오.

이름 ____________________

이유 ____

____

문제 해결 전략 5

꼭짓점이 5개인 다각형은 ☐각형입니다.
밑면이 오각형인 각기둥은 ☐각기둥입니다.

2주

06 면의 수가 가장 적은 각뿔의 모서리의 수를 구하시오.

(　　　　　　　　　　)

문제 해결 전략 6

다각형 중에서 변이 가장 적은 것은 ☐입니다.
모든 면이 삼각형인 각뿔의 모서리의 수를 구합니다.

답 4 칠각뿔 5 오, 오 6 삼각형

핵심 예제 1

각기둥 또는 각뿔인 어떤 입체도형의 밑면과 옆면의 모양입니다. 이 입체도형의 이름을 쓰시오.

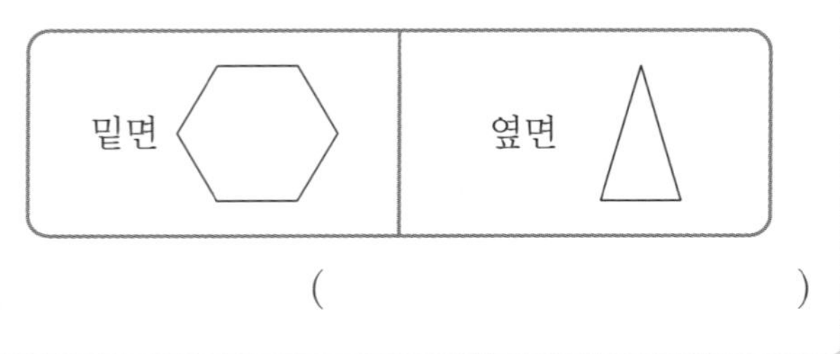

(   )

전략

옆면의 모양을 보고 각기둥인지 각뿔인지 알아봅니다.
밑면의 모양을 보고 입체도형의 이름을 알아봅니다.

풀이

옆면이 삼각형이므로 각기둥이 아니라 각뿔입니다.
밑면이 육각형이므로 육각뿔입니다.

답 육각뿔

핵심 예제 2

전개도를 만들었을 때 만들어지는 입체도형의 꼭짓점의 수와 모서리의 수의 합은 몇 개입니까?

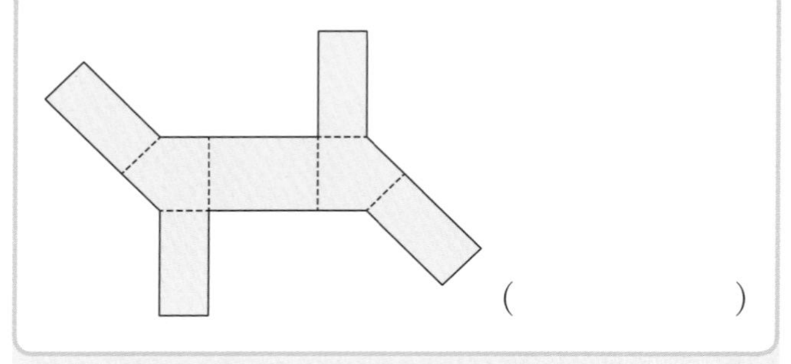

(   )

전략

밑면을 찾아 각기둥의 이름을 알아보고, 꼭짓점의 수와 모서리의 수를 각각 구하여 더합니다.

풀이

밑면이 오각형이므로 오각기둥입니다. 꼭짓점의 수는 $5 \times 2 = 10$(개), 모서리의 수는 $5 \times 3 = 15$(개)입니다. ⇨ $10 + 15 = 25$(개)

답 25개

1-1 각기둥 또는 각뿔인 어떤 입체도형의 밑면과 옆면의 모양입니다. 이 입체도형의 이름을 쓰시오.

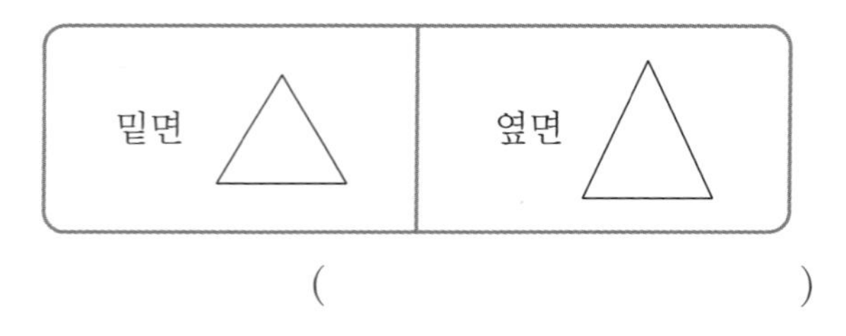

(   )

1-2 각기둥 또는 각뿔인 어떤 입체도형의 밑면과 옆면의 모양입니다. 이 입체도형의 이름을 쓰시오.

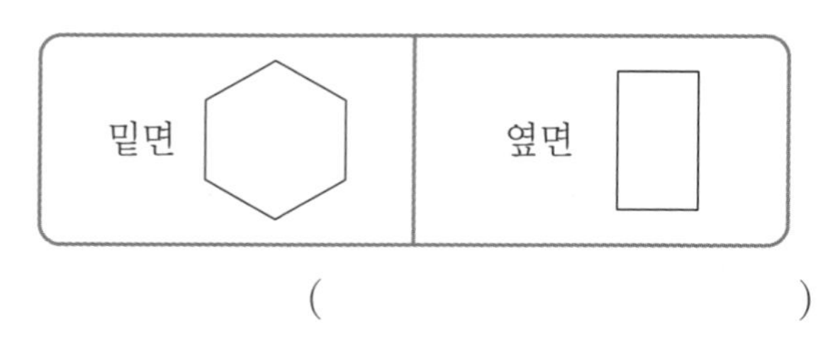

(   )

2-1 전개도를 만들었을 때 만들어지는 입체도형의 꼭짓점의 수와 모서리의 수의 합은 몇 개입니까?

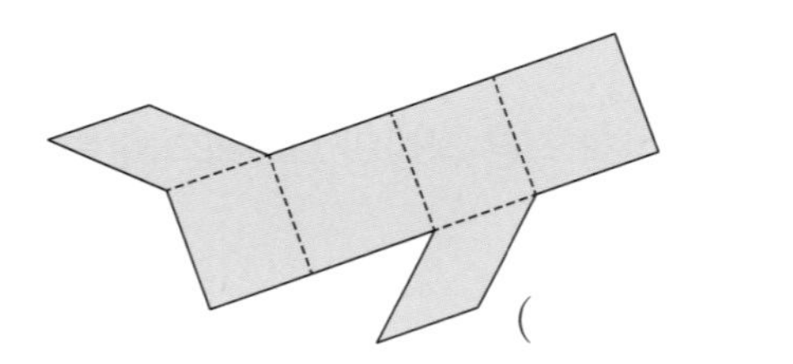

(   )

2-2 전개도를 만들었을 때 만들어지는 입체도형의 꼭짓점의 수와 모서리의 수의 합은 몇 개입니까?

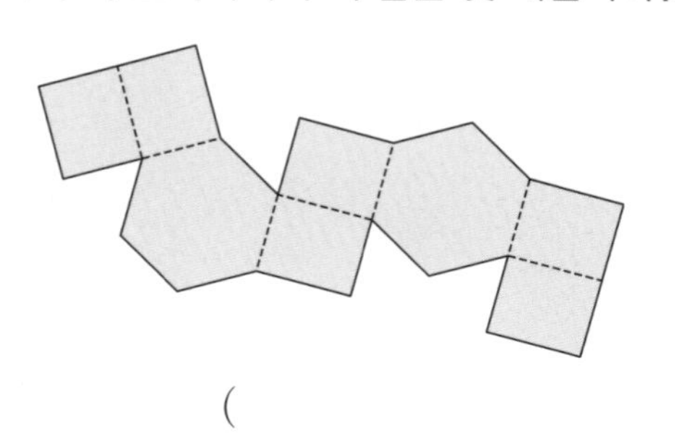

(   )

>> 정답과 풀이 11쪽

핵심 예제 3

밑면의 모양이 오각형인 각기둥이 있습니다. 이 각기둥의 면의 수와 꼭짓점의 수의 차는 몇 개입니까?

( )

전략

□각기둥의 면의 수는 (□+2)개,
꼭짓점의 수는 (□×2)개인 것을 이용하여 차를 구합니다.

풀이

밑면이 오각형인 각기둥은 오각기둥입니다.
오각기둥의 면의 수는 $5+2=7$(개),
꼭짓점의 수는 $5\times2=10$(개)이므로 차는 $10-7=3$(개)입니다.

답 3개

핵심 예제 4

사각뿔의 모든 모서리의 길이의 합이 56 cm였습니다. 옆면이 모두 합동일 때 ㉠의 길이를 구하시오.

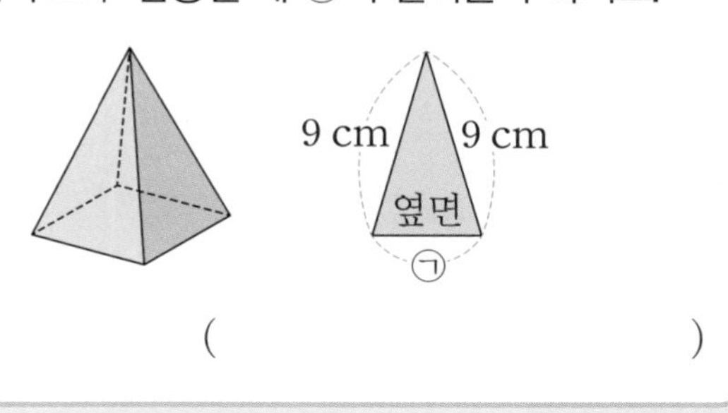

( )

전략

각뿔에서 길이가 9 cm인 모서리와 ㉠인 모서리가 각각 몇 개인지 알아보고 식을 세워 ㉠의 길이를 구합니다.

풀이

사각뿔에서 9 cm인 모서리는 4개, ㉠인 모서리는 4개 있습니다.
9×4+㉠$\times4=56$, ㉠$\times4=20$, ㉠$=5$ cm
(9×4 → 36)

답 5 cm

3-1 밑면의 모양이 칠각형인 각기둥이 있습니다. 이 각기둥의 면의 수와 꼭짓점의 수의 차는 몇 개입니까?

( )

3-2 밑면의 모양이 육각형인 각기둥이 있습니다. 이 각기둥의 면의 수와 꼭짓점의 수의 합는 몇 개입니까?

( )

4-1 사각뿔의 모든 모서리의 길이의 합이 72 cm였습니다. 옆면이 모두 합동일 때 ㉠의 길이를 구하시오.

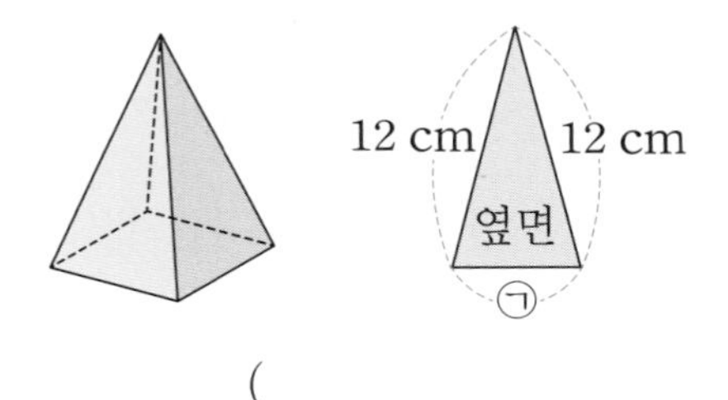

( )

4-2 오각뿔의 모든 모서리의 길이의 합이 110 cm였습니다. 옆면이 모두 합동일 때 ㉠의 길이를 구하시오.

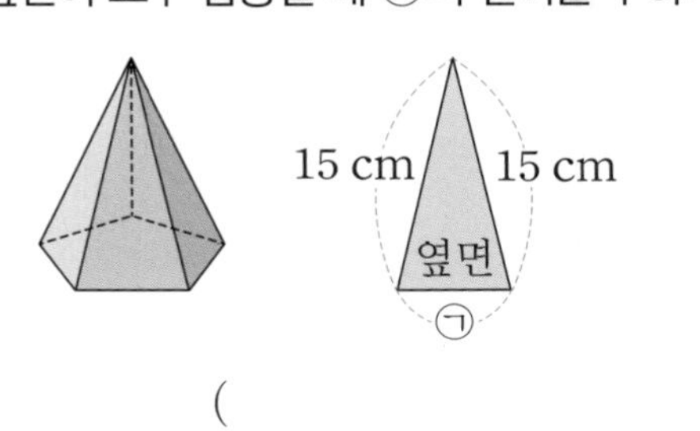

( )

핵심 예제 5

꼭짓점과 면이 각각 12개인 입체도형이 있습니다. 이 입체도형의 모서리는 몇 개인지 구하시오. (단, 입체도형은 각기둥이거나 각뿔입니다.)

( )

전략

꼭짓점과 면의 수가 같은 입체도형을 찾고 입체도형의 이름을 알아본 다음 모서리의 수를 구합니다.

풀이

꼭짓점과 면의 수가 같은 입체도형은 각뿔입니다.

□각뿔의 면의 수는 (□+1)개입니다.

□+1=12, □=11 ⇨ 십일각뿔

십일각뿔의 모서리의 수는 $11\times2=22$(개)입니다.

답 22개

5-1 꼭짓점과 면이 각각 10개인 입체도형이 있습니다. 이 입체도형의 모서리는 몇 개인지 구하시오.

(단, 입체도형은 각기둥이거나 각뿔입니다.)

( )

5-2 꼭짓점과 면이 각각 15개인 입체도형이 있습니다. 이 입체도형의 모서리는 몇 개인지 구하시오.

(단, 입체도형은 각기둥이거나 각뿔입니다.)

( )

핵심 예제 6

전개도를 접어서 만든 각기둥의 모든 모서리의 길이의 합을 구하시오.

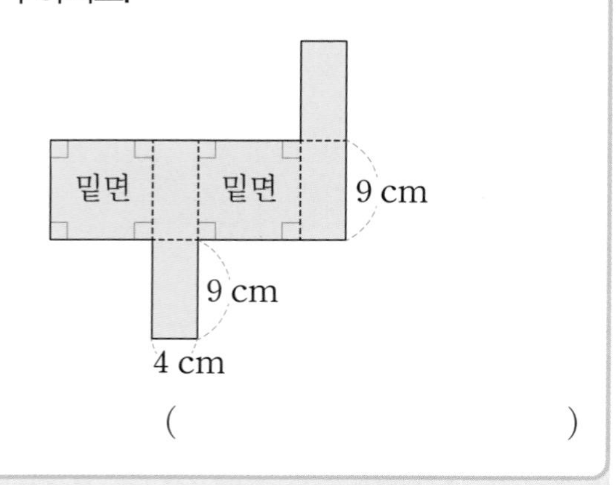

( )

전략

각기둥의 모서리 중에서 높이를 나타내는 모서리의 길이와 밑면에 포함되는 모서리의 길이를 구하여 더합니다.

풀이

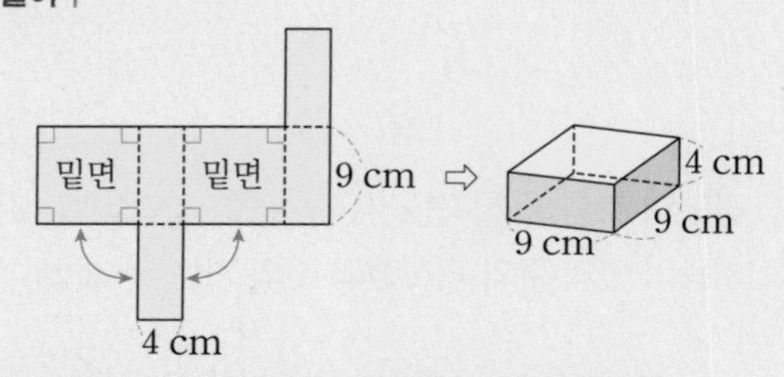

9 cm인 모서리가 8개, 4 cm인 모서리가 4개입니다.

$9\times8+4\times4=72+16=88$ (cm)

답 88 cm

6-1 전개도를 접어서 만든 각기둥의 모든 모서리의 길이의 합을 구하시오.

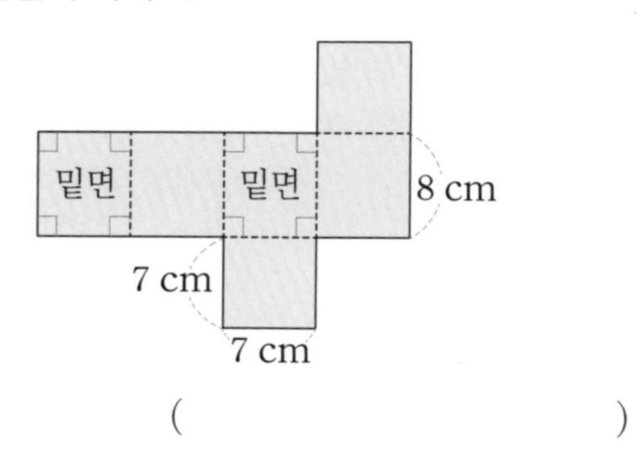

( )

핵심 예제 7

밑면이 다음과 같은 각기둥의 한 옆면의 둘레의 길이가 24 cm입니다. 각기둥의 높이는 몇 cm인지 구하시오.

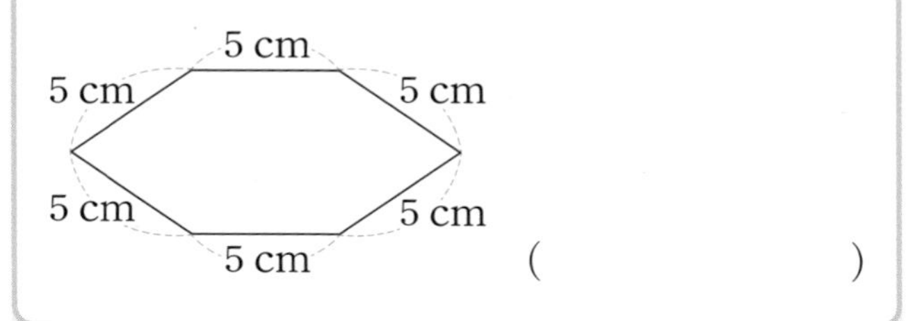

(　　　　　　)

전략

각기둥의 한 옆면의 변의 길이를 모두 구하고 높이가 되는 변의 길이를 찾습니다.

풀이

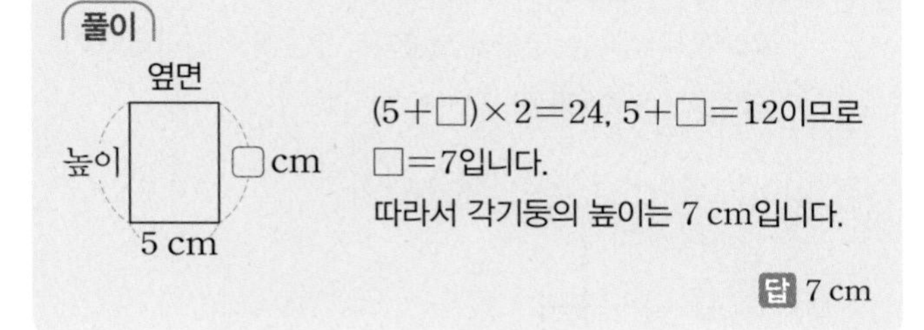

$(5+\square)\times 2=24$, $5+\square=12$이므로
$\square=7$입니다.
따라서 각기둥의 높이는 7 cm입니다.

답 7 cm

7-1 밑면이 다음과 같은 각기둥의 한 옆면의 둘레의 길이가 30 cm입니다. 각기둥의 높이는 몇 cm인지 구하시오.

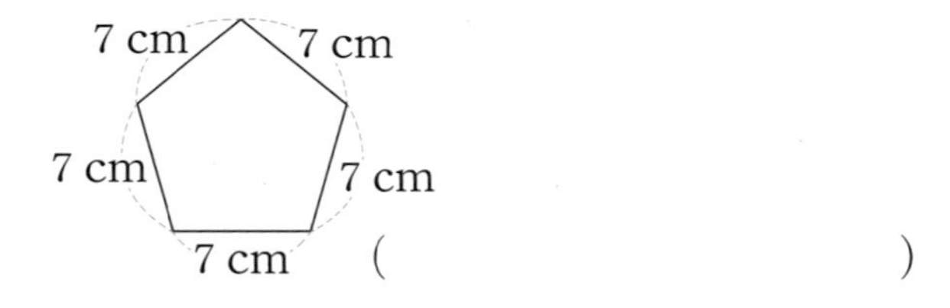

(　　　　　　)

7-2 밑면이 다음과 같은 각기둥의 한 옆면의 둘레의 길이가 40 cm입니다. 각기둥의 높이는 몇 cm인지 구하시오.

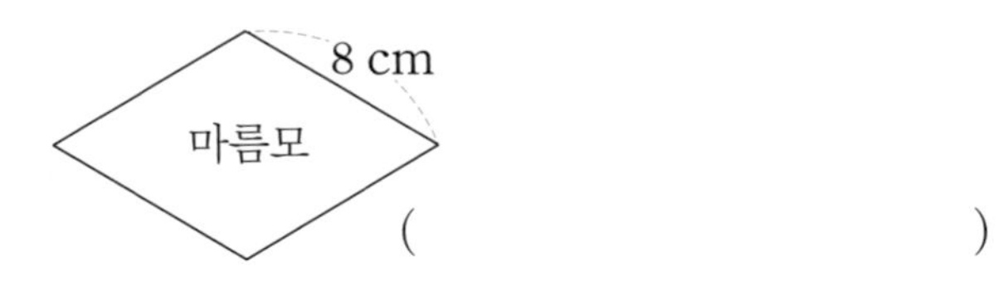

(　　　　　　)

핵심 예제 8

모서리의 수와 꼭짓점의 수의 차가 9개인 각기둥이 있습니다. 이 각기둥의 이름을 구하시오.

(　　　　　　)

전략

□각기둥의 모서리의 수는 (□×3)개, 꼭짓점의 수는 (□×2)개인 것을 이용합니다.

풀이

□각기둥의 모서리의 수는 (□×3)개, 꼭짓점의 수는 (□×2)개이므로 차는 □×3−□×2=9입니다.
(□×3 → □+□+□, □×2 → □+□)
따라서 □는 9이므로 각기둥의 이름은 구각기둥입니다.

답 구각기둥

8-1 모서리의 수와 꼭짓점의 수의 차가 10개인 각기둥이 있습니다. 이 각기둥의 이름을 구하시오.

(　　　　　　)

8-2 모서리의 수와 꼭짓점의 수의 합이 15개인 각기둥이 있습니다. 이 각기둥의 이름을 구하시오.

(　　　　　　)

2주

2주 2일 필수 체크 전략 2

01 모서리의 수가 구각뿔과 같은 각기둥의 면의 수는 몇 개입니까?

( )

Tip ①

구각뿔의 모서리의 수는

9 × □ = □ (개)입니다.

■각기둥의 모서리의 수는 (■ × 3)개입니다.

02 밑면의 모양이 삼각형인 각뿔이 있습니다. 이 각뿔의 면의 수와 꼭짓점의 수의 차를 구하시오.

( )

Tip ②

- ■각뿔의 면의 수를 ■를 사용하여 나타내면 (■ + □)개입니다.
- ■각뿔의 꼭짓점의 수를 ■를 사용하여 나타내면 (■ + □)개입니다.

답 Tip ① 2, 18 ② 1, 1

03 전개도를 접어서 만든 각기둥의 모든 모서리의 길이의 합을 구하시오.

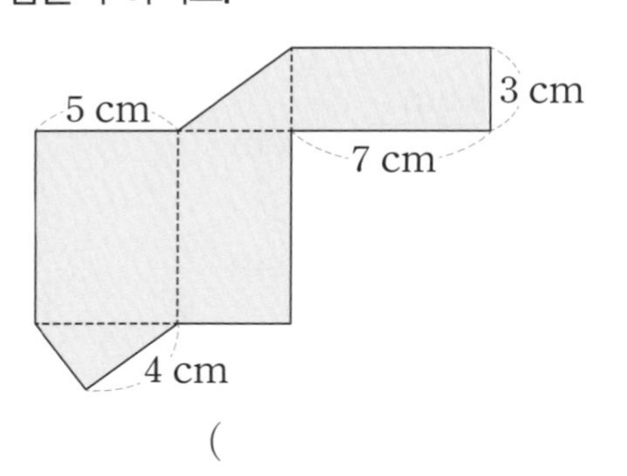

( )

Tip ③

각기둥의 밑면은 □각형입니다.

각기둥의 높이는 밑면에 포함되지 않는 모서리의 길이이므로 □ cm입니다.

04 ㉠, ㉡, ㉢의 합은 몇 개입니까?

㉠ 삼각뿔의 각뿔의 꼭짓점의 수 ㉡ 사각기둥의 면의 수 ㉢ 육각기둥의 꼭짓점의 수

( )

Tip ④

각뿔에서 각뿔의 꼭짓점은 □개입니다.

사각기둥의 면의 수는 (4 + □)개, 육각기둥의 꼭짓점의 수는 (6 × □)개입니다.

답 Tip ③ 삼, 7 ④ 1, 2, 2

05 육각뿔의 모든 모서리의 길이를 재어 더하였더니 60 cm였습니다. 옆면이 모두 합동일 때 ㉠의 길이를 구하시오.

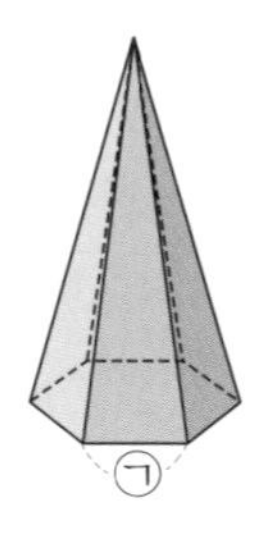

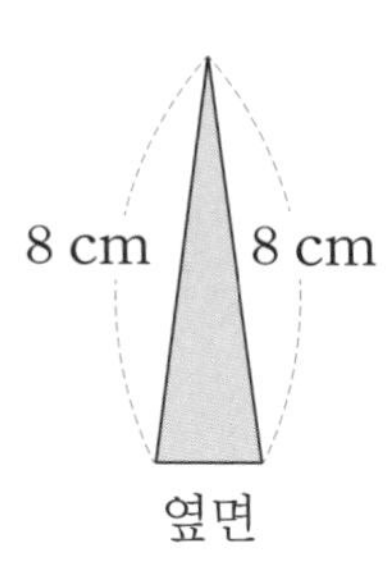

(　　　　　　　　　　)

Tip 5

밑면에 포함되지 않는 모서리와 밑면에 포함된 모서리가 각각 ☐개입니다.

옆면이 모두 합동이므로 밑면은 정☐각형입니다.

답 Tip 5 6, 육

06 모서리의 수와 꼭짓점의 수의 합이 20개인 각기둥이 있습니다. 이 각기둥의 이름을 쓰시오.

(　　　　　　　　　　)

Tip 6

- ■각기둥의 모서리의 수를 ■를 사용하여 나타내면 (■ × ☐)개입니다.
- ■각기둥의 꼭짓점의 수를 ■를 사용하여 나타내면 (■ × ☐)개입니다.

07 밑면이 다음과 같은 각기둥의 전개도에서 모든 옆면의 넓이의 합이 300 cm^2일 때 각기둥의 높이는 몇 cm인지 구하시오.

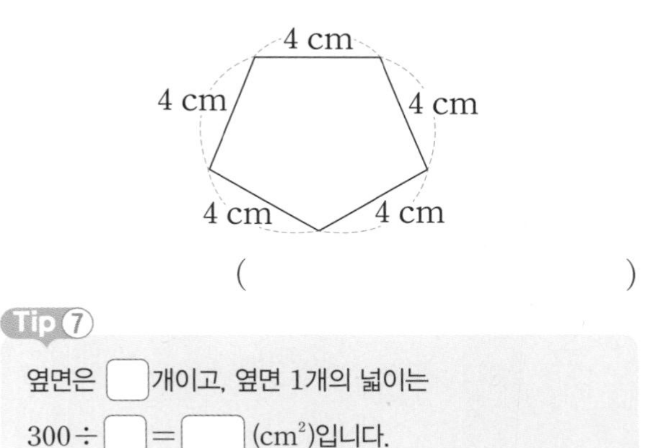

(　　　　　　　　　　)

Tip 7

옆면은 ☐개이고, 옆면 1개의 넓이는 300 ÷ ☐ = ☐ (cm^2)입니다.

답 Tip 6 3, 2 7 5, 5, 60

2주

핵심 예제 1

각기둥의 한 밑면의 둘레의 길이를 구하시오.

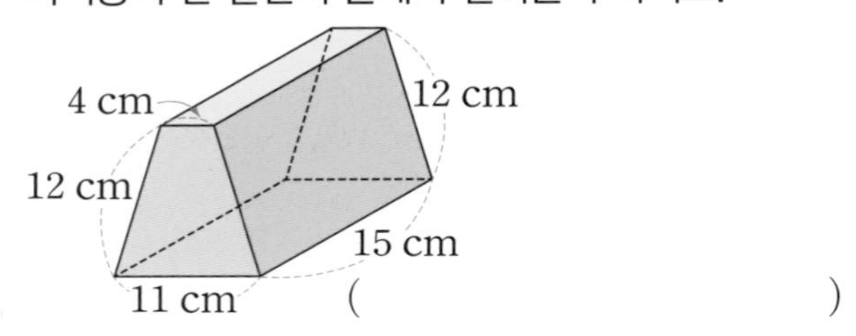

(　　　　　　　　)

전략

각기둥의 밑면을 찾아 둘레의 길이를 구합니다.
각기둥에서 옆면은 모두 직사각형이므로 직사각형이 아닌 면은 밑면입니다.

풀이

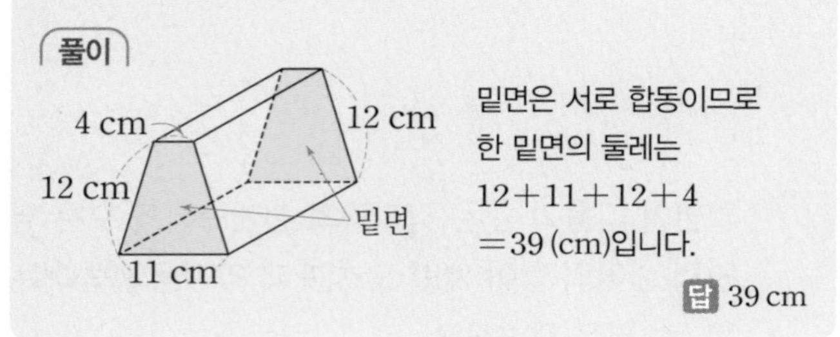

밑면은 서로 합동이므로 한 밑면의 둘레는 $12+11+12+4$ $=39\,(\text{cm})$입니다.

답 39 cm

1-1 각기둥의 한 밑면의 둘레의 길이를 구하시오.

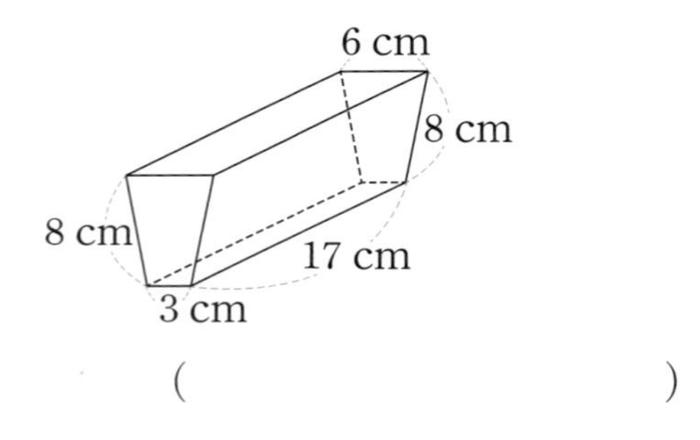

(　　　　　　　　)

1-2 각기둥의 한 밑면의 둘레의 길이를 구하시오.

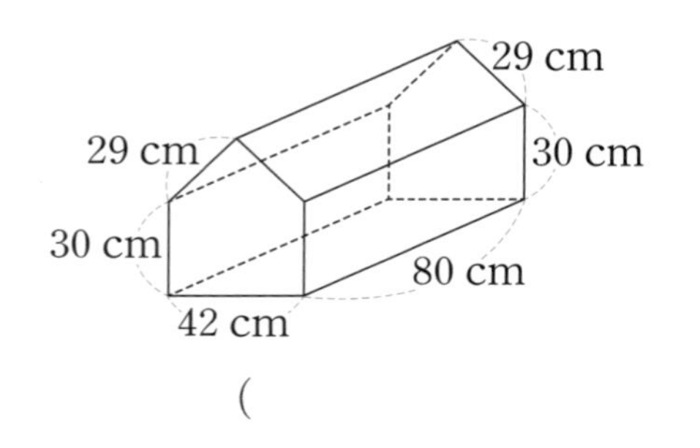

(　　　　　　　　)

핵심 예제 2

밑면의 모양이 다음과 같고 옆면의 모양이 직사각형인 입체도형이 있습니다. 이 입체도형의 모서리의 수를 구하시오. (단, 입체도형은 각기둥이거나 각뿔입니다.)

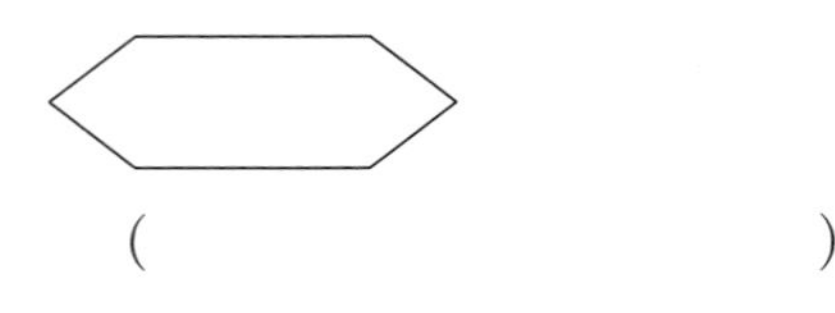

(　　　　　　　　)

전략

입체도형의 이름을 알아보고 모서리의 수를 구합니다.

풀이

옆면이 직사각형이므로 각기둥입니다.
밑면이 육각형이므로 육각기둥입니다.
육각기둥의 모서리의 수는 $6\times3=18$(개)입니다.

답 18개

2-1 밑면의 모양이 오른쪽과 같고 옆면의 모양이 직사각형인 입체도형이 있습니다. 이 입체도형의 모서리의 수를 구하시오. (단, 입체도형은 각기둥이거나 각뿔입니다.)

(　　　　　　　　)

2-2 밑면의 모양이 오른쪽과 같고 옆면의 모양이 직사각형인 입체도형이 있습니다. 이 입체도형의 모서리의 수를 구하시오. (단, 입체도형은 각기둥이거나 각뿔입니다.)

(　　　　　　　　)

핵심 예제 3

어떤 각기둥의 옆면과 밑면을 1개씩 그린 것입니다. 각기둥의 높이를 구하시오.

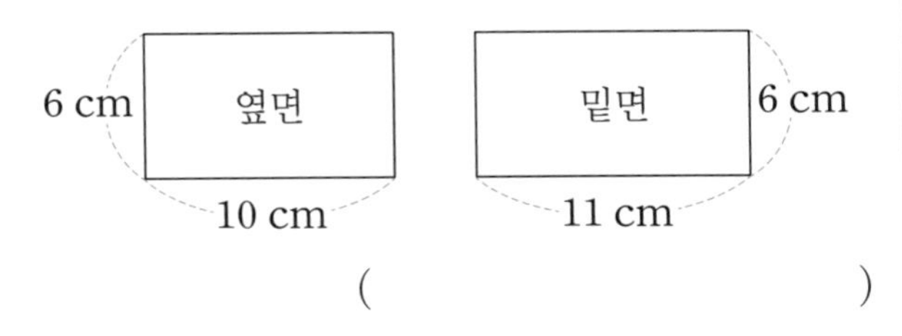

( )

전략

밑면의 모양이 사각형이므로 사각기둥입니다.
각기둥의 높이는 밑면의 포함되지 않는 모서리의 길이입니다.

풀이

옆면에서 10 cm인 변은 밑면과 맞닿지 않으므로 사각기둥의 높이는 10 cm입니다.

답 10 cm

핵심 예제 4

모서리가 각각 24개인 각뿔과 각기둥이 있습니다. 두 입체도형의 면의 수의 차는 몇 개입니까?

( )

전략

모서리가 24개인 각뿔과 각기둥의 이름을 알아보고 면의 수를 구한 다음 차를 구합니다.

풀이

□각뿔의 모서리의 수는 (□×2)개입니다.
□×2=24, □=12 ⇨ 십이각뿔
십이각뿔의 면의 수는 12+1=13(개)입니다.
□각기둥의 모서리의 수는 (□×3)개입니다.
□×3=24, □=8 ⇨ 팔각기둥
팔각기둥의 면의 수는 8+2=10(개)입니다.
⇨ 13−10=3(개)

답 3개

3-1 어떤 각기둥의 옆면과 밑면을 1개씩 그린 것입니다. 각기둥의 높이를 구하시오.

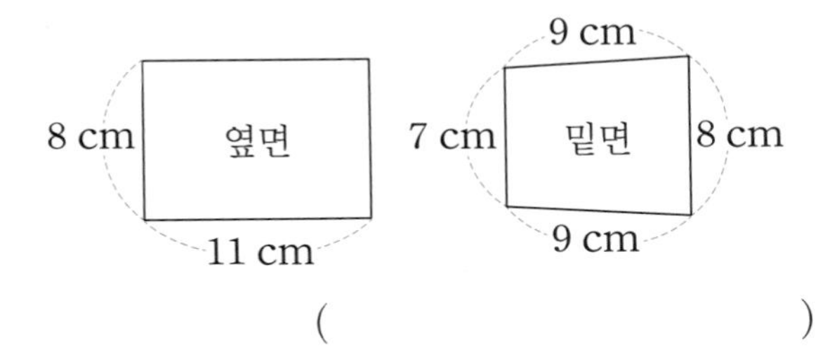

( )

3-2 어떤 각기둥의 옆면과 밑면을 1개씩 그린 것입니다. 각기둥의 높이를 구하시오.

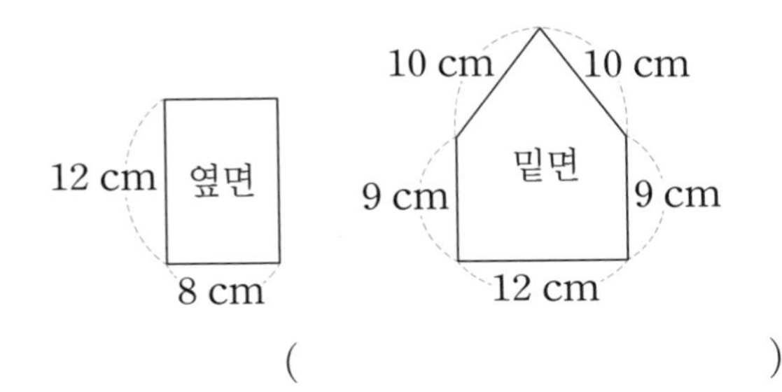

( )

4-1 모서리가 각각 30개인 각뿔과 각기둥이 있습니다. 두 입체도형의 면의 수의 차는 몇 개입니까?

( )

4-2 모서리가 각각 36개인 각뿔과 각기둥이 있습니다. 두 입체도형의 면의 수의 차는 몇 개입니까?

( )

2주

핵심 예제 5

삼각기둥의 전개도를 그리고 둘레를 재어 보았더니 66 cm였습니다. 삼각기둥의 밑면이 정삼각형일 때 한 밑면의 둘레는 몇 cm인지 구하시오.

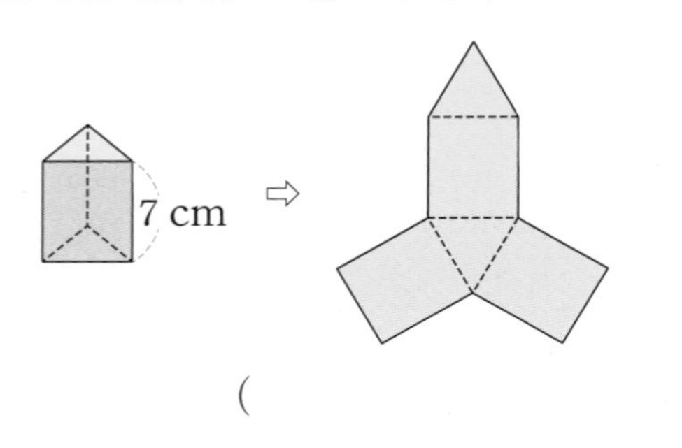

( )

전략

삼각기둥의 높이를 이용하여 전개도에서 밑면의 한 변의 길이를 구한 다음 둘레를 구합니다.

풀이

삼각기둥의 높이가 7 cm이므로 전개도에서 길이가 7 cm인 선분에 모두 표시를 합니다.

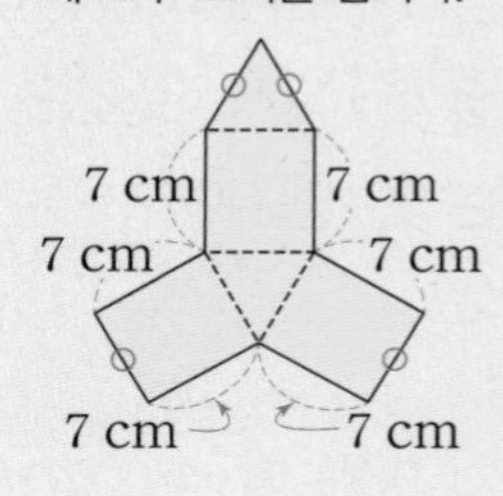

밑면의 한 변의 길이를 □cm라고 하면 (→○표 한 곳)

$□ \times 4 + 7 \times 6 = 66$, ($7 \times 6$ → 42)

$□ \times 4 = 24$, $□ = 6$입니다.

따라서 한 밑면의 둘레는 $6 \times 3 = 18$ (cm)입니다.

답 18 cm

핵심 예제 6

다음 사각기둥의 전개도를 접어서 사각기둥을 만들었을 때 높이가 되는 선분을 모두 찾아 쓰시오.

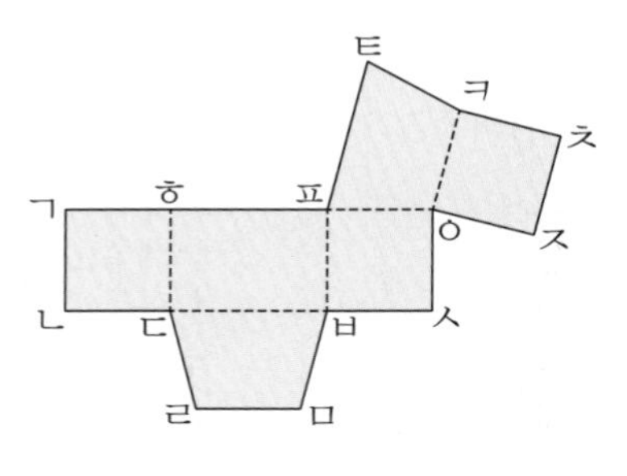

전략

사각기둥의 밑면이 되는 면을 찾고 밑면에 포함되지 않는 선분 중에서 높이를 나타내는 선분을 찾습니다.

풀이

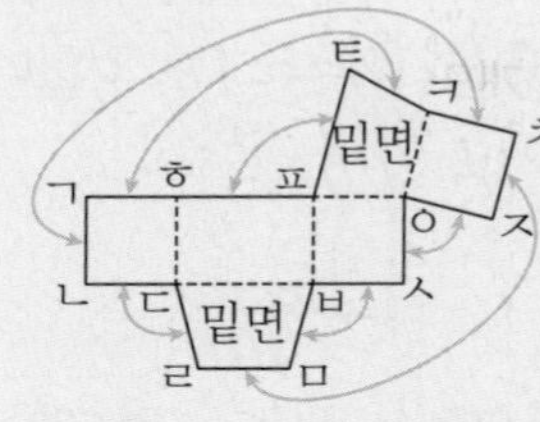

사각기둥의 옆면은 직사각형이므로 직사각형이 아닌 면은 밑면입니다.

사각기둥을 만들었을 때 밑면에 포함되지 않는 선분을 찾습니다.

답 선분 ㄱㄴ, 선분 ㅎㄷ, 선분 ㅍㅂ, 선분 ㅇㅅ, 선분 ㅇㅈ, 선분 ㅋㅊ

5-1 삼각기둥의 전개도를 그리고 둘레를 재어 보았더니 52 cm였습니다. 삼각기둥의 밑면이 정삼각형일 때 한 밑면의 둘레는 몇 cm인지 구하시오.

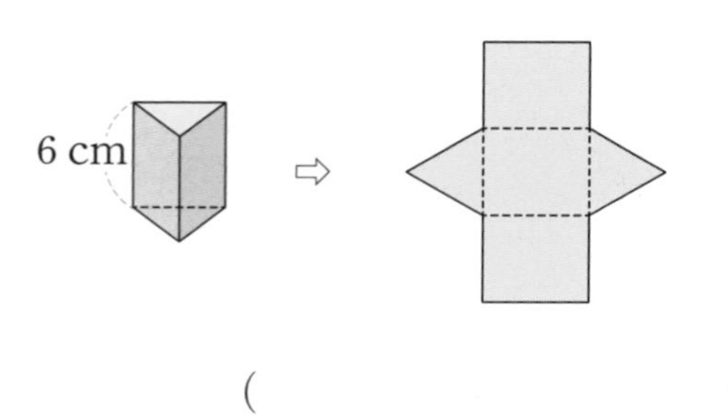

( )

6-1 사각기둥의 전개도입니다. 전개도를 접어서 사각기둥을 만들었을 때 높이가 되는 선분을 모두 찾아 쓰시오.

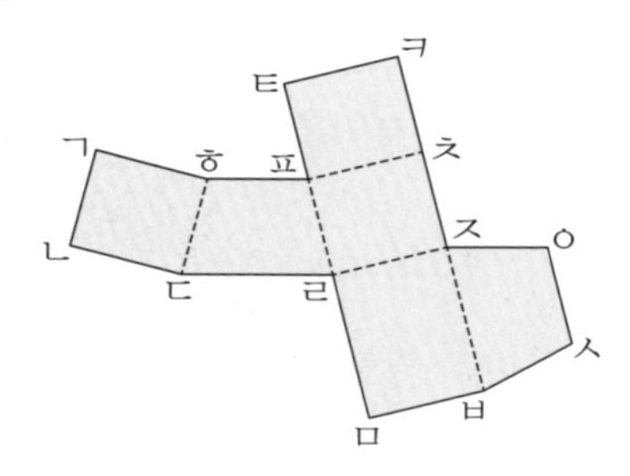

핵심 예제 7

삼각기둥을 오른쪽과 같이 2개의 각기둥으로 잘랐습니다. 두 각기둥의 모서리의 수는 모두 몇 개인지 구하시오.

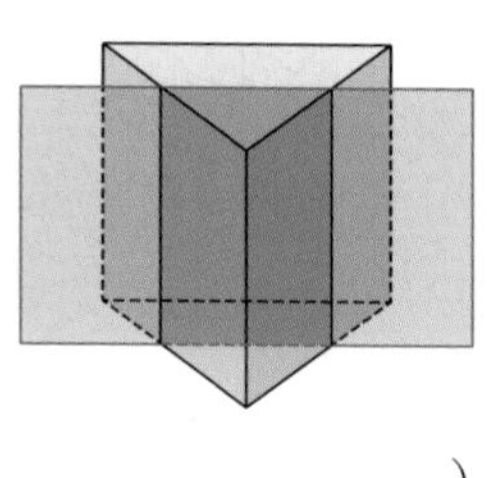

(   )

전략
잘랐을 때 생기는 두 입체도형의 이름을 알아보고 모서리의 수를 구합니다.

풀이
밑면의 모양이 사각형인 각기둥과 삼각형인 각기둥이 만들어집니다. 사각기둥의 모서리의 수는 $4\times3=12$(개),
삼각기둥의 모서리의 수는 $3\times3=9$(개)입니다.
⇨ $12+9=21$(개)

답 21개

7-1 사각기둥을 다음과 같이 2개의 각기둥으로 잘랐습니다. 두 각기둥의 모서리의 수는 모두 몇 개인지 구하시오.

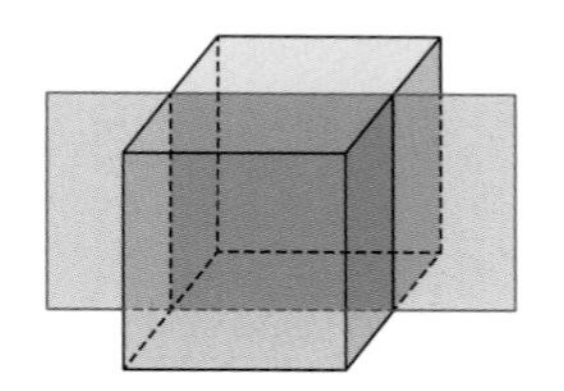

(   )

7-2 오각기둥을 다음과 같이 2개의 각기둥으로 잘랐습니다. 두 각기둥의 모서리의 수는 모두 몇 개인지 구하시오.

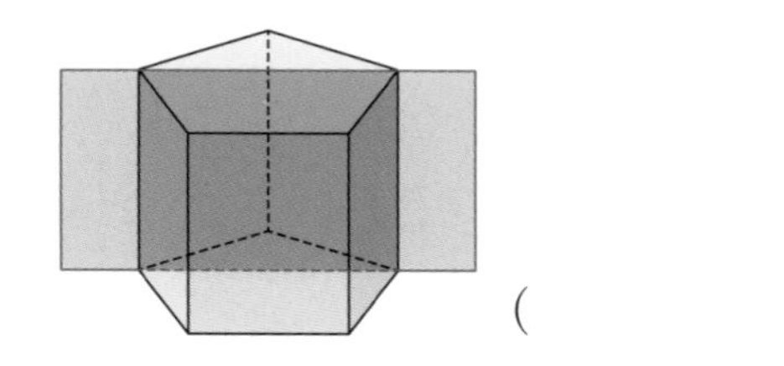

(   )

핵심 예제 8

밑면의 모양이 같은 각기둥과 각뿔이 있습니다. 각기둥과 각뿔에 있는 꼭짓점의 수의 합이 19개일 때 각기둥과 각뿔의 모서리의 수의 합을 구하시오.

(   )

전략
□각기둥의 꼭짓점의 수는 (□$\times$2)개, □각뿔의 꼭짓점의 수는 (□$+1$)개인 점을 이용하여 □를 구하고 모서리의 수의 합을 구합니다.

풀이
□각기둥과 □각뿔의 꼭짓점의 수의 합이 19라고 하면
□$\times2+$□$+1=19$, □$\times2+$□$=18$, □$=6$입니다.
(□$\times2+$□ → □$+$□$+$□)
육각기둥의 모서리는 $6\times3=18$(개),
육각뿔의 모서리는 $6\times2=12$(개)입니다.
⇨ $18+12=30$(개)

답 30개

2주

8-1 밑면의 모양이 같은 각기둥과 각뿔이 있습니다. 각기둥과 각뿔에 있는 꼭짓점의 수의 합이 22개일 때 각기둥과 각뿔의 모서리의 수의 합을 구하시오.

(   )

8-2 밑면의 모양이 같은 각기둥과 각뿔이 있습니다. 각기둥과 각뿔에 있는 꼭짓점의 수의 합이 16개일 때 각기둥과 각뿔의 모서리의 수의 합을 구하시오.

(   )

01 꼭짓점이 각각 10개인 각기둥과 각뿔이 있습니다. 두 입체도형의 모서리의 수의 차는 몇 개입니까?

(　　　　　　　　　　)

Tip ①

■각기둥의 꼭짓점의 수는 (■×2)개이고, ■×2=10이면 ■는 [ ]입니다.

▲각뿔의 꼭짓점의 수는 (▲+1)개입니다.

▲+1=10이면 ▲는 [ ]입니다.

02 밑면의 모양이 다음과 같고 옆면이 모두 삼각형인 입체도형이 있습니다. 이 입체도형의 꼭짓점의 수는 몇 개입니까? (단, 입체도형은 각기둥이거나 각뿔입니다.)

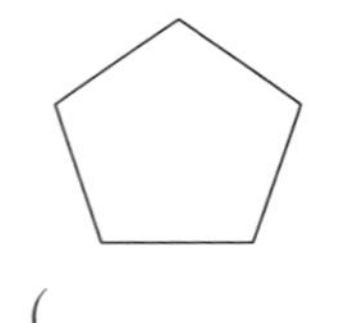

(　　　　　　　　　　)

Tip ②

밑면이 오각형이고 옆면이 삼각형이므로 입체도형의 이름은 [　　　]입니다.

답 Tip ① 5, 9 ② 오각뿔

03 다음 전개도를 접어서 만든 각기둥과 꼭짓점의 수가 같은 각뿔이 있습니다. 각뿔의 이름은 무엇인지 구하시오.

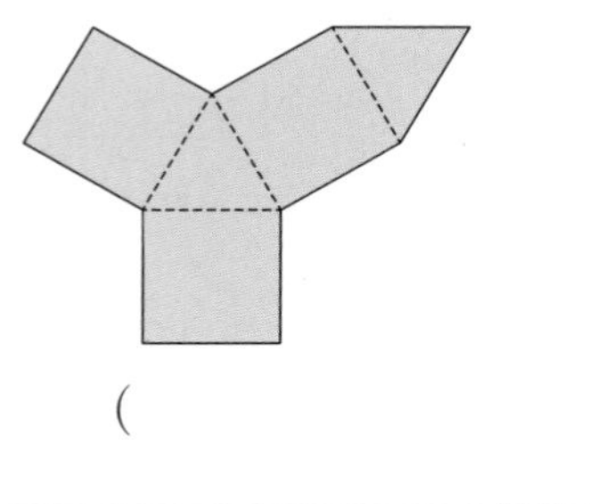

(　　　　　　　　　　)

Tip ③

밑면이 삼각형이므로 [　　　]의 전개도입니다.

■각기둥의 꼭짓점의 수는 (■×2)개, ■각뿔의 꼭짓점의 수는 (■+1)개입니다.

04 육각기둥의 전개도를 그리고, 전개도의 둘레를 재어 보았더니 116 cm였습니다. 밑면이 정육각형일 때 한 밑면의 둘레는 몇 cm인지 구하시오.

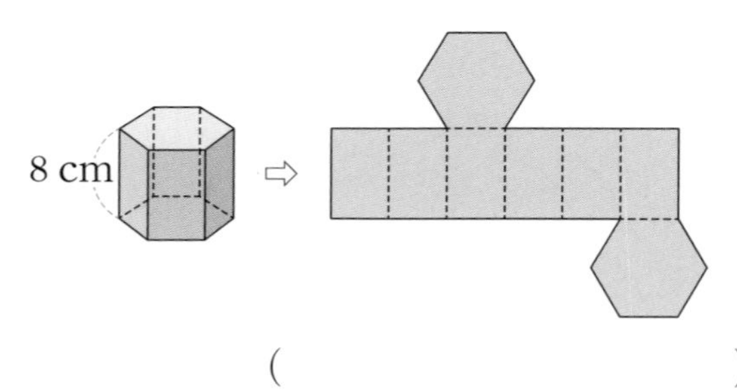

(　　　　　　　　　　)

Tip ④

밑면의 한 변의 길이를 ■cm라고 하면 전개도의 둘레에 ■cm인 선분이 [ ]개, 8 cm인 선분이 [ ]개 있습니다.

답 Tip ③ 삼각기둥 ④ 20, 2

05 다음 각기둥의 한 밑면의 넓이를 구하시오.

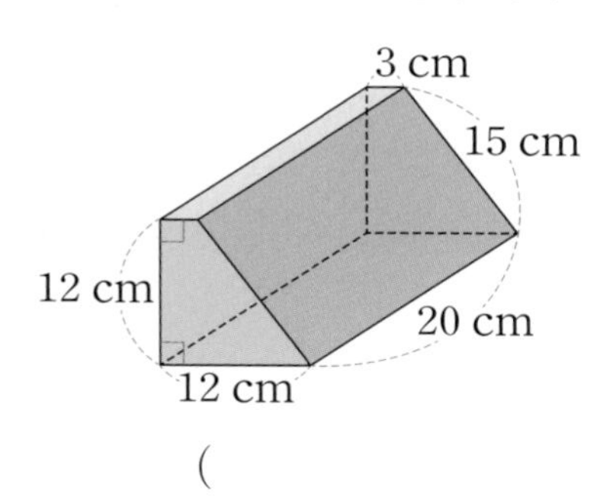

( )

Tip ⑤

각기둥에서 직사각형이 아닌 면은 ☐이 됩니다.
밑면이 사다리꼴이므로 사다리꼴의 넓이 구하는 식을 이용합니다.

06 사각기둥의 전개도를 접었을 때 밑면에 수직인 모서리가 되는 선분을 모두 찾아 쓰시오.

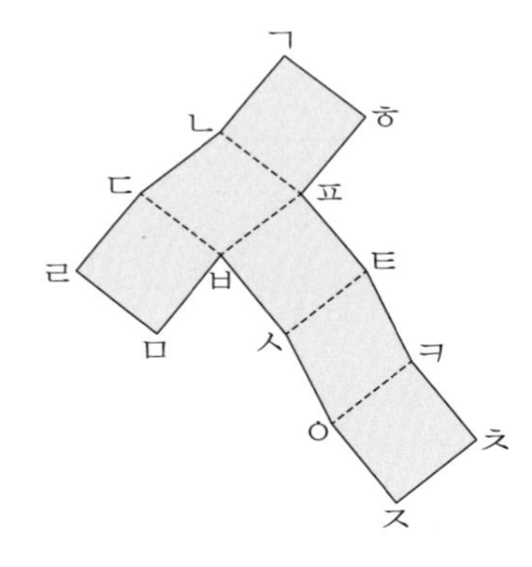

Tip ⑥

사각기둥에서 밑면에 수직인 모서리는 ☐를 나타냅니다.

답 Tip ⑤ 밑면 ⑥ 높이

07 밑면의 모양이 서로 같은 각기둥과 각뿔이 있습니다. 각기둥과 각뿔의 면의 수의 합이 19개일 때 각기둥과 각뿔의 꼭짓점의 수의 합은 몇 개입니까?

( )

Tip ⑦

각기둥의 면의 수는 (한 밑면의 변의 수)+2,
각뿔의 면의 수는 (밑면의 변의 수)+☐입니다.

08 어떤 각기둥의 옆면과 밑면을 1개씩만 그린 것입니다. 각기둥의 모든 옆면의 넓이의 합을 구하시오.

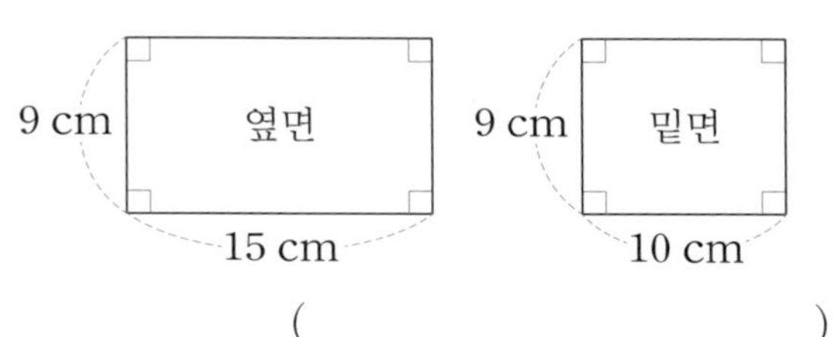

( )

Tip ⑧

각기둥의 높이는 옆면에서 밑면에 포함되지 않는 길이와 같습니다.

옆면은 9 cm, 15 cm 인 모양 ☐개,

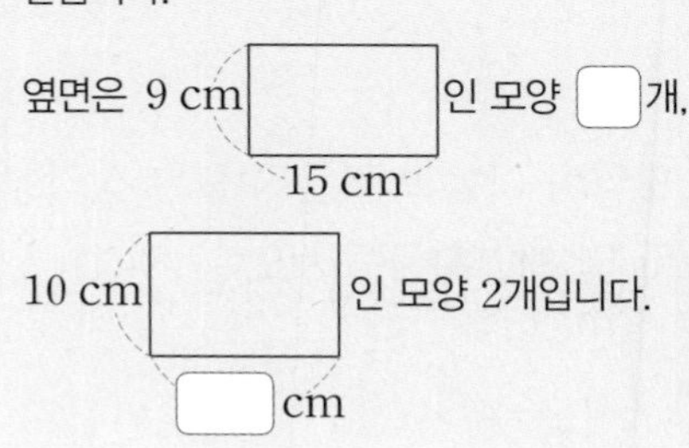

인 모양 2개입니다.

답 Tip ⑦ 1 ⑧ 2, 15

01 각기둥도 각뿔도 아닌 도형은 어느 것입니까? ( )

① ② ③ 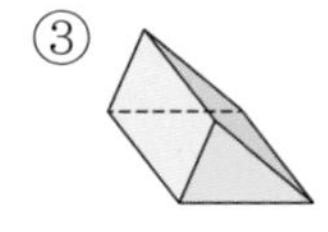

④ ⑤ 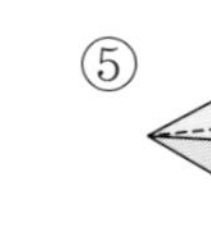

02 각기둥에서 밑면의 수와 옆면의 수의 차는 몇 개입니까?

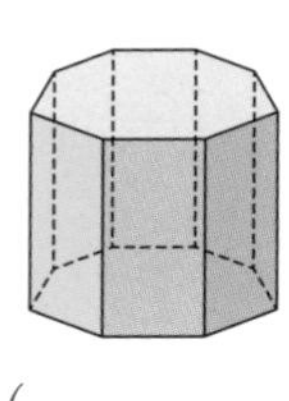

( )

03 밑면의 모양이 다음과 같은 각뿔은 삼각형 모양의 면이 모두 몇 개인지 구하시오.

( )

04 다음은 어떤 입체도형의 한 밑면과 한 옆면의 모양입니다. 이 입체도형의 꼭짓점의 수는 몇 개입니까? (단, 입체도형은 각기둥이거나 각뿔입니다.)

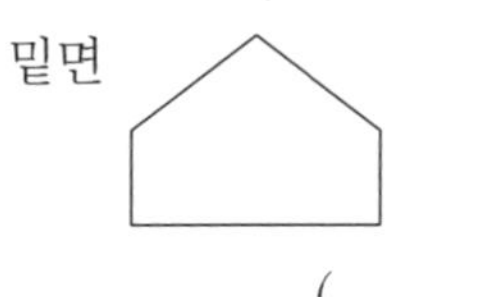

옆면

( )

05 사각기둥의 전개도를 그리려고 합니다. 빠진 면 2개를 알맞게 그리시오.

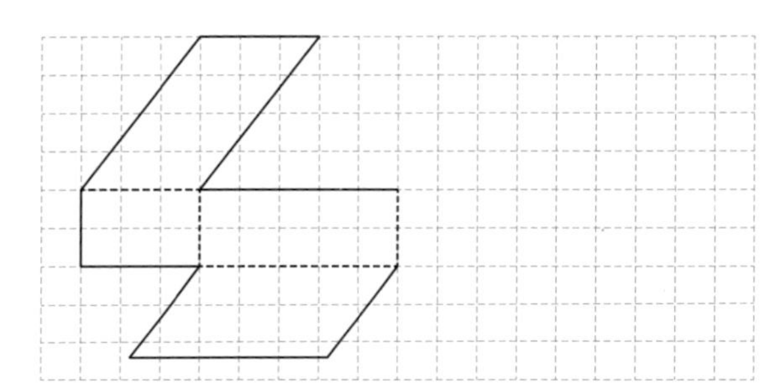

06 꼭짓점이 7개인 각뿔의 이름을 쓰시오.

( )

07 밑면이 정삼각형인 각기둥입니다. 모든 모서리의 길이의 합을 구하시오.

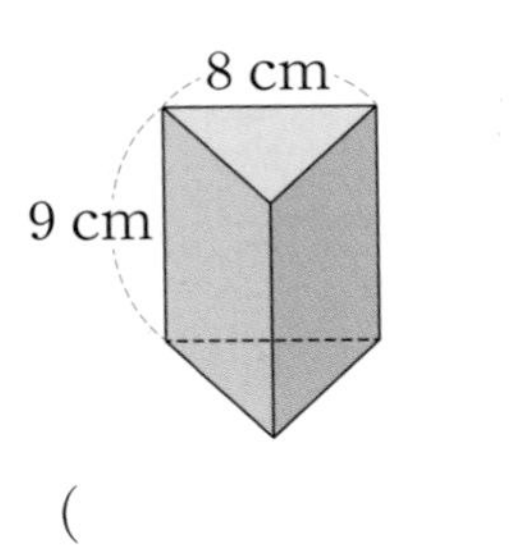

(　　　　　　　　　　)

08 다음 전개도를 접었을 때 만들어지는 사각기둥의 한 밑면의 둘레를 구하시오.

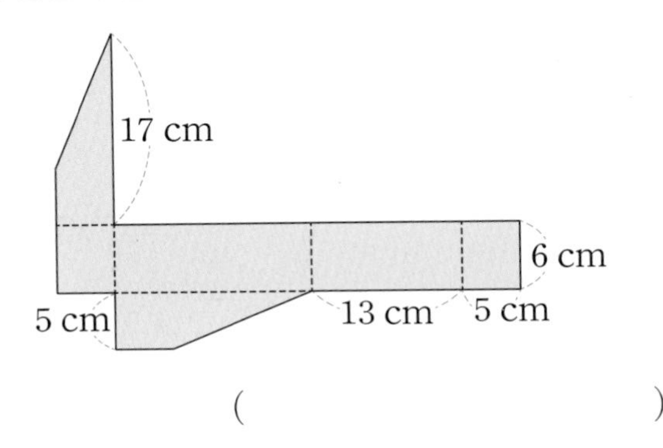

(　　　　　　　　　　)

09 사각기둥과 육각뿔에서 개수가 같은 것의 기호를 쓰시오.

> ㉠ 꼭짓점의 수
> ㉡ 모서리의 수
> ㉢ 면의 수
> ㉣ 옆면의 수

(　　　　　　　　　　)

10 꼭짓점이 14개인 각기둥의 면의 수와 모서리의 수의 합은 몇 개입니까?

(　　　　　　　　　　)

01 입체도형을 다음과 같이 자르면 어떤 입체도형이 만들어지는지 모두 쓰시오.

(1)

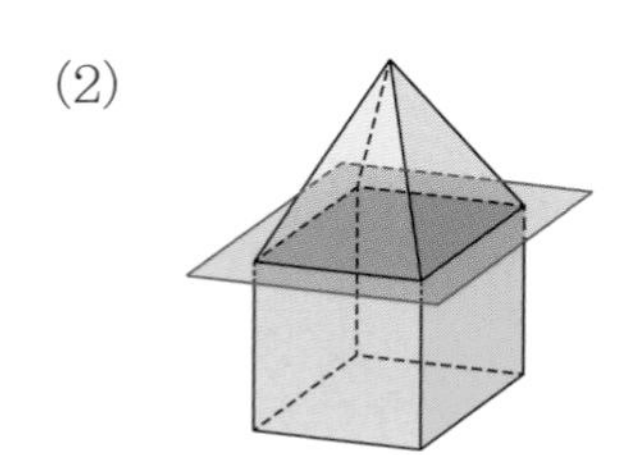

( )

(2)

( )

02 합동인 두 면이 맞닿게 붙여 만든 입체도형입니다. 새로 만든 입체도형의 면, 모서리, 꼭짓점의 수가 각각 몇 개인지 구하고 □ 안에 알맞은 수를 써넣으시오.

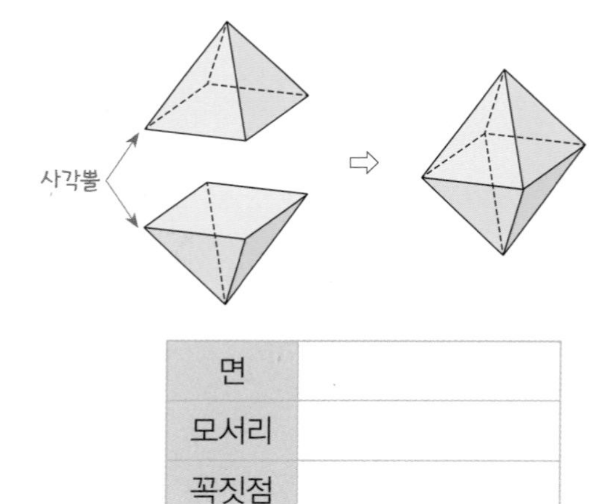

면	
모서리	
꼭짓점	

(모서리의 수)$+$□$=$(면의 수)$+$(꼭짓점의 수)

Tip ①
잘랐을 때 생기는 도형이 각기둥인지 각뿔인지 알아보고 □의 모양을 알아봅니다.

Tip ②
붙여서 만든 입체도형의 면, 모서리, 꼭짓점의 수를 각각 구합니다.
모서리의 수에 어떤 수를 더해야 면과 꼭짓점의 수의 □이 되는지 알아봅니다.

답 Tip ① 밑면 ② 합

03 점토와 막대를 이용하여 각기둥을 만들었습니다. 표를 완성하고 ■와 ▲를 사용하여 규칙을 식으로 나타내시오.

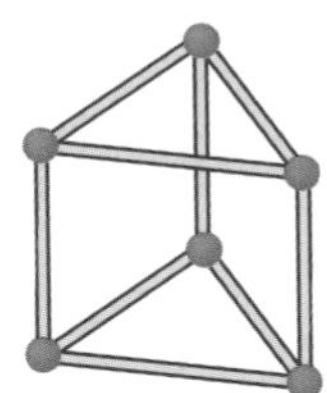
첫 번째

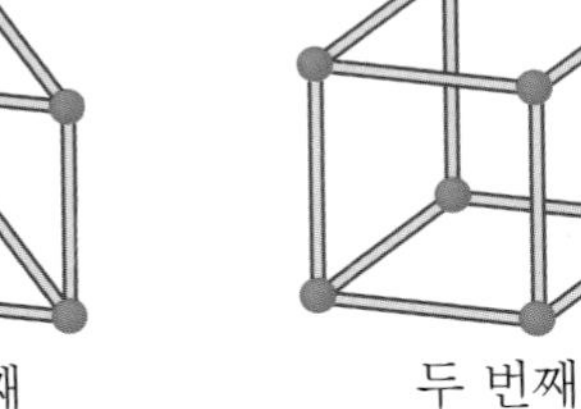
두 번째

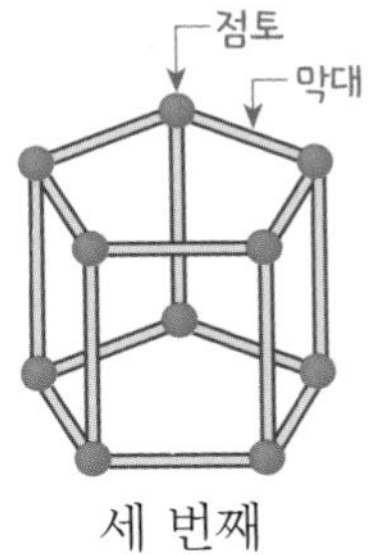

세 번째

…

순서(■)	1	2	3	4	5	…
한 밑면의 막대 수(■+2)	3	4				…
공 모양의 점토 수(▲)	6	8				…

▲= ______________________

Tip ③

첫 번째 각기둥은 삼각기둥이므로 순서(■)에 2를 더하면 각기둥의 한 밑면의 ☐의 수가 됩니다.

점토 수는 각기둥의 ☐의 수와 같습니다.

04 생물 요소를 양분을 얻는 방법에 따라 생산자, 소비자, 분해자로 분류합니다. 각기둥의 전개도에서 두 밑면에 같은 생물 요소가 들어가도록 보기 의 생물 이름을 알맞게 써넣으시오.

보기

곰
배추
곰팡이
감나무

- 생산자: 필요한 양분을 스스로 만드는 생물(예 벼)
- 소비자: 다른 생물을 먹이로 하여 살아가는 생물 (예 나비)
- 분해자: 죽은 생물이나 배출물을 분해하여 양분을 얻는 생물(예 세균)

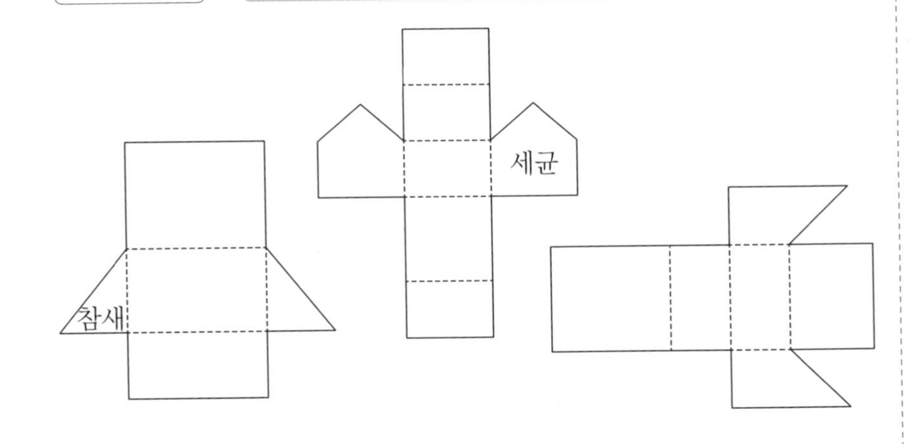

Tip ④

각기둥의 전개도에서 옆면은 직사각형입니다.

직사각형이 아닌 면은 ☐이 됩니다.

답 Tip ③ 변, 꼭짓점 ④ 밑면

05 여러 가지 각기둥을 만들기 위해 전개도를 그렸습니다. 전개도마다 필요 없는 면이 하나씩 있습니다. 필요 없는 면을 모두 찾아 ×표 하시오.

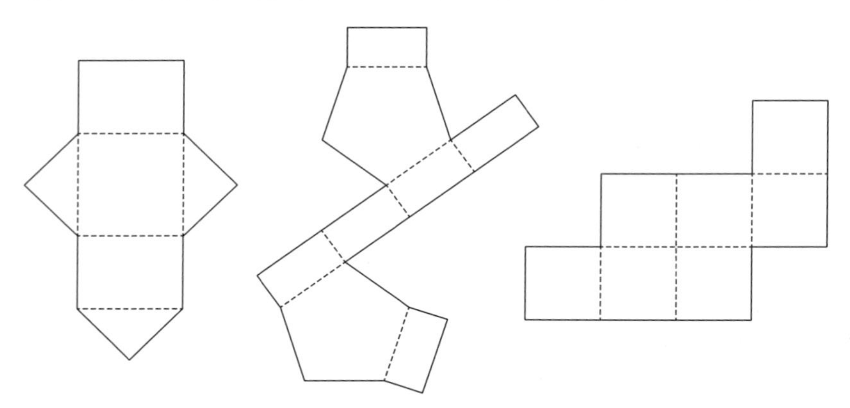

Tip ⑤
알맞은 위치에 밑면과 ☐이 있는지 알아봅니다.

06 해밀턴 경로는 모든 꼭짓점을 한 번씩 지나는 길을 뜻합니다. 이때 출발점과 도착점이 같게 지날 수 있으면 해밀턴 회로라고 합니다. 시작점이 주어졌을 때 해밀턴 회로가 되도록 지나는 길을 그리시오.

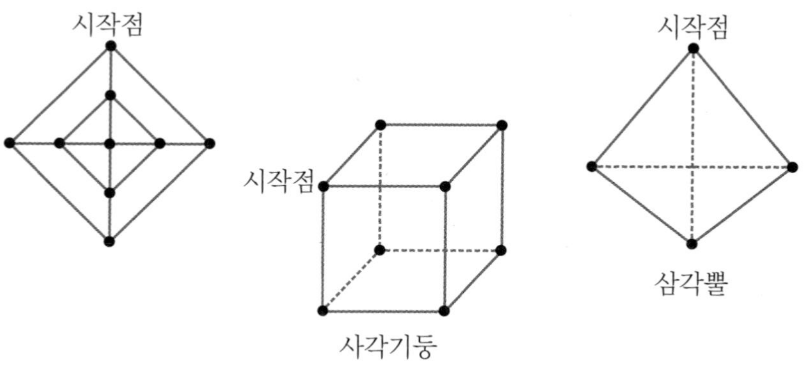

Tip ⑥
해밀턴 회로는 모든 ☐을 한 번씩 지나 시작점으로 다시 돌아와야 합니다.

답 Tip ⑤ 옆면 ⑥ 꼭짓점

07 시작에 [삼각뿔 그림]을 넣었을 때 나오는 도형의 겨냥도를 그리시오.

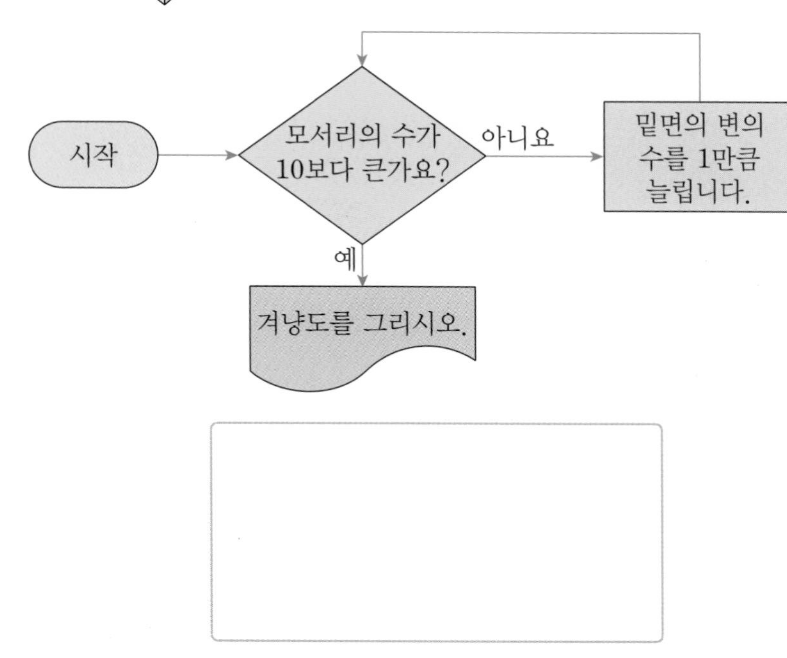

Tip ⑦

삼각뿔의 모서리의 수는 $3\times2=6$(개)입니다.
6은 10보다 작으므로 밑면의 변의 수를 1만큼 늘립니다.
(밑면의 변의 수)$+1=3+1=$ ☐(개)

08 가, 나, 다, 라 4명이 모여 있습니다. 모두 각기둥 또는 각뿔을 하나씩 가지고 있습니다. 1명만 거짓말을 했을 때 누가 어느 입체도형을 가지고 있는지 입체도형의 이름을 쓰시오.

가지고 있는 입체도형

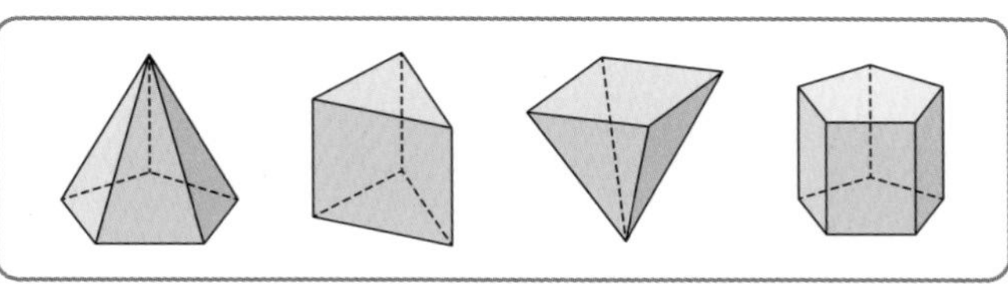

가: 내가 가진 입체도형이 면의 수가 가장 많아.
나: 내 입체도형과 밑면의 모양이 같은 입체도형을 가진 사람이 있어.
다: 우리가 가지고 있는 입체도형은 꼭짓점의 수가 모두 같아.
라: 내가 가진 입체도형은 밑면이 사각형이야.

가 ( ), 나 ( ),
다 ( ), 라 ( )

Tip ⑧

누가 어느 입체도형을 가지고 있는지 알 수 없으므로 꼭짓☐의 수를 비교하여 '다'가 말한 내용이 맞는지 확인합니다.

답 Tip ⑦ 4 ⑧ 점

1,2주 마무리 전략

닳고 닳은 모서리에서
세월의 흔적이 느껴지는구나.

모서리 →

각뿔: 밑면 1개,
옆면은 삼각형
각기둥: 밑면 2개,
옆면은 직사각형

우와~
피라미드는 각뿔 모양으로
생겼구나.

정확히 말하면
사각뿔이에요. (각기둥과
각뿔의 이름은 밑면의
모양에 따라 정해집니다.)

피라미드 모형 4개의 무게가 $2\frac{1}{2}$ kg일 때
1개의 무게는?

$$2\frac{1}{2} \div 4 = \frac{5}{2} \div 4 = \frac{5}{2} \times \frac{1}{4} = \frac{5}{8} \text{ (kg)}$$

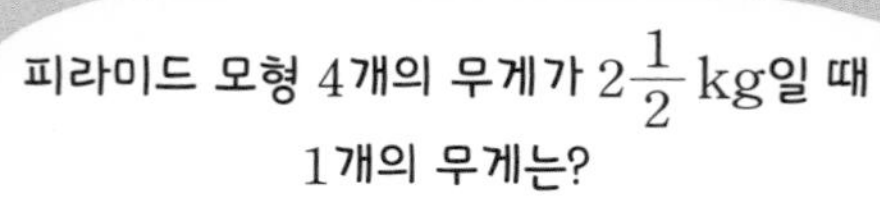

가분수로 고치기 곱셈으로 고치기

각뿔의 꼭짓점까지
어떻게 올라갔지?
저 피라미드의 높이는
136.4 m나 된다고.

각뿔의 밑면은 다각형이고 옆면은 삼각형이야.

각기둥도 밑면은 다각형이에요. 하지만 옆면은 직사각형이지요.

신유형·신경향·서술형 전략

분수의 나눗셈, 소수의 나눗셈, 각기둥과 각뿔

01 모눈종이에 그린 **I**의 둘레의 길이가 65.4 cm일 때 **F**의 둘레는 몇 cm인지 소수로 나타내시오.

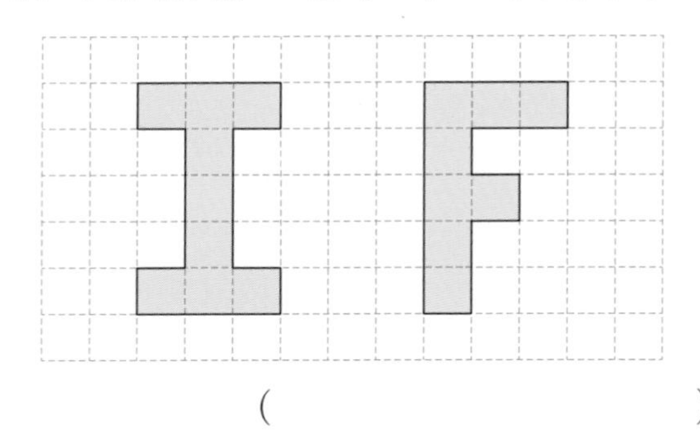

(   )

Tip ①

I의 둘레의 모눈이 몇 칸인지 알아보고 둘레를 칸 수로 나누어 모눈 한 칸의 길이를 구합니다.

⇨ 65.4 ÷ □

답 Tip ① 20

02 지구의 반지름을 10으로 보았을 때 각 행성의 반지름을 나타낸 표입니다. 바로 옆 두 행성 중 더 큰 것은 작은 것의 몇 배인지 구하려고 합니다. □ 안에 알맞은 소수를 써넣으시오.

행성	반지름
수성	4
금성	9
지구	10
화성	5
목성	112
토성	94
천왕성	40
해왕성	39

- 금성은 수성의 □배
- 지구는 금성의 $1\frac{1}{9}$배
- 지구는 화성의 2배
- 목성은 화성의 □배
- 목성은 토성의 $1\frac{9}{47}$배
- 토성은 천왕성의 □배
- 천왕성은 해왕성의 $1\frac{1}{39}$배

Tip ②

큰 수를 작은 수로 나누어 몇 배인지 알아봅니다.
수성의 크기가 □일 때 금성의 크기는 9이므로 금성은 수성의 (9÷4)배입니다.

답 Tip ② 4

03 몬드리안은 네덜란드의 화가입니다. 주로 직선과 삼원색, 무채색을 사용하여 작품을 그렸다고 합니다. 전체 색종이의 크기를 1이라고 할 때 작품에서 노란색, 파란색, 빨간색을 칠한 부분은 전체의 얼마인지 분수로 나타내시오.

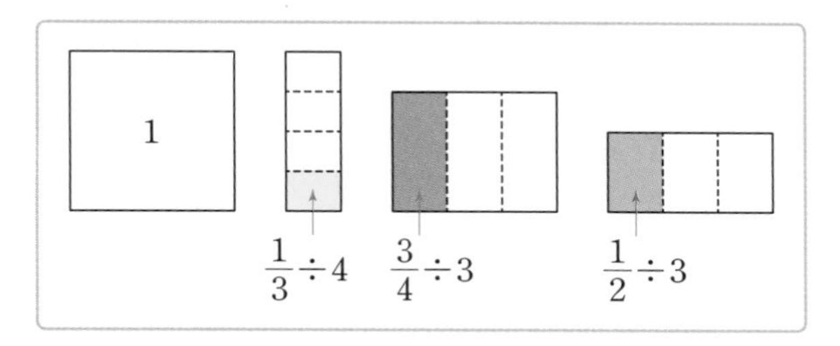

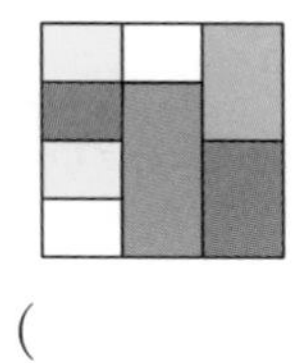

(　　　　　　　　　　　)

Tip ③

부분이 전체의 몇 분의 몇인지 분수로 나타낸 다음 모두 더합니다.

노란색: $\left(\frac{1}{3} \div 4\right) \times 2$

빨간색: $\frac{3}{4} \div \square$　　모두 더하기

파란색: $\frac{1}{2} \div \square$

답 Tip ③ 3, 3

04 다음 각기둥을 두 번 잘라 3개의 각기둥을 만들려고 합니다. 세 각기둥의 꼭짓점의 수의 합은 최대 몇 개까지 나올 수 있는지 구하시오. (단, 자르는 면은 서로 만나지 않습니다.)

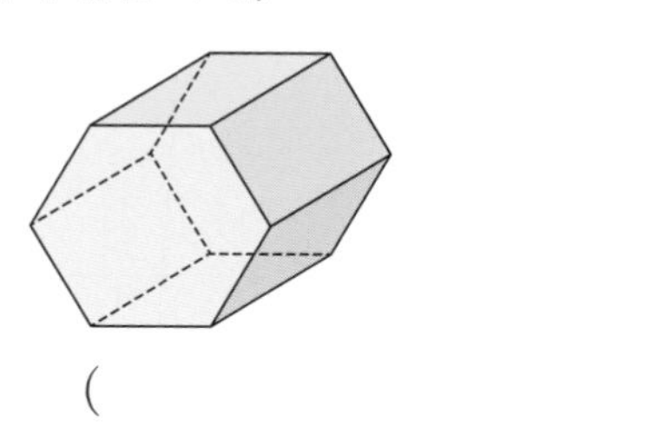

(　　　　　　　　　　　)

Tip ④

밑면이 잘리는 방향으로 2번 자른 경우의 꼭짓점 수의 합은 육각기둥 3개의 꼭짓점의 수보다는 적습니다.

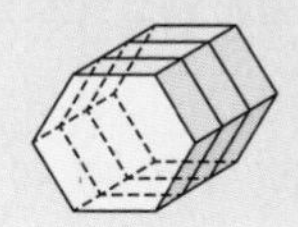

⇨ 왼쪽과 같이 자르면 □각기둥 □개가 만들어집니다.

답 Tip ④ 육, 3

05 각기둥의 꼭짓점의 수를 ㉠, 모서리의 수를 ㉡이라고 할 때 $\frac{㉡}{㉠}$을 소수로 나타내는 풀이 과정을 쓰고 답을 구하시오.

풀이 ______________________

____

____

____

답 ______________________

Tip 5

■각기둥에서 꼭짓점과 모서리의 수를 ■를 이용하여 나타낼 수 있습니다.

꼭짓점의 수는 (■ × 2)개, 모서리의 수는 (■ × ☐)개입니다.

꼭짓점, 모서리의 수를 셀 때에는 한 밑면의 변의 수를 기준으로 알아보면 편리해.

한 밑면의 변의 수를 간단하게 ■라고 하고 꼭짓점, 모서리의 수를 식으로 나타내어 보자.

답 Tip 5 3

06 사각기둥의 전개도를 이용하여 점 ㄱ에서 모든 옆면을 지나 점 ㄴ을 거쳐 점 ㄱ으로 되돌아오려고 합니다. 가장 짧은 거리는 몇 cm인지 구하시오.

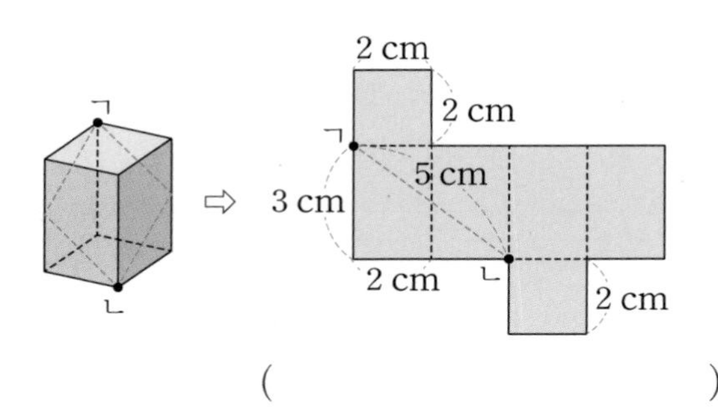

( )

Tip 6

가장 짧은 거리로 가려면 점 ☐과 점 ☐을 잇는 직선을 따라가야 합니다.

점 ㄴ에서 되돌아오는 길도 직선을 따라가야 합니다.

답 Tip 6 ㄱ, ㄴ

07 직각삼각형에는 피타고라스 정리라고 부르는 특별한 법칙이 있습니다.

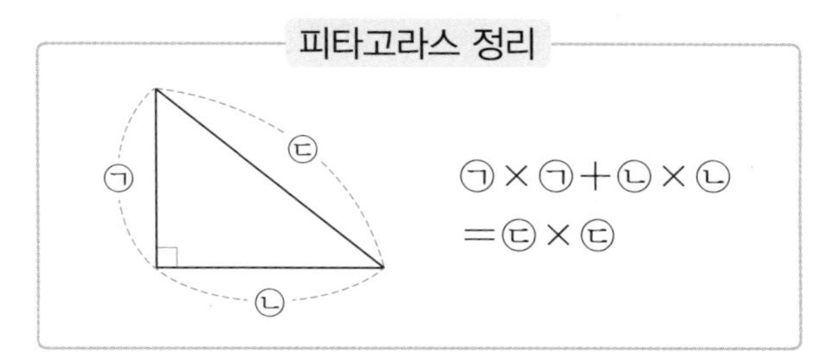

피타고라스 정리를 이용하여 다음 삼각형의 넓이는 몇 cm^2인지 소수로 나타내시오.

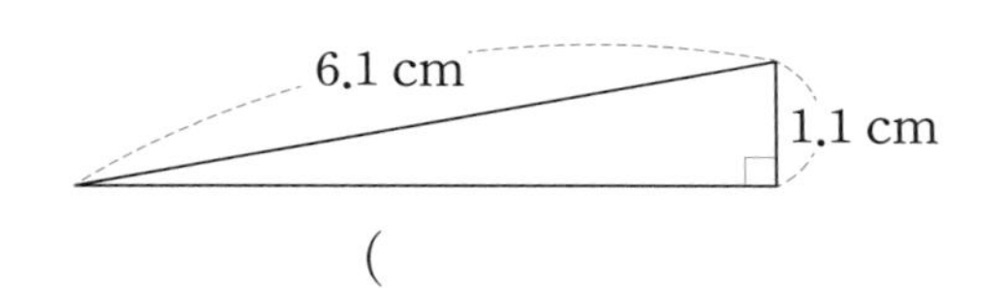

(   )

Tip ⑦

6.1을 두 번 곱한 수에서 1.1을 두 번 곱한 수를 빼면 길이가 주어지지 않은 변의 길이를 ☐ 번 곱한 수가 됩니다.
(삼각형의 넓이)=(밑변)×(높이)÷2

답 Tip ⑦ 두

08 가 자동차는 나 자동차가 있는 곳까지 가는 데 30분이 걸리고 나 자동차는 가 자동차가 있는 곳까지 가는 데 60분이 걸립니다. 두 자동차가 서로를 향해 동시에 출발한다면 몇 분 후에 만나게 되는지 구하시오.

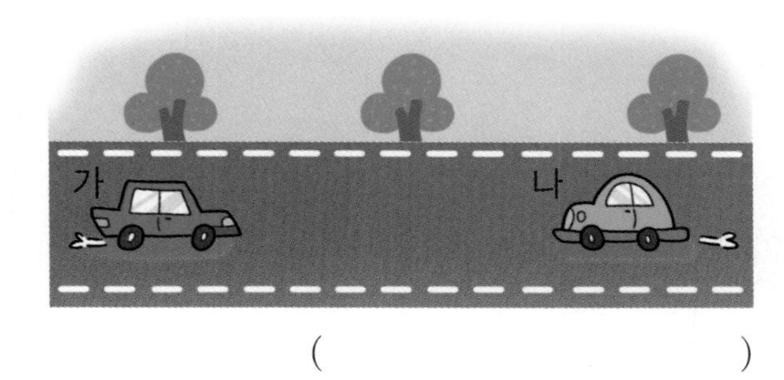

(   )

Tip ⑧

1분 동안 가 자동차는 전체 거리를 30으로 나눈 몫만큼 가고, 나 자동차는 전체 거리를 ☐으로 나눈 몫만큼 갑니다.

답 Tip ⑧ 60

고난도 해결 전략 1회

01 다음 정육각형의 넓이는 $9\frac{1}{5}$ cm²입니다. 색칠한 부분의 넓이는 몇 cm²인지 구하시오.

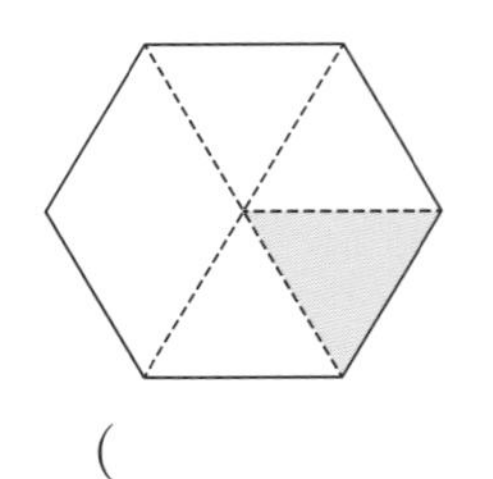

(　　　　　　　　　　)

02 길이가 13 m인 철사를 남김없이 모두 사용하여 정사각형을 만들었습니다. 정사각형의 넓이는 몇 m²인지 분수로 나타내시오.

(　　　　　　　　　　)

03 나머지가 0이 될 때까지 계산하는 과정입니다. □ 안에 알맞은 수를 써넣고, 나눗셈의 몫을 구하시오. (단, □ 안에는 한 자리 수만 넣을 수 있습니다.)

```
      □.□□□
  4 ) □.□
      □
      ─────────
      2 □
      □ 4
      ─────────
        1 0
          8
      ─────────
          2 0
          2 0
      ─────────
            0
```

(　　　　　　　　　　)

04 자전거를 타고 길을 가면서 가로수 4그루를 보았습니다. 첫 번째 가로수는 출발점에서 $2\frac{9}{10}$ m, 네 번째 가로수는 출발점에서 $10\frac{1}{4}$ m 떨어져 있습니다. 가로수 사이의 간격이 모두 같을 때 간격이 몇 m인지 분수로 나타내시오.

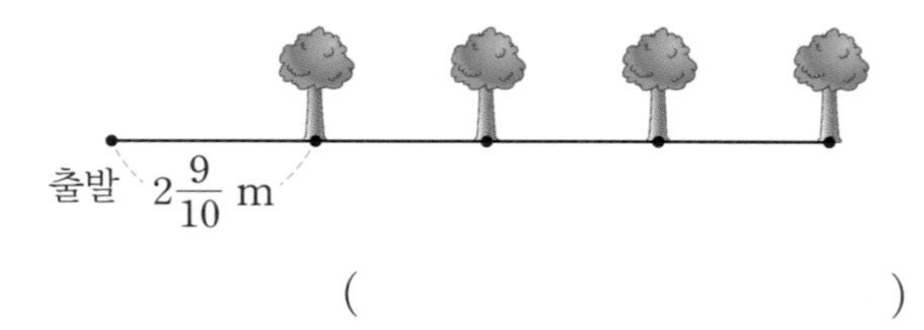

( )

05 ■에 알맞은 수는 얼마인지 분수로 나타내시오.

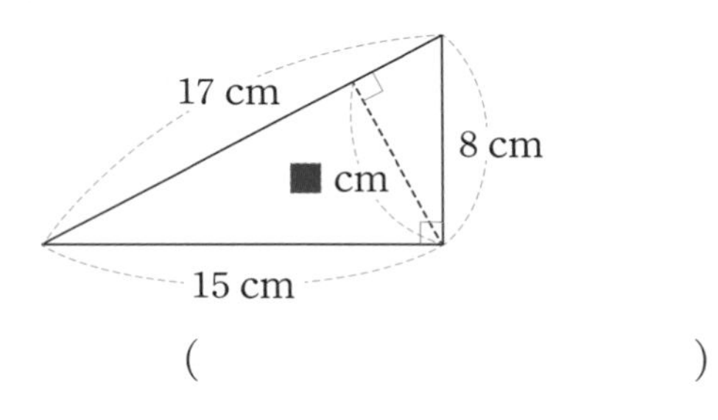

( )

06 3.528÷15를 계산하여 두 사람이 각각 다음과 같이 몫을 반올림하여 나타냈습니다. 두 사람이 나타낸 몫의 차를 구하시오.

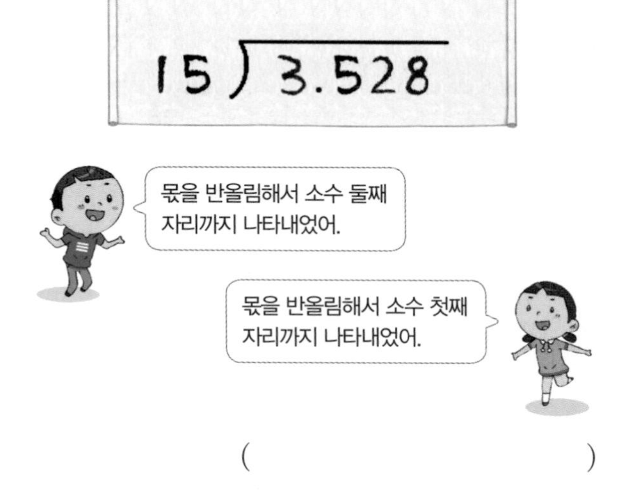

( )

고난도 해결 전략 1회

07 가로가 15 cm, 세로가 16.5 cm인 직사각형이 있습니다. 넓이가 같은 직사각형을 그릴 때 가로를 3 cm 더 늘려 그린다면 세로는 몇 cm로 그려야 하는지 소수로 나타내시오.

(　　　　　　　　　　)

08 다음을 보고 ㉠이 어떤 분수인지 구하시오.

- ㉡은 ㉠의 2배입니다.
- ㉢은 ㉡의 4배입니다.
- ㉠+㉡+㉢$=\frac{2}{9}$

(　　　　　　　　　　)

09 선분 ㄴㄹ, ㄹㅁ, ㅁㄷ의 길이는 같습니다. 삼각형 ㄱㄴㄷ의 넓이가 2.88 cm^{2}일 때 색칠한 부분의 넓이는 몇 cm^{2}인지 소수로 나타내시오.

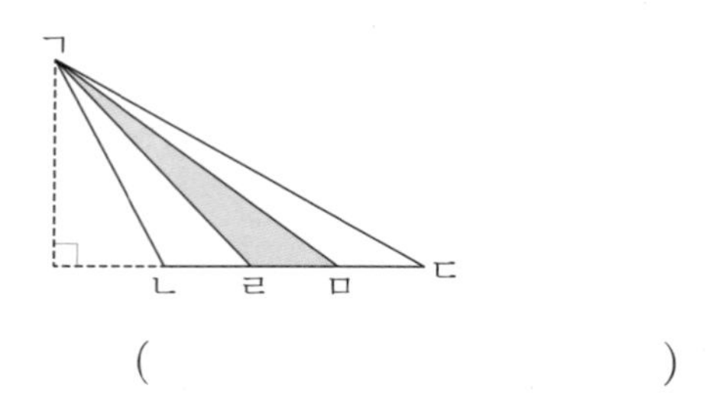

(　　　　　　　　　　)

10 어떤 직사각형의 가로가 세로의 3배이고 둘레는 27.2 cm라고 합니다. 이 직사각형의 넓이는 몇 cm^2인지 소수로 나타내시오.

(　　　　　　　　　　)

11 4장의 수 카드 5, 3, 7, 6을 모두 한 번씩 사용하여 (소수 한 자리 수)÷(자연수) 식을 만들려고 합니다. 나올 수 있는 가장 큰 몫은 얼마인지 소수로 나타내시오.

(　　　　　　　　　　)

12 수영장에 물을 채우려고 합니다. 가 수도만 틀면 9시간 만에 물이 가득 차고, 나 수도만 틀면 15시간 만에 물이 가득 찬다고 합니다. 가, 나 수도를 동시에 틀어서 가득 채울 때 걸리는 시간은 가 수도만 틀어서 가득 채울 때 걸리는 시간의 몇 배인지 분수로 나타내시오.

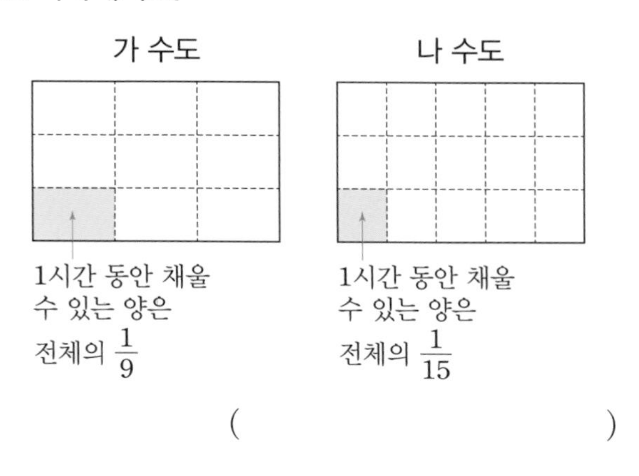

(　　　　　　　　　　)

고난도 해결 전략 2회

01 각뿔의 모든 면을 붙여서 나타낸 것입니다. 이 각뿔의 이름을 쓰시오.

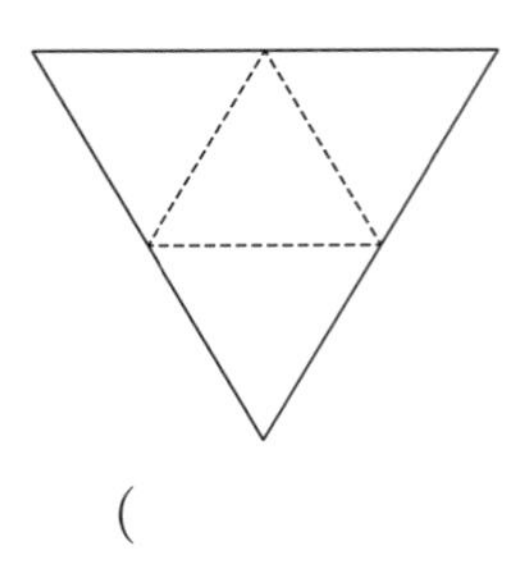

(　　　　　　　　　　　　)

02 다음 전개도를 접었을 때 선분 ㄱㅊ과 수직으로 만나는 선분을 모두 찾아 쓰시오.

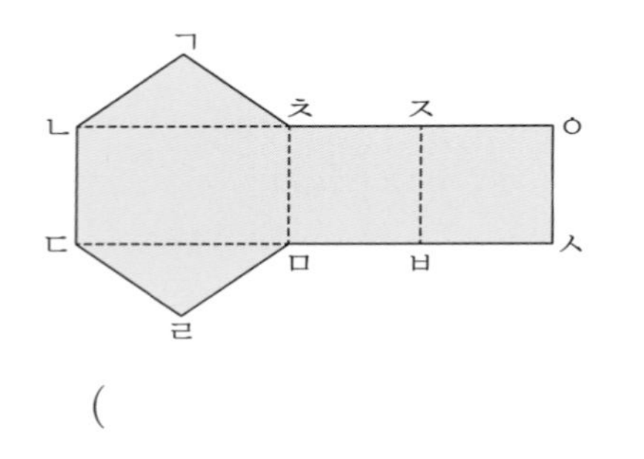

(　　　　　　　　　　　　)

03 오각기둥을 다음과 같이 두 가지 방법으로 잘랐습니다. ㉠과 ㉡의 차를 구하시오.

> ㉠ 가와 같은 방법으로 잘라 만든 두 각기둥의 꼭짓점의 수
> ㉡ 나와 같은 방법으로 잘라 만든 두 각기둥의 꼭짓점의 수

가

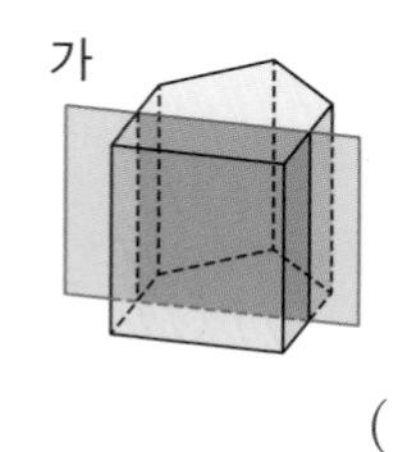

나

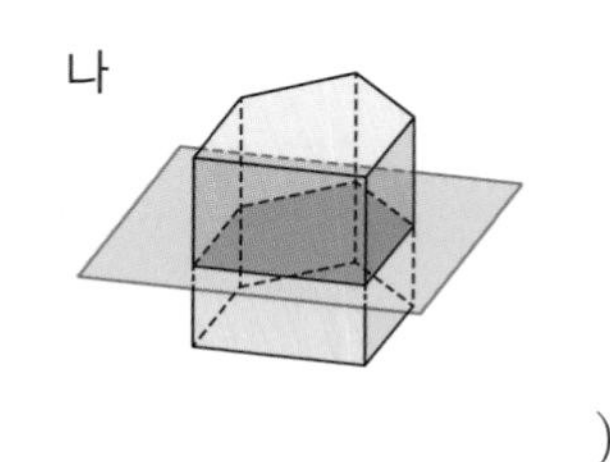

(　　　　　　　　　　　　)

04 꼭짓점이 14개인 각기둥의 면의 수와 모서리의 수의 합은 몇 개입니까?

( )

05 옆면이 모두 다음과 같은 이등변삼각형 5개로 이루어진 각뿔이 있습니다. 이 각뿔의 밑면이 정다각형일 때 모든 모서리의 길이의 합을 구하시오.

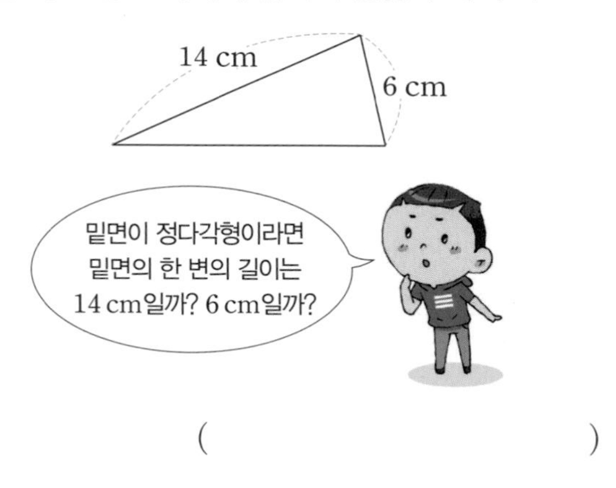

( )

06 다음과 같이 사각기둥의 면 위에 선을 그었습니다. 사각기둥을 펼친 전개도에 선을 알맞게 그려 넣으시오.

07 삼각기둥의 전개도를 그리고 둘레를 재어 보았더니 72 cm였습니다. 삼각기둥의 밑면이 정삼각형일 때 한 옆면의 넓이를 구하시오.

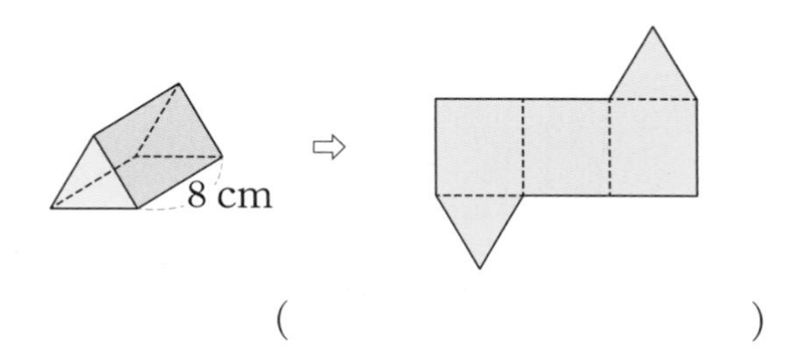

( )

08 밑면의 한 변의 길이는 5 cm이고, 옆면이 다음과 같은 직사각형 6개로 이루어진 각기둥이 있습니다. 모든 모서리의 길이의 합을 구하시오.

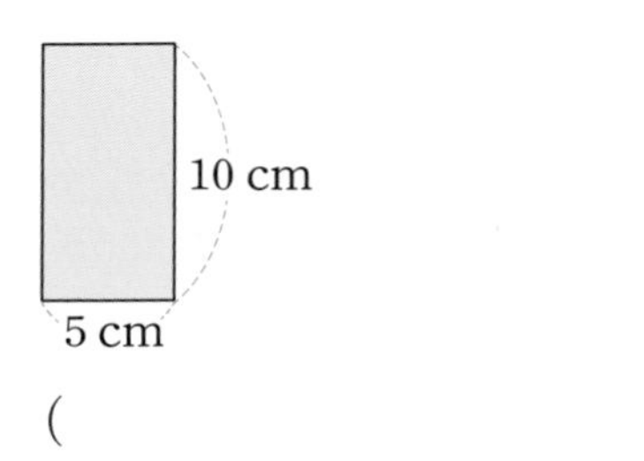

(　　　　　　　　　　)

09 ☐ 안에 모서리의 수가 같은 각기둥과 각뿔끼리 이름을 쓰려고 합니다. 한 밑면의 변의 수가 10개 이하인 입체도형만 쓰시오.

10 다음 직사각형 4개를 옆면으로 하는 사각기둥 중에서 밑면의 넓이가 가장 넓은 사각기둥을 만들었습니다. 밑면의 넓이는 몇 cm^2인지 구하시오.

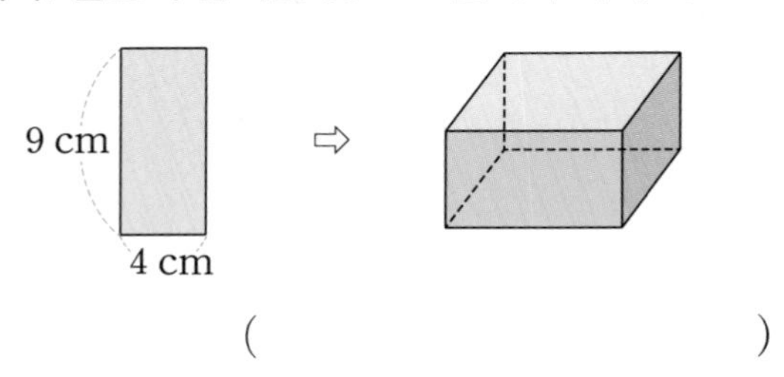

(　　　　　　　　　　)

꼭 알아두자

• 변의 길이가 같은 마름모 중에서 넓이가 가장 넓은 도형 찾기

넓이는 (밑변)×(높이)이고, 밑변의 길이는 정해져 있다면 높이가 높을수록 넓어져요.

정사각형

높이가 커집니다.

밑변

⇨ 정사각형의 넓이가 가장 넓습니다.

11 다음은 어떤 각뿔의 옆면을 한 모서리를 잘라 펼쳐서 그린 것입니다. 둘레가 46 cm일 때 각뿔의 밑면의 한 변의 길이는 몇 cm인지 구하시오.

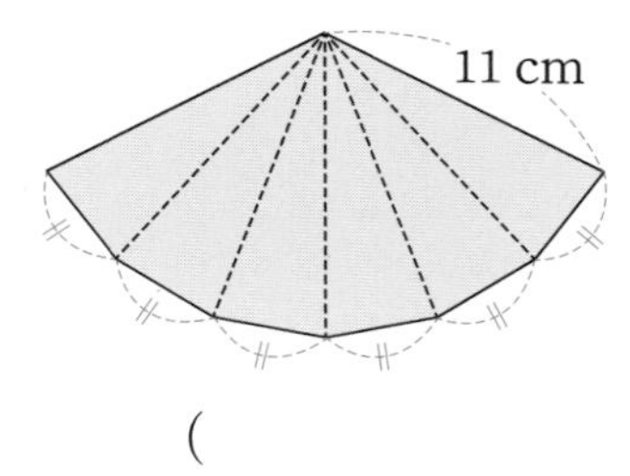

(　　　　　　　　　　)

12 사각기둥의 전개도의 넓이가 1500 cm^2일 때 사각기둥의 높이를 구하시오.

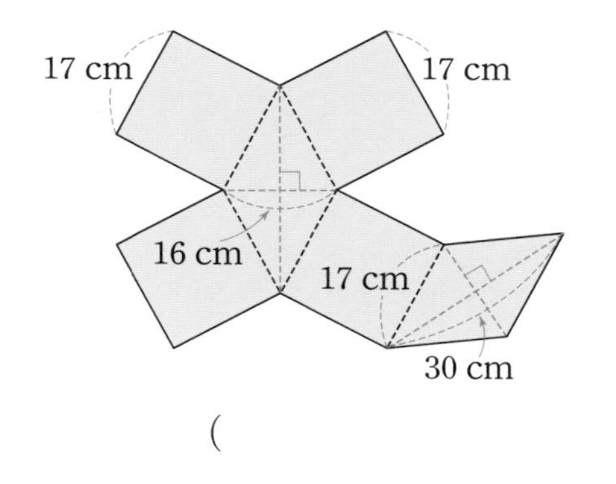

(　　　　　　　　　　)

13 밑면이 평행사변형인 사각기둥의 전개도에서 한 밑면의 넓이가 18 cm^2입니다. 전개도의 둘레의 길이를 구하시오.

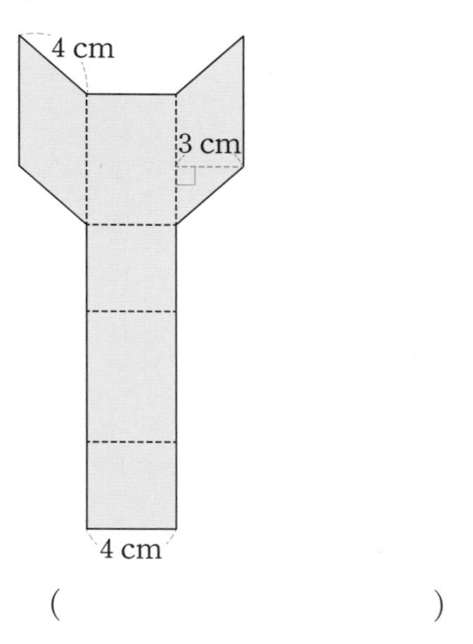

(　　　　　　　　　　)

memo

BOOK 2

비와 비율

여러 가지 그래프

직육면체의 부피와 겉넓이

초등 **수학**

6·1

이 책의 **구성과 특징**

2주 완성

도입 만화

이번 주에 배울 내용의 핵심을 만화 또는 삽화로 제시하였습니다.

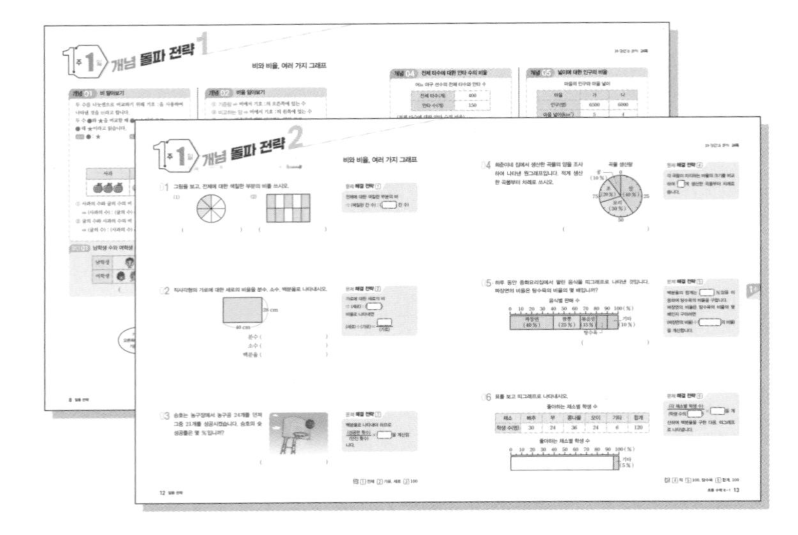

개념 돌파 전략 1, 2

개념 돌파 전략1에서는 단원별로 개념을 설명하고 개념의 원리를 확인하는 문제를 제시하였습니다.
개념 돌파 전략2에서는 개념을 알고 있는지 문제로 확인할 수 있습니다.

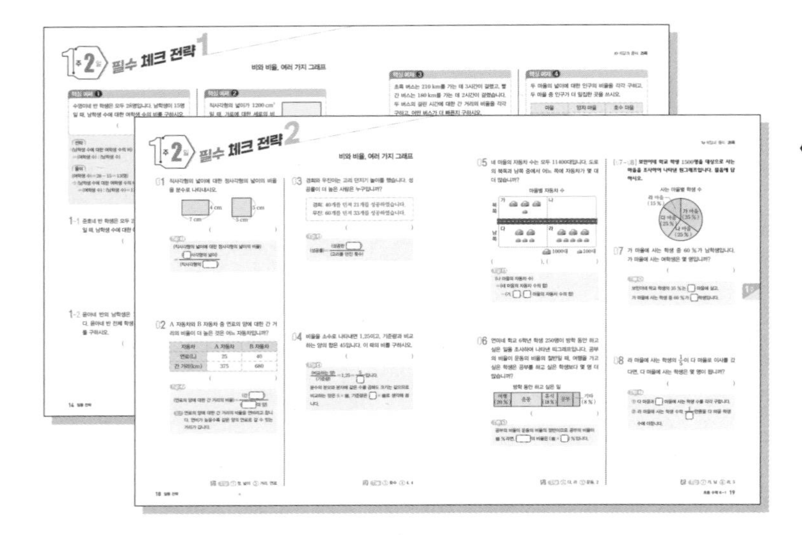

필수 체크 전략 1, 2

필수 체크 전략1에서는 단원별로 나오는 중요한 유형을 반복 연습할 수 있도록 하였습니다.
필수 체크 전략2에서는 추가적으로 나오는 다른 유형을 문제로 확인할 수 있도록 하였습니다.

1주에 3일 구성 + 1일에 6쪽 구성

부록 꼭 알아야 하는 대표 유형집

부록을 뜯으면 미니북으로 활용할 수 있습니다. 대표 유형을 확실하게 익혀 보세요.

주 마무리 평가

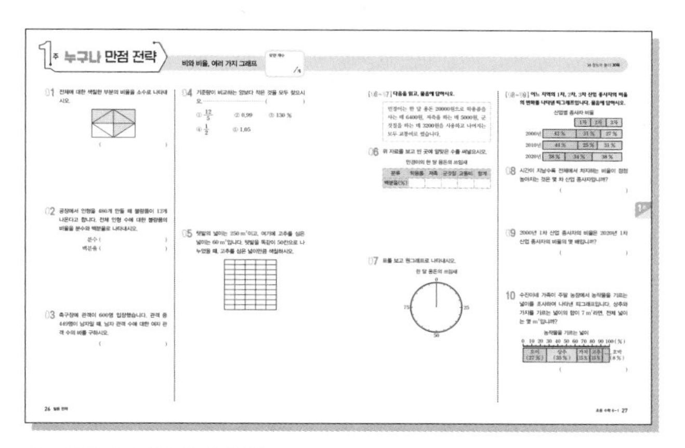

누구나 만점 전략

누구나 만점 전략에서는 주별로 꼭 기억해야 하는 문제를 제시하여 누구나 만점을 받을 수 있도록 하였습니다.

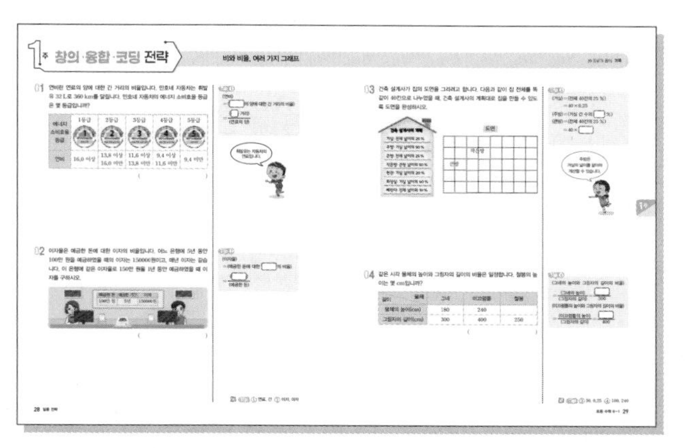

창의·융합·코딩 전략

창의·융합·코딩 전략에서는 새 교육과정에서 제시하는 창의, 융합, 코딩 문제를 쉽게 접근할 수 있도록 하였습니다.

마무리 코너

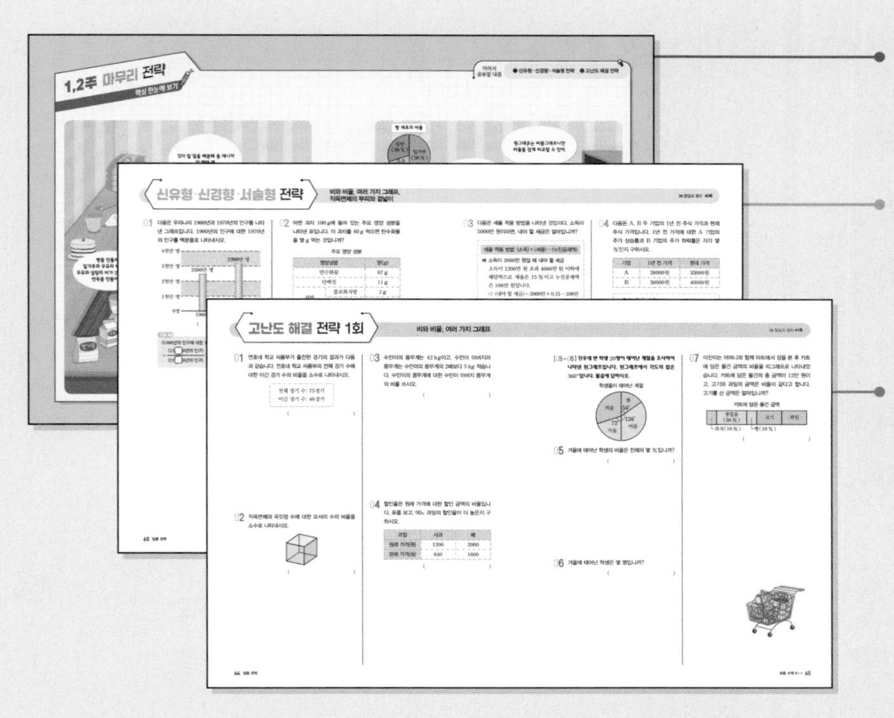

1, 2주 마무리 전략

마무리 전략은 이미지로 정리하여 마무리할 수 있게 하였습니다.

신유형·신경향·서술형 전략

신유형·신경향·서술형 전략은 새로운 유형도 연습하고 서술형 문제에 대한 적응력도 올릴 수 있습니다.

고난도 해결 전략 1회, 2회

실제 시험에 대비하여 연습하도록 고난도 실전 문제를 2회로 구성하였습니다.

이 책의 차례

BOOK 2

1주 비와 비율, 여러 가지 그래프 6쪽

1일 개념 돌파 전략 1 8~11쪽
1일 개념 돌파 전략 2 12~13쪽
2일 필수 체크 전략 1 14~17쪽
2일 필수 체크 전략 2 18~19쪽
3일 필수 체크 전략 1 20~23쪽
3일 필수 체크 전략 2 24~25쪽

누구나 만점 전략 26~27쪽
창의 · 융합 · 코딩 전략 28~31쪽

2주 직육면체의 부피와 겉넓이 32쪽

1일 개념 돌파 전략 1 34~37쪽
1일 개념 돌파 전략 2 38~39쪽
2일 필수 체크 전략 1 40~43쪽
2일 필수 체크 전략 2 44~45쪽
3일 필수 체크 전략 1 46~49쪽
3일 필수 체크 전략 2 50~51쪽

누구나 만점 전략 52~53쪽
창의 · 융합 · 코딩 전략 54~57쪽

1주에 3일 구성 + 1일에 6쪽 구성

1~2주 | 마무리 〉 비와 비율, 여러 가지 그래프, 직육면체의 부피와 겉넓이 58쪽

신유형·신경향·서술형 전략 60~63쪽

고난도 해결 전략 1회 64~67쪽

고난도 해결 전략 2회 68~71쪽

1주 비와 비율, 여러 가지 그래프

실내에선 조용히

천재도서관에 있는 책의 종류

0
기타 (10%)
동화책 (15%)
25
위인전 (15%)
소설책 (35%)
75
수필 (25%)
50

여기 원그래프에 도서관에 있는 책을 종류별로 나눠 놨어.

내가 좋아하는 아이스크림은 왜 없는 거죠?

백분율을 비교해 보니 소설책이 35 %로 가장 많네.

천재일보

0 10 20 30 40 50 60 70 80 90 100(%)
김밥 (10%)
떡볶이 (25%)
피자 (20%)
치킨 (40%)
기타(5%)

우리나라 국민이 좋아하는 야식

이 띠그래프 좀 보렴. 우리 국민이 가장 좋아하는 야식은 치킨이란다.

공부할 내용	
❶ 비와 비율 알아보기	❹ 그림그래프 알아보기
❷ 백분율 알아보기	❺ 띠그래프 알아보기
❸ 비율과 백분율이 사용되는 경우 알아보기	❻ 원그래프 알아보기

1주 1일 개념 돌파 전략 1

비와 비율, 여러 가지 그래프

개념 01 비 알아보기

두 수를 나눗셈으로 비교하기 위해 기호 :을 사용하여 나타낸 것을 비라고 합니다.
두 수 ●와 ★을 비교할 때 ● : ★이라 쓰고, ● 대 ★이라고 읽습니다.

쓰기 ● : ★

읽기 ● 대 ★
●와 ★의 비
●의 ★에 대한 비
★에 대한 ●의 비

사과	귤

① 사과의 수와 귤의 수의 비
➡ (사과의 수) : (귤의 수) ➡ 3 : ❶

② 귤의 수와 사과의 수의 비
➡ (귤의 수) : (사과의 수) ➡ 4 : ❷

확인 01 남학생 수와 여학생 수의 비를 쓰시오.

남학생	
여학생	

( )

개념 02 비율 알아보기

① 기준량 ➡ 비에서 기호 :의 오른쪽에 있는 수
② 비교하는 양 ➡ 비에서 기호 :의 왼쪽에 있는 수
③ 비율 ➡ 기준량에 대한 비교하는 양의 크기

$$(\text{비율})=(\text{비교하는 양})\div(\text{기준량})=\frac{(\text{비교하는 양})}{(\text{기준량})}$$

예 3 : 10을 비율로 나타내기

$3:10$ ➡ $3\div10=\frac{❶}{10}$ 또는 0.❷ (분자: 비교하는 양, 분모: 기준량)

확인 02 9 : 10의 비율을 분수와 소수로 나타내시오.

분수 ( )
소수 ( )

개념 03 백분율 알아보기

• 백분율: 기준량을 100으로 할 때의 비율

비율		백분율	
		쓰기	읽기
$\frac{75}{100}$	➡	75 %	75 퍼센트

• 백분율로 나타내는 방법

$\frac{3}{4}$ ➡ $\frac{3}{4}\times$ ❶ $=75$ ➡ ❷ %

확인 03 비율을 백분율로 나타내시오.

(1) 0.53 ⇨ ( )

(2) $\frac{7}{20}$ ⇨ ( )

답 개념 01 ❶ 4 ❷ 3

답 개념 02 ❶ 3 ❷ 3 개념 03 ❶ 100 ❷ 75

개념 04 전체 타수에 대한 안타 수의 비율

어느 야구 선수의 전체 타수와 안타 수

전체 타수(개)	400
안타 수(개)	150

(전체 타수에 대한 안타 수의 비율)

$=\dfrac{(\text{안타 수})}{(\text{전체 타수})}=\dfrac{❶\square}{400}=\dfrac{❷\square}{8}=0.375$

전체 타수에 대한 안타 수의 비율을 타율이라고 합니다.

타율에서 기준량은 전체 타수이고, 비교하는 양은 안타 수입니다.

확인 04 전체 타수에 대한 안타 수의 비율을 소수로 나타내려고 합니다. □ 안에 알맞은 수를 써넣으시오.

(1) 전체 50타수 중 안타를 15개 쳤습니다.

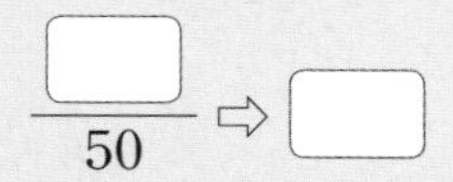

$\dfrac{\square}{50} \Rightarrow \square$

(2) 전체 40타수 중 안타를 18개 쳤습니다.

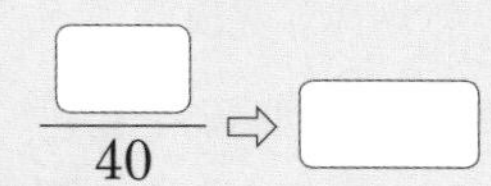

$\dfrac{\square}{40} \Rightarrow \square$

답 개념 04 ❶ 150 ❷ 3

개념 05 넓이에 대한 인구의 비율

마을의 인구와 마을 넓이

마을	가	나
인구(명)	6500	6000
마을 넓이(km^2)	5	4

(가 마을의 넓이에 대한 인구의 비율)

$=\dfrac{(\text{인구})}{(\text{넓이})}=\dfrac{6500}{❶\square}=❷\square$

확인 05 위 표를 보고 나 마을의 넓이에 대한 인구의 비율을 구하시오.

( )

개념 06 득표율 알아보기

전교 어린이 회장 선거 투표 결과

후보	지아	민국	무효표
득표 수(표)	160	200	40

(투표에 참여한 인원 : 400명)

각 후보의 득표율은 전체 투표 수에 대한 각 후보의 득표 수의 비율을 말합니다.

예 지아의 득표율을 백분율로 나타내면

$\dfrac{160}{❶\square}\times 100=40 \Rightarrow ❷\square\ \%$

확인 06 위 표를 보고 민국이의 득표율은 몇 %인지 구하시오.

( )

답 개념 05 ❶ 5 ❷ 1300 개념 06 ❶ 400 ❷ 40

1주

개념 07 그림그래프로 알아보기

조사한 수를 그림으로 나타낸 그래프를 ❶ [ ] 그래프라고 합니다.

권역별 유치원 수

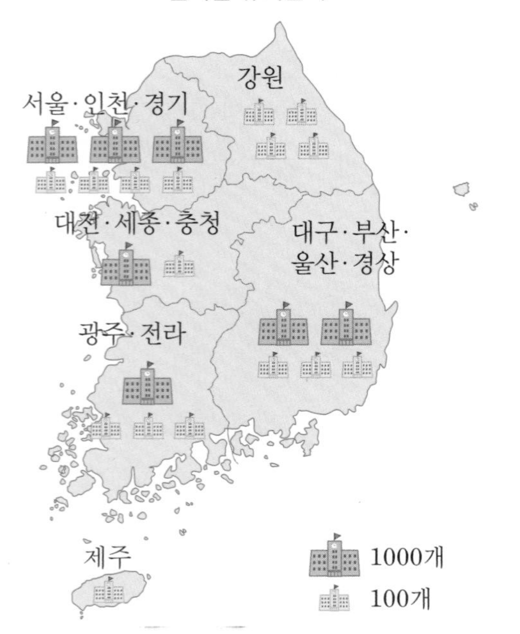

확인 07 위 그림그래프를 보고, 물음에 답하시오.

(1) 유치원이 가장 많은 권역은 어디입니까?

( )

(2) 유치원이 가장 많은 권역과 가장 적은 권역의 유치원 수의 차는 몇 개입니까?

( )

답 개념 07 ❶ 그림

개념 08 띠그래프 알아보기

전체에 대한 각 부분의 비율을 띠 모양에 나타낸 그래프를 ❶ [ ] 그래프라고 합니다.

좋아하는 과목별 학생 수

0 10 20 30 40 50 60 70 80 90 100 (%)

국어 (30 %)	수학 (25 %)	영어 (20 %)	음악 (15 %)	기타 (10 %)

참고 다른 종류에 비해 수가 적은 여러 가지 자료는 기타에 넣을 수 있습니다.

확인 08 위 띠그래프에서 음악을 좋아하는 학생 수는 전체의 몇 %입니까?

( )

개념 09 원그래프 알아보기

전체에 대한 각 부분의 비율을 원 모양에 나타낸 그래프를 ❶ [ ] 그래프라고 합니다.

좋아하는 꽃별 학생 수

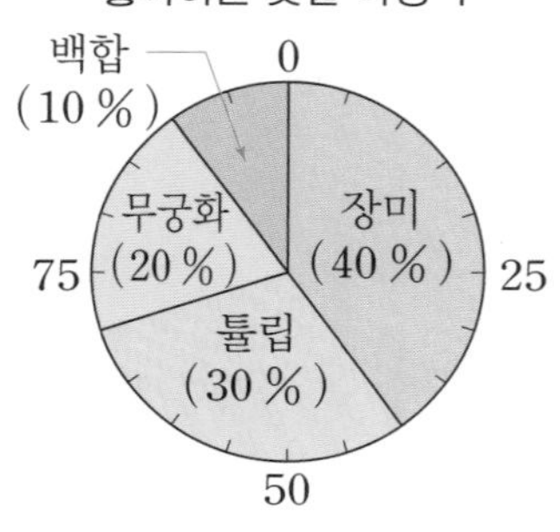

참고 띠그래프와 원그래프의 공통점
전체를 100 %로 하여 전체에 대한 각 부분의 비율을 알아보기 편리합니다.

확인 09 위 원그래프에서 가장 많은 학생들이 좋아하는 꽃은 무엇입니까?

( )

답 개념 08 ❶ 띠 개념 09 ❶ 원

» 정답과 풀이 24쪽

개념 10 여러 가지 그래프 알아보기

• 그림그래프

그림의 크기와 수로 수량의 많고 적음을 쉽게 알 수 있습니다.

• 막대그래프

조사한 자료를 ❶ ______ 모양으로 나타내어 자료의 크기를 한눈에 비교할 수 있습니다.

• 꺾은선그래프

꺾은선으로 나타낸 그래프로 시간에 따른 변화 정도를 알아보기 쉽습니다.

• 띠그래프, 원그래프

전체에 대한 각 부분의 ❷ ______을 나타낸 그래프로 전체에 대한 각 부분의 비율을 한눈에 알 수 있습니다.

확인 10 띠그래프 또는 원그래프로 나타내면 좋은 자료를 찾아 기호를 쓰시오.

㉠ 월별 기온의 변화
㉡ 권역별 미세먼지의 농도
㉢ 6학년 각 반 시험 성적 평균
㉣ 어린이 음료의 주요 성분

( )

그래프에 나타내려는 내용에 따라 효과적으로 나타낼 수 있는 그래프가 따로 있습니다.

개념 11 비율그래프로 나타내기

좋아하는 계절별 학생 수

계절	봄	여름	가을	겨울	합계
학생 수(명)	120	75	60	45	300

자료를 보고 각 항목의 백분율을 구한 다음, 그래프를 나누어 비율그래프로 나타냅니다.

➡ (각 항목의 비율)$=\dfrac{\text{(각 계절별 학생 수)}}{\text{(합계)}}$

봄: $\dfrac{120}{300}\times100=40$ ➡ 40 %

여름: $\dfrac{75}{300}\times100=25$ ➡ 25 %

가을: $\dfrac{60}{❶\ \square}\times100=20$ ➡ 20 %

겨울: $\dfrac{❷\ \square}{300}\times100=15$ ➡ 15 %

좋아하는 계절별 학생 수

0 10 20 30 40 50 60 70 80 90 100 (%)

봄 (40 %)	여름 (25 %)	가을 (20 %)	겨울 (15 %)

확인 11 표를 보고 원그래프로 나타내시오.

학급 문고의 종류

종류	소설책	동화책	위인전	기타	합계
책 수(권)	40	50	70	40	200

학급 문고의 종류

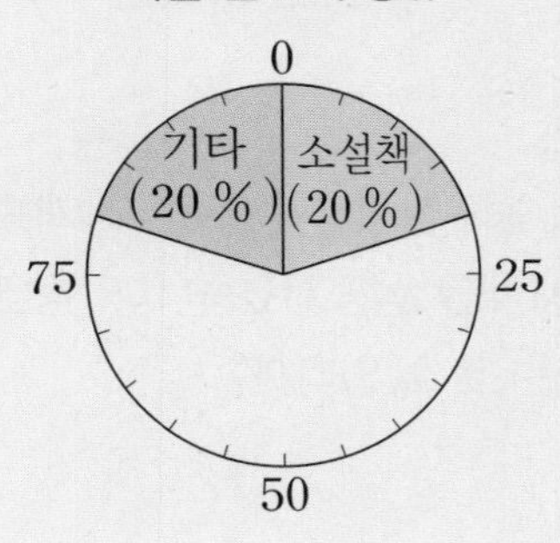

답 개념 11 ❶ 300 ❷ 45

1주

1주 1일 개념 돌파 전략 2

비와 비율, 여러 가지 그래프

01 그림을 보고, 전체에 대한 색칠한 부분의 비를 쓰시오.

(1)

(　　　　　　　　　)

(2)

(　　　　　　　　　)

문제 해결 전략 1

전체에 대한 색칠한 부분의 비
⇨ (색칠한 칸 수) : (☐ 칸 수)

02 직사각형의 가로에 대한 세로의 비율을 분수, 소수, 백분율로 나타내시오.

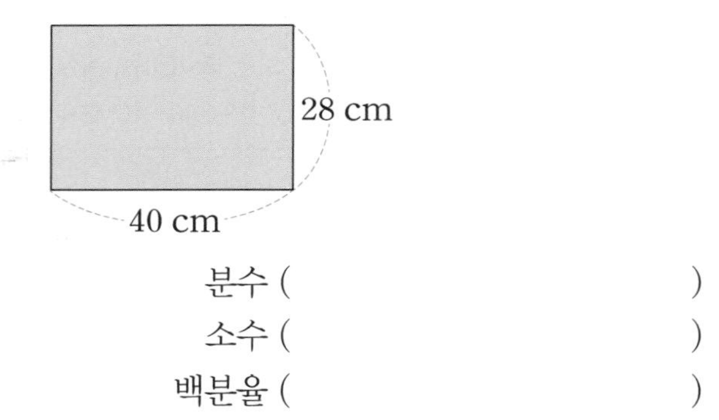

분수 (　　　　　　　　　)

소수 (　　　　　　　　　)

백분율 (　　　　　　　　　)

문제 해결 전략 2

가로에 대한 세로의 비
⇨ (세로) : (☐)
비율로 나타내면
(세로)÷(가로)$=\frac{☐}{(가로)}$

03 승호는 농구장에서 농구공 24개를 던져 그중 21개를 성공시켰습니다. 승호의 슛 성공률은 몇 %입니까?

(　　　　　　　　　)

문제 해결 전략 3

백분율로 나타내야 하므로 $\frac{(성공한\ 횟수)}{(던진\ 횟수)}\times$ ☐ 을 계산합니다.

답 1 전체 2 가로, 세로 3 100

04 희준이네 집에서 생산한 곡물의 양을 조사하여 나타낸 원그래프입니다. 적게 생산한 곡물부터 차례로 쓰시오.

곡물 생산량

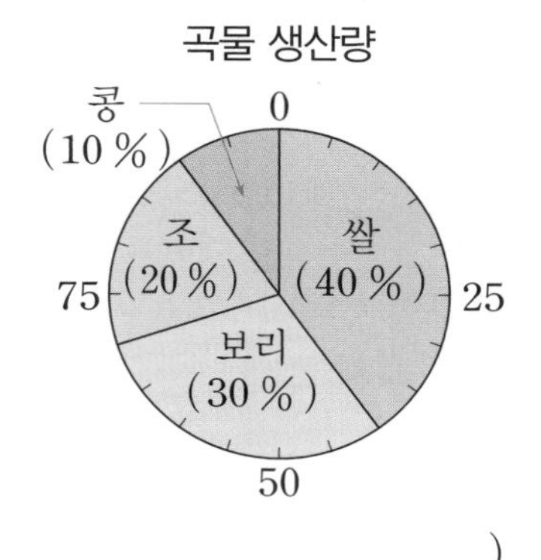

( )

문제 해결 전략 4

각 곡물이 차지하는 비율의 크기를 비교하여 ☐게 생산한 곡물부터 차례로 씁니다.

05 하루 동안 중화요리집에서 팔린 음식을 띠그래프로 나타낸 것입니다. 짜장면의 비율은 탕수육의 비율의 몇 배입니까?

음식별 판매 수

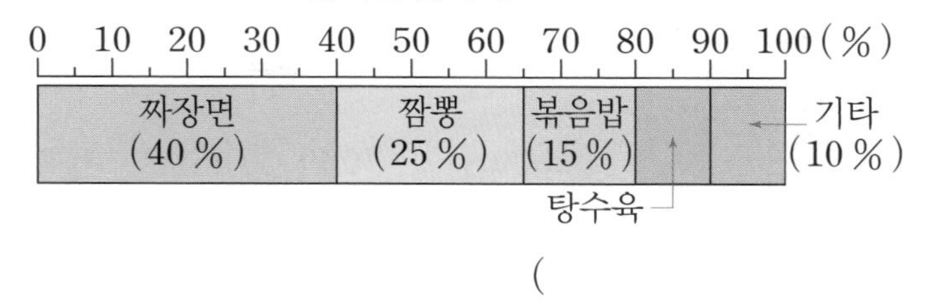

( )

문제 해결 전략 5

백분율의 합계는 ☐ %임을 이용하여 탕수육의 비율을 구합니다.
짜장면의 비율은 탕수육의 비율의 몇 배인지 구하려면
(짜장면의 비율)÷(☐의 비율)
을 계산합니다.

06 표를 보고 띠그래프로 나타내시오.

좋아하는 채소별 학생 수

채소	배추	무	콩나물	오이	기타	합계
학생 수(명)	30	24	36	24	6	120

좋아하는 채소별 학생 수

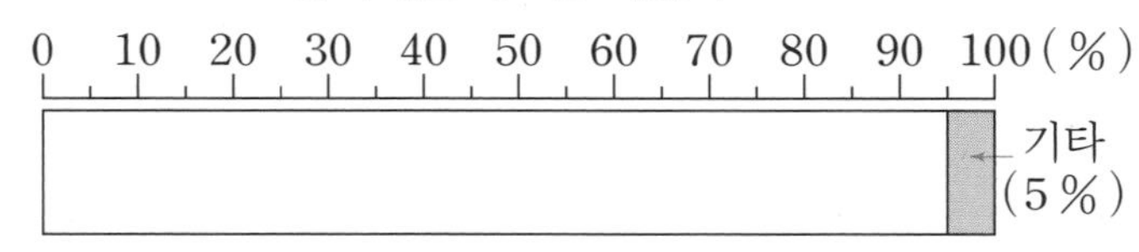

문제 해결 전략 6

$\frac{(\text{각 채소별 학생 수})}{(\text{학생 수의 ☐})} \times$ ☐을 계산하여 백분율을 구한 다음, 띠그래프로 나타냅니다.

답 4 적 5 100, 탕수육 6 합계, 100

1주 2일 필수 체크 전략 1

핵심 예제 1

수영이네 반 학생은 모두 28명입니다. 남학생이 15명일 때, 남학생 수에 대한 여학생 수의 비를 구하시오.

( )

전략

(남학생 수에 대한 여학생 수의 비)
=(여학생 수) : (남학생 수)

풀이

(여학생 수)$=28-15=13$(명)
⇨ (남학생 수에 대한 여학생 수의 비)
=(여학생 수) : (남학생 수)$=13:15$

답 13 : 15

1-1 준호네 반 학생은 모두 21명입니다. 여학생이 11명일 때, 남학생 수에 대한 여학생 수의 비를 구하시오.

( )

1-2 윤아네 반의 남학생은 15명, 여학생은 13명입니다. 윤아네 반 전체 학생 수에 대한 여학생 수의 비를 구하시오.

( )

핵심 예제 2

직사각형의 넓이가 $1200\ \text{cm}^2$일 때, 가로에 대한 세로의 비율을 소수로 나타내시오.

( )

전략

(가로에 대한 세로의 비율)$=\dfrac{(\text{세로})}{(\text{가로})}$

풀이

(직사각형의 세로)$=1200\div40=30\ (\text{cm})$
⇨ (가로에 대한 세로의 비율)$=\dfrac{(\text{세로})}{(\text{가로})}=\dfrac{30}{40}=\dfrac{3}{4}=0.75$

답 0.75

2-1 직사각형의 넓이가 $90\ \text{cm}^2$일 때, 가로에 대한 세로의 비율을 소수로 나타내시오.

6 cm

( )

2-2 태극기의 넓이가 $216\ \text{cm}^2$일 때, 세로에 대한 가로의 비율을 소수로 나타내시오.

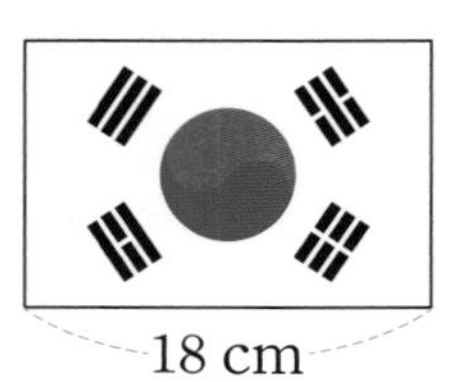

( )

핵심 예제 3

초록 버스는 210 km를 가는 데 3시간이 걸렸고, 빨간 버스는 180 km를 가는 데 2시간이 걸렸습니다. 두 버스의 걸린 시간에 대한 간 거리의 비율을 각각 구하고, 어떤 버스가 더 빠른지 구하시오.

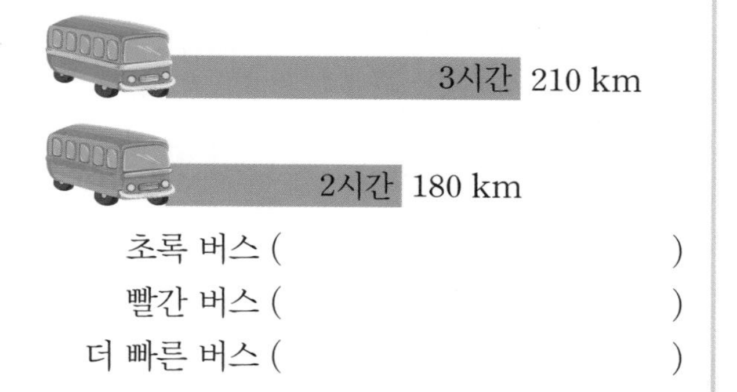

초록 버스 (　　　　　　　　　)

빨간 버스 (　　　　　　　　　)

더 빠른 버스 (　　　　　　　　　)

전략

(걸린 시간에 대한 간 거리의 비율)$=\frac{(\text{간 거리})}{(\text{걸린 시간})}$

⇨ 걸린 시간에 대한 간 거리의 비율이 높을수록 더 빠릅니다.

풀이

걸린 시간에 대한 간 거리의 비율이

초록 버스는 $\frac{210}{3}=70$이고, 빨간 버스는 $\frac{180}{2}=90$이므로

$70<90$에서 빨간 버스가 더 빠릅니다.

답 $\frac{210}{3}(=70)$, $\frac{180}{2}(=90)$, 빨간 버스

3-1 우석이가 탄 기차는 250 km를 가는 데 2시간이 걸렸고, 수진이가 탄 기차는 390 km를 가는 데 3시간이 걸렸습니다. 두 기차의 걸린 시간에 대한 간 거리의 비율을 각각 구하고, 누가 탄 기차가 더 빠른지 구하시오.

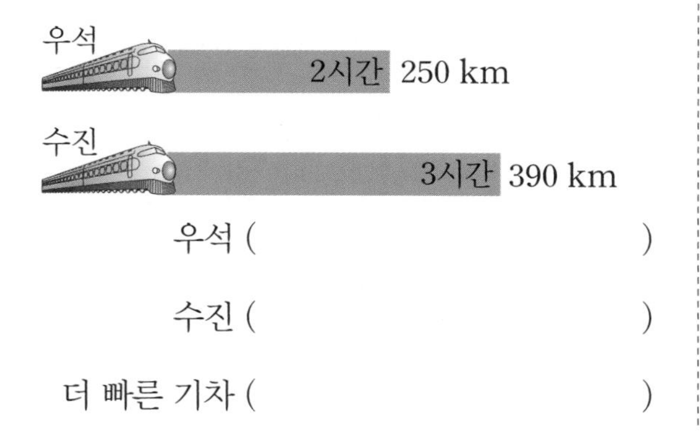

우석 (　　　　　　　　　)

수진 (　　　　　　　　　)

더 빠른 기차 (　　　　　　　　　)

핵심 예제 4

두 마을의 넓이에 대한 인구의 비율을 각각 구하고, 두 마을 중 인구가 더 밀집한 곳을 쓰시오.

마을	양지 마을	호수 마을
인구(명)	9600	7750
마을 넓이(km^2)	6	5

양지 마을 (　　　　　　　　　)

호수 마을 (　　　　　　　　　)

인구가 더 밀집한 곳 (　　　　　　　　　)

전략

(넓이에 대한 인구의 비율)$=\frac{(\text{인구})}{(\text{넓이})}$

⇨ 넓이에 대한 인구의 비율이 높을수록 더 밀집한 곳입니다.

참고 넓이에 대한 인구의 비율을 인구밀도라고 합니다.

풀이

넓이에 대한 인구의 비율이

양지 마을은 $\frac{9600}{6}=1600$, 호수 마을은 $\frac{7750}{5}=1550$이므로

인구가 더 밀집한 곳은 양지 마을입니다.

답 $\frac{9600}{6}(=1600)$, $\frac{7750}{5}(=1550)$, 양지 마을

4-1 두 도시의 넓이에 대한 인구의 비율을 각각 구하고, 두 도시 중 인구가 더 밀집한 곳을 쓰시오.

도시	A 도시	B 도시
인구(명)	510000	740000
넓이(km^2)	300	400

A 도시 (　　　　　　　　　)

B 도시 (　　　　　　　　　)

인구가 더 밀집한 곳 (　　　　　　　　　)

1주

핵심 예제 5

세 과수원에서 딴 복숭아 양의 합은 980kg입니다. 그림그래프를 완성하시오.

과수원별 딴 복숭아의 양

과수원	가	나	다
복숭아 양			

100 kg 10 kg

전략

큰 그림은 100 kg, 작은 그림은 10 kg을 나타냅니다.

풀이

가: 330 kg, 다: 420 kg

⇨ 나$=980-330-420=230$ (kg)

⇨ 230 kg은 큰 그림 2개와 작은 그림 3개로 나타냅니다.

답 과수원별 딴 복숭아의 양

과수원	가	나	다
복숭아 양			

핵심 예제 6

어느 초등학교 학생들이 가 보고 싶은 나라를 조사하여 나타낸 띠그래프입니다. 미국의 비율이 영국의 비율의 2배일 때, 미국에 가 보고 싶은 학생의 비율은 몇 %입니까?

가 보고 싶은 나라

0 10 20 30 40 50 60 70 80 90 100 (%)

미국	중국 (24 %)	영국	일본 (18 %)	기타 (10 %)

( )

전략

미국의 비율이 영국의 비율의 2배이므로 영국의 비율이 □ %라면 미국의 비율은 (□×2) %입니다.

풀이

영국의 비율을 □ %라 하면 미국의 비율은 (□×2) %이므로

(□×2)+24+□+18+10=100, □=16

따라서 미국에 가 보고 싶은 학생의 비율은 $16\times2=32$ (%)입니다.

답 32 %

5-1 네 마을의 놀이터 수의 합은 70개입니다. 그림그래프를 완성하시오.

마을별 놀이터 수

마을	샛별	달	해님	꿈
놀이터 수	◎◎○	◎◎○	◎○○○○	

◎10개 ○1개

6-1 유진이네 반 학생들이 좋아하는 급식 메뉴를 조사하여 나타낸 원그래프입니다. 비빔밥의 비율이 스파게티의 비율의 3배일 때, 비빔밥을 좋아하는 학생의 비율은 몇 %입니까?

좋아하는 급식 메뉴

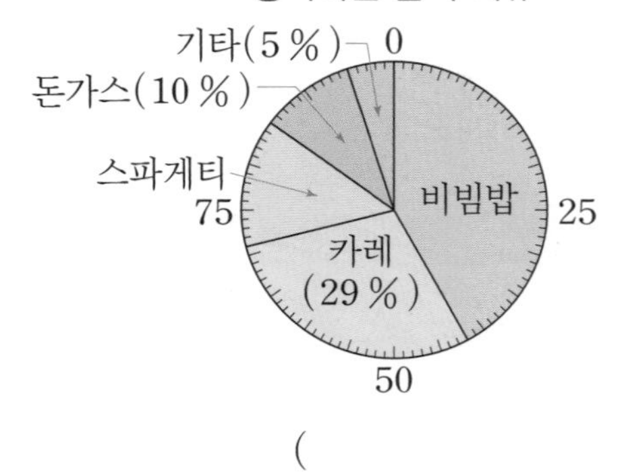

( )

핵심 예제 7

영미네 집의 한 달 생활비를 조사하여 나타낸 띠그래프입니다. 한 달 생활비가 200만 원이라면, 식료품비는 저축보다 얼마나 더 많습니까?

한 달 생활비

0 10 20 30 40 50 60 70 80 90 100(%)

식료품비 (38 %) | 교육비 (20 %) | 문화생활비(15 %) | 저축 (15 %) | 기타 (12 %)

( )

전략

(각 항목의 금액)=(한 달 생활비)$\times\frac{(\text{각 항목의 비율})}{100}$

풀이

(식료품비)=200만$\times\frac{38}{100}$=76만 (원)

(저축)=200만$\times\frac{15}{100}$=30만 (원)

⇨ 76만−30만=46만 (원)

답 46만 원

7-1 어느 지역의 교통사고 발생 원인을 조사하여 나타낸 원그래프입니다. 전체 교통사고 발생건수가 300건이라면, 신호 위반은 졸음 운전보다 몇 건 더 많습니까?

교통사고 발생 원인

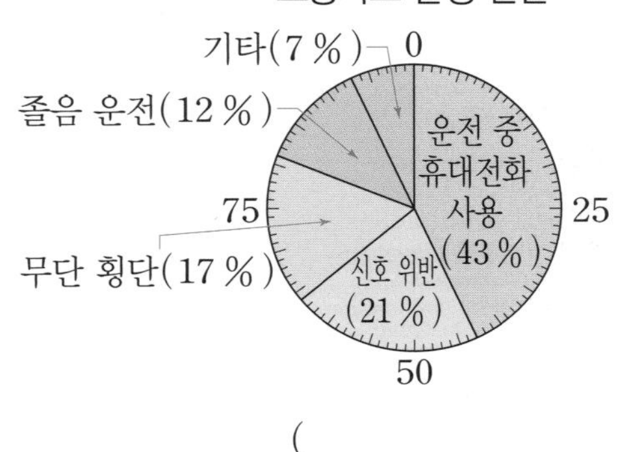

( )

핵심 예제 8

어느 마을의 학교별 학생 수를 조사하여 나타낸 원그래프입니다. 전체 학생 수는 600명이고, 초등학생 중 35 %가 안경을 썼습니다. 초등학생 중 안경을 쓰지 않은 학생은 몇 명입니까?

학교별 학생 수

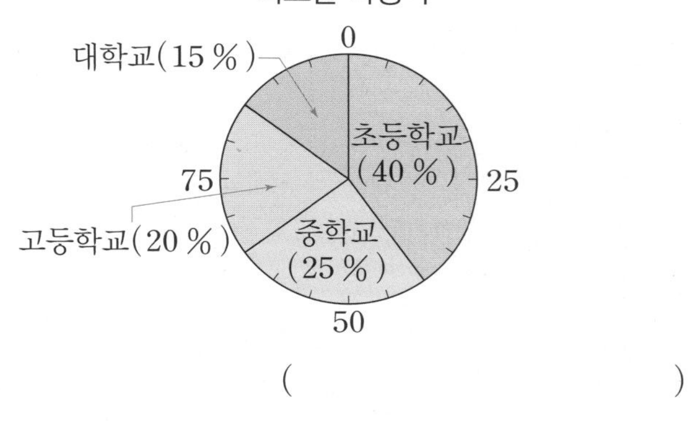

( )

전략

① 초등학생 수를 구합니다.

② 초등학생 중 안경을 쓰지 않은 학생 수를 구합니다.

풀이

(초등학생 수)=600$\times\frac{40}{100}$=240(명)

초등학생 중 안경을 쓰지 않은 학생은 초등학생의 100−35=65 (%)입니다.

(안경을 쓰지 않은 초등학생 수)=240$\times\frac{65}{100}$=156(명)

답 156명

8-1 수정이네 학교 학생 400명의 장래 희망을 조사하여 나타낸 띠그래프입니다. 연예인이 되고 싶은 학생 중 30 %가 남학생일 때, 연예인이 되고 싶은 여학생은 몇 명입니까?

장래 희망

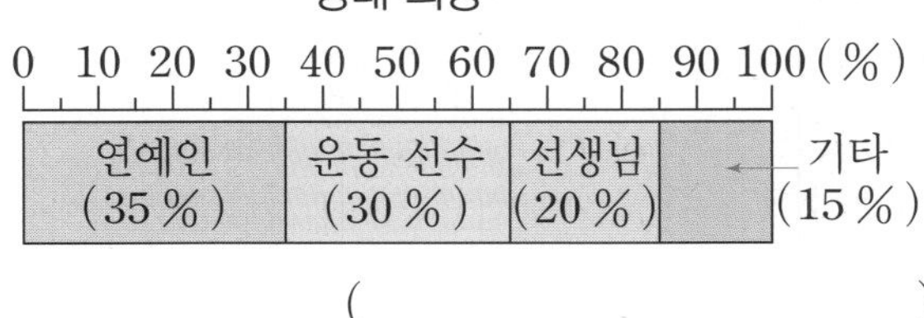

( )

1주

필수 체크 전략 2

비와 비율, 여러 가지 그래프

01 직사각형의 넓이에 대한 정사각형의 넓이의 비율을 분수로 나타내시오.

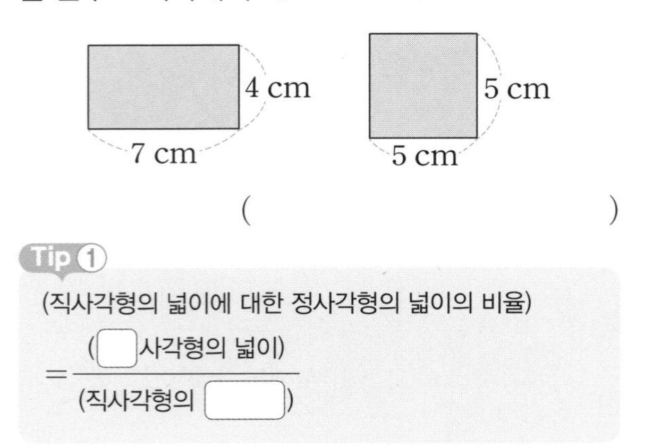

( )

Tip ①

(직사각형의 넓이에 대한 정사각형의 넓이의 비율)

$= \dfrac{(\square\text{사각형의 넓이})}{(\text{직사각형의 }\square)}$

02 A 자동차와 B 자동차 중 연료의 양에 대한 간 거리의 비율이 더 높은 것은 어느 자동차입니까?

자동차	A 자동차	B 자동차
연료(L)	25	40
간 거리(km)	375	680

( )

Tip ②

(연료의 양에 대한 간 거리의 비율) $= \dfrac{(\text{간 }\square)}{(\square\text{의 양})}$

참고 연료의 양에 대한 간 거리의 비율을 연비라고 합니다. 연비가 높을수록 같은 양의 연료로 갈 수 있는 거리가 깁니다.

답 Tip ① 정, 넓이 ② 거리, 연료

03 경희와 우진이는 고리 던지기 놀이를 했습니다. 성공률이 더 높은 사람은 누구입니까?

> 경희: 40개를 던져 21개를 성공하였습니다.
> 우진: 60개를 던져 33개를 성공하였습니다.

( )

Tip ③

(성공률) $= \dfrac{(\text{성공한 }\square)}{(\text{고리를 던진 횟수})}$

04 비율을 소수로 나타내면 1.25이고, 기준량과 비교하는 양의 합은 45입니다. 이 때의 비를 구하시오.

( )

Tip ④

$\dfrac{(\text{비교하는 양})}{(\text{기준량})} = 1.25 = \dfrac{5}{\square}$입니다.

분수의 분모와 분자에 같은 수를 곱해도 크기는 같으므로 비교하는 양은 5×■, 기준량은 □×■로 생각해 봅니다.

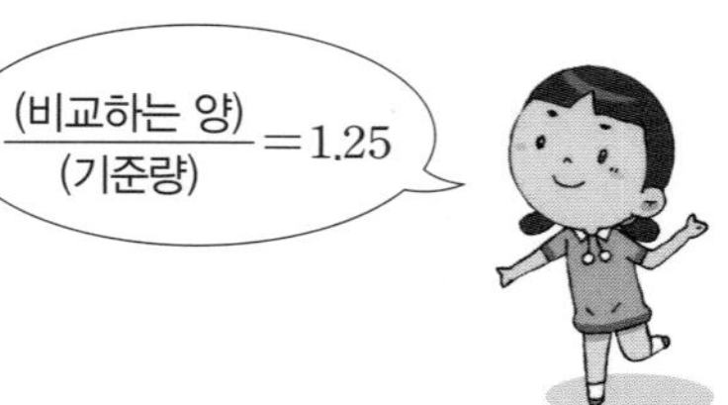

답 Tip ③ 횟수 ④ 4, 4

>> 정답과 풀이 26쪽

05 네 마을의 자동차 수는 모두 11400대입니다. 도로의 북쪽과 남쪽 중에서 어느 쪽에 자동차가 몇 대 더 많습니까?

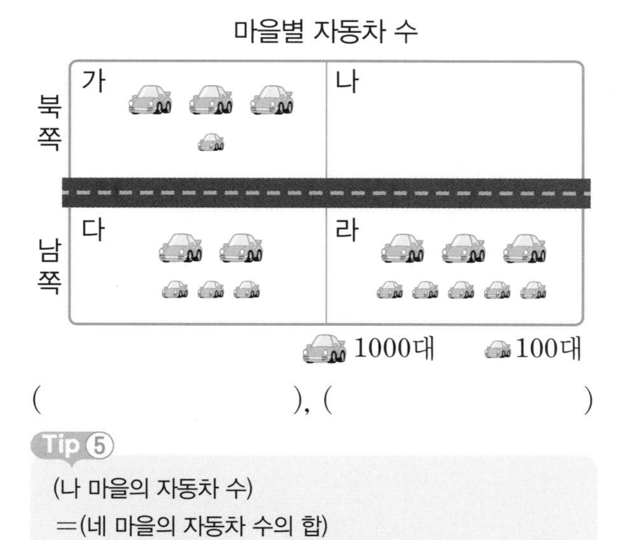

( ), ( )

Tip ⑤
(나 마을의 자동차 수)
=(네 마을의 자동차 수의 합)
−(가, ☐, ☐ 마을의 자동차 수의 합)

06 연미네 학교 6학년 학생 250명이 방학 동안 하고 싶은 일을 조사하여 나타낸 띠그래프입니다. 공부의 비율이 운동의 비율의 절반일 때, 여행을 가고 싶은 학생은 공부를 하고 싶은 학생보다 몇 명 더 많습니까?

방학 동안 하고 싶은 일

여행 (20 %)	운동	휴식 (18 %)	공부	기타 (8 %)

( )

Tip ⑤
공부의 비율이 운동의 비율의 절반이므로 공부의 비율이 ■ %라면, ☐의 비율은 (■ × ☐) %입니다.

답 Tip ⑤ 다, 라 ⑥ 운동, 2

[07~08] 보민이네 학교 학생 1500명을 대상으로 사는 마을을 조사하여 나타낸 원그래프입니다. 물음에 답하시오.

사는 마을별 학생 수

마을	비율
가 마을	35 %
나 마을	25 %
다 마을	25 %
라 마을	15 %

07 가 마을에 사는 학생 중 60 %가 남학생입니다. 가 마을에 사는 여학생은 몇 명입니까?

( )

Tip ⑥
보민이네 학교 학생의 35 %는 ☐ 마을에 살고,
가 마을에 사는 학생 중 60 %가 ☐학생입니다.

08 라 마을에 사는 학생의 $\frac{1}{5}$이 다 마을로 이사를 갔다면, 다 마을에 사는 학생은 몇 명이 됩니까?

( )

Tip ⑦
① 다 마을과 ☐ 마을에 사는 학생 수를 각각 구합니다.
② 라 마을에 사는 학생 수의 $\frac{1}{☐}$만큼을 다 마을 학생 수에 더합니다.

답 Tip ⑦ 가, 남 ⑧ 라, 5

1주

1주 3일 필수 체크 전략 1

비와 비율, 여러 가지 그래프

핵심 예제 1

타율은 전체 타수에 대한 안타 수입니다. 지난 시즌 야구 선수 A의 타율은 0.278이었고, 야구 선수 B의 타율은 0.266이었습니다. 두 선수의 전체 타수가 각각 500개라면, 누가 안타를 몇 개 더 쳤습니까?

( ), ( )

전략

(타율)=(안타 수)÷(전체 타수)

⇨ (안타 수)=(전체 타수)×(타율)

풀이

(A의 안타 수)$=500\times0.278=139$(개)

(B의 안타 수)$=500\times0.266=133$(개)

따라서 A가 $139-133=6$(개) 더 쳤습니다.

답 A, 6개

핵심 예제 2

축척은 실제 거리에 대한 지도에서의 거리의 비율입니다. 지도 위의 거리가 $1\,\text{cm}$일 때, 실제 거리가 $500\,\text{m}$인 지도가 있습니다. 이 지도의 축척을 분수로 나타내시오.

( )

전략

길이의 단위가 다르므로 길이를 cm 단위로 바꿉니다.

⇨ (축척)=(지도에서의 거리)÷(실제 거리)

$=\dfrac{(\text{지도에서의 거리})}{(\text{실제 거리})}$

풀이

$500\,\text{m}=50000\,\text{cm}$이므로

(축척)$=\dfrac{(\text{지도에서의 거리})}{(\text{실제 거리})}=\dfrac{1}{50000}$

답 $\dfrac{1}{50000}$

1-1 타율은 전체 타수에 대한 안타 수입니다. 지난해 야구단 선수인 민호의 타율은 0.225이고, 태현이의 타율은 0.365였습니다. 두 선수의 전체 타수가 각각 400개라면, 누가 안타를 몇 개 더 쳤습니까?

( ), ( )

1-2 타율은 전체 타수에 대한 안타 수입니다. A와 B 중 안타를 누가 몇 개 더 쳤습니까?

A: 타율은 0.35이고 전체 타수는 120개입니다.
B: 타율은 0.25이고 전체 타수는 140개입니다.

( ), ( )

2-1 축척은 실제 거리에 대한 지도에서의 거리의 비율입니다. 지도 위의 거리가 $2\,\text{cm}$일 때, 실제 거리가 $900\,\text{m}$인 지도가 있습니다. 이 지도의 축척을 기약분수로 나타내시오.

( )

2-2 축척은 실제 거리에 대한 지도에서의 거리의 비율입니다. 축척은 $\dfrac{1}{5000}$이고 실제 거리는 $600\,\text{m}$일 때, 지도에서의 거리는 몇 cm입니까?

( )

핵심 예제 3

할인율은 원래 가격에 대한 할인 금액의 비율입니다. 문구점에서 판매하는 학용품의 원래 가격과 할인하여 판매하는 가격을 나타낸 것입니다. 연필과 종합장의 할인율은 각각 몇 %입니까?

학용품	연필	종합장
원래 가격(원)	500	2500
할인하여 판매하는 가격(원)	450	2000

연필 (　　　　　　　　)

종합장 (　　　　　　　　)

전략

① (할인 금액)=(원래 가격)−(할인하여 판매하는 가격)

② (할인율)$=\dfrac{(\text{할인 금액})}{(\text{원래 가격})}$

풀이

• (연필의 할인 금액)$=500-450=50$(원)

(연필의 할인율)$=\dfrac{50}{500}\times 100=10$ ⇨ 10 %

• (종합장의 할인 금액)$=2500-2000=500$(원)

(종합장의 할인율)$=\dfrac{500}{2500}\times 100=20$ ⇨ 20 %

답 10 %, 20 %

3-1 할인율은 원래 가격에 대한 할인 금액의 비율입니다. 마트에서 판매하는 물건의 원래 가격과 할인하여 판매하는 가격을 나타낸 것입니다. 인형과 로봇의 할인율은 각각 몇 %입니까?

로봇 Sale
15000원
12000원

인형 (　　　　　　　　)

로봇 (　　　　　　　　)

핵심 예제 4

소금물의 진하기는 소금물 양에 대한 소금 양의 비율입니다. 진하기가 10 %인 소금물 450 g에 소금 50 g을 더 넣어 녹였습니다. 새로 만든 소금물의 진하기는 몇 %입니까?

(　　　　　　　　)

전략

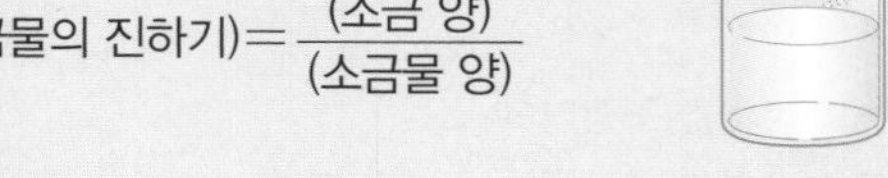

① (소금물 양)=(물 양)+(소금 양)

② (소금물의 진하기)$=\dfrac{(\text{소금 양})}{(\text{소금물 양})}$

풀이

처음 소금 양은 $450\times 0.1=45$ (g)입니다.

새로 만든 소금물에서 소금 양은 $45+50=95$ (g)이고, 소금물 양은 $450+50=500$ (g)입니다.

따라서 새로 만든 소금물의 진하기는

$\dfrac{95}{500}\times 100=19$ ⇨ 19 %입니다.

답 19 %

4-1 소금물의 진하기는 소금물 양에 대한 소금 양의 비율입니다. 진하기가 15 %인 소금물 980 g에 소금 20 g을 더 넣어 녹였습니다. 새로 만든 소금물의 진하기는 몇 %입니까?

(　　　　　　　　)

4-2 소금물의 진하기는 소금물 양에 대한 소금 양의 비율입니다. 진하기가 12 %인 소금물 300 g에 물 100 g을 더 넣었습니다. 새로 만든 소금물의 진하기는 몇 %입니까?

(　　　　　　　　)

핵심 예제 5

어느 지역의 마을별 배 생산량을 나타낸 띠그래프입니다. 가 마을의 배 생산량이 300 kg일 때, 다 마을의 배 생산량은 몇 kg입니까?

마을별 배 생산량

가 (20 %)	나 (25 %)	다	라 (24 %)	마 (13 %)

(　　　　　　　　)

전략

① 다 마을의 비율을 구합니다.

② 이 지역 전체의 배 생산량을 구합니다.

③ 다 마을의 배 생산량을 구합니다.

풀이

(다 마을의 비율)$=100-(20+25+24+13)=18$ (%)

이 지역 전체의 배 생산량을 □kg이라 하면

$\square\times\frac{20}{100}=300$, $\square\times\frac{1}{5}=300$, $\square=300\times5=1500$

→ □의 $\frac{1}{5}$이 300이므로

⇨ (다 마을의 배 생산량)$=1500\times\frac{18}{100}=270$ (kg)

답 270 kg

핵심 예제 6

선아네 학교 학생 1000명을 대상으로 혈액형을 조사하였습니다. B형인 남학생은 몇 명입니까?

학생들의 혈액형

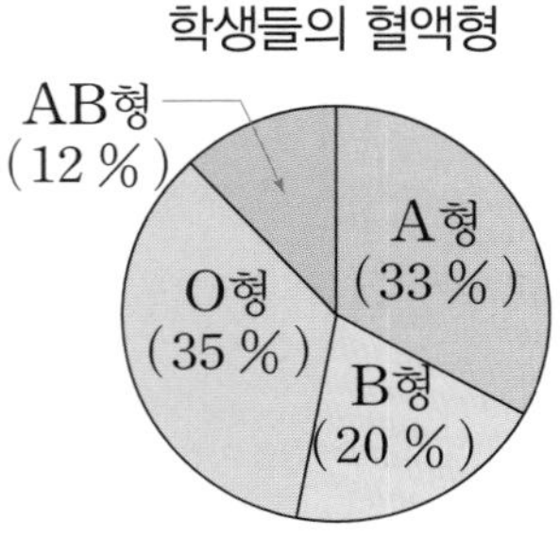

B형인 학생

여학생 (35 %)	남학생 (65 %)

(　　　　　　　　)

전략

B형인 학생 수를 구한 다음, B형인 남학생 수를 구합니다.

풀이

(B형인 학생 수)$=1000\times\frac{20}{100}=200$(명)

(B형인 남학생 수)$=200\times\frac{65}{100}=130$(명)

답 130명

5-1 어느 회사의 1년 동안 공장별 자동차 생산량을 나타낸 원그래프입니다. 1년 동안 나 공장에서 생산한 자동차가 20만 대일 때, 라 공장에서 생산한 자동차는 몇 대입니까?

공장별 자동차 생산량

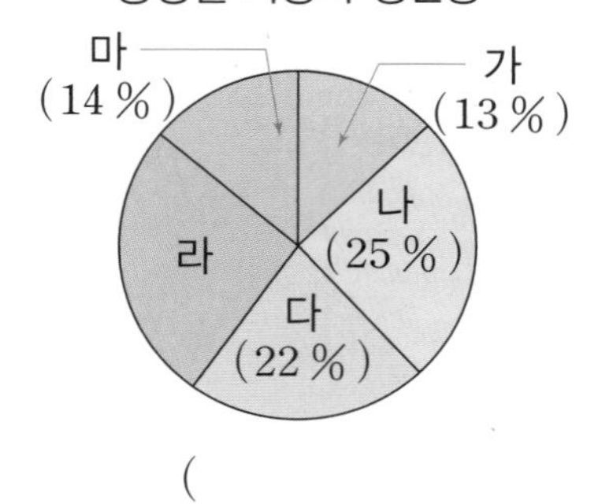

(　　　　　　　　)

6-1 어느 쇼핑몰 사용자 5000명을 대상으로 만족도를 조사하였습니다. 비싼 가격이 불만이 사람은 몇 명입니까?

만족 여부

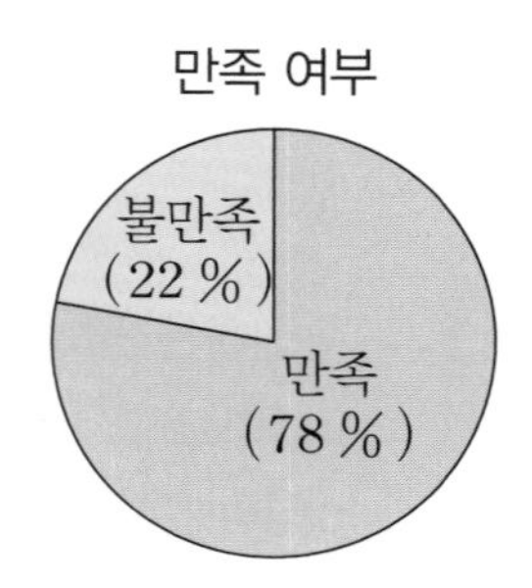

불만족 사유

비싸서 (34 %)	물건 불량 (23 %)	배송이 느려서 (19 %)	불친절 (14 %)	기타 (10 %)

(　　　　　　　　)

핵심 예제 7

어느 마을의 곡물 생산량을 나타낸 원그래프입니다. 옥수수는 보리의 $\frac{1}{4}$일 때, 원그래프를 보고, 띠그래프로 나타내시오.

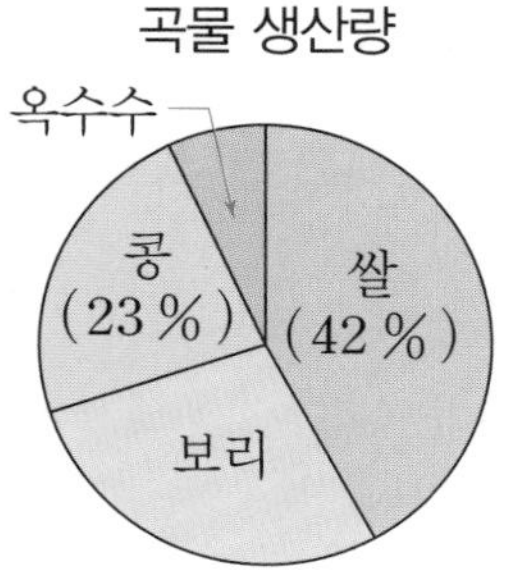

곡물 생산량

(%)

0 10 20 30 40 50 60 70 80 90 100

전략

100 %에서 쌀과 콩의 비율을 빼면 보리와 옥수수의 비율의 합을 알 수 있습니다.

풀이

(보리와 옥수수의 비율의 합)$=100-42-23=35$(%)

옥수수의 비율을 □ %라 하면 □+□$\times 4=35$, □$=7$

⇨ 옥수수의 비율: 7 %, 보리의 비율: $7\times 4=28$(%)

답

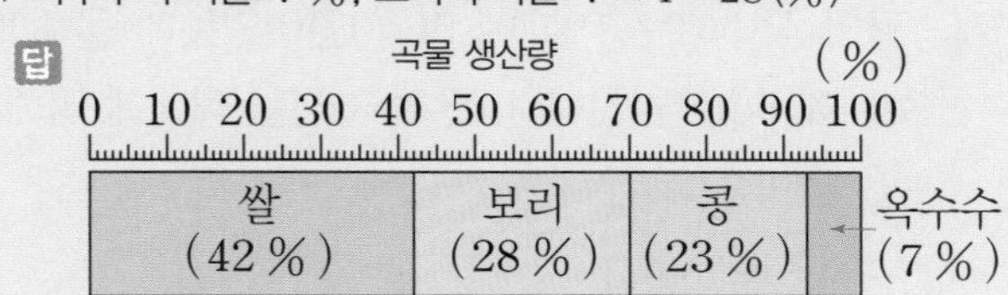

7-1 콩에 들어 있는 영양소를 나타낸 원그래프입니다. 수분이 지방의 $\frac{1}{3}$일 때, 원그래프를 보고 띠그래프로 나타내시오.

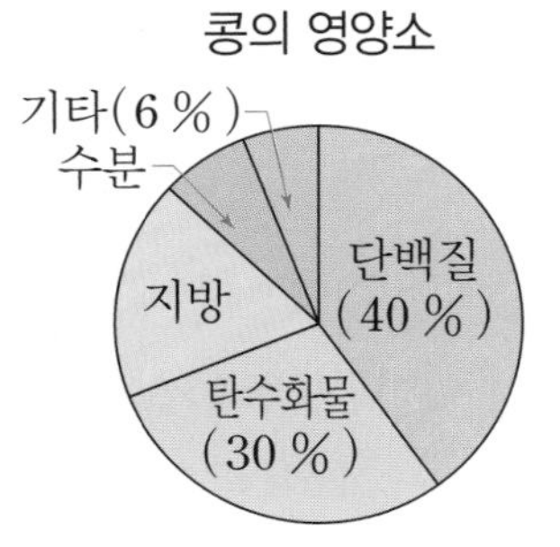

콩의 영양소

(%)

0 10 20 30 40 50 60 70 80 90 100

핵심 예제 8

선주네 학교 6학년 학생들의 성씨를 조사하여 나타낸 원그래프입니다. 조사한 남학생 수는 200명이고, 박씨인 남학생 수와 최씨인 여학생 수가 같습니다. 선주네 학교 6학년 학생은 모두 몇 명입니까?

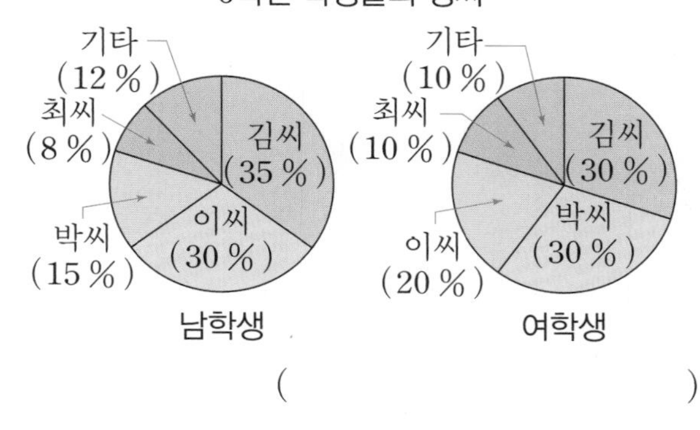

(　　　　　　　　)

전략

① 박씨인 남학생 수를 구합니다.

② 전체 여학생 수를 구합니다.

③ 6학년 전체 학생 수를 구합니다.

풀이

(박씨인 남학생 수)$=200\times\frac{15}{100}=30$(명)

따라서 최씨인 여학생도 30명입니다.

전체 여학생 수를 □명이라 하면 □$\times\frac{10}{100}=30$,

□$\times\frac{1}{10}=30$, □$=30\times 10=300$ → □의 $\frac{1}{10}$이 30명이므로

(선주네 학교 6학년 학생 수)$=200+300=500$(명)

답 500명

8-1 위의 원그래프에서 ㉠과 ㉡의 학생 수가 같고 조사한 남학생 수가 400명이라면, 남학생과 여학생 중 어느 쪽이 몇 명 더 많습니까?

㉠ 박씨와 이씨인 남학생 수
㉡ 최씨와 이씨인 여학생 수

(　　　　　　　　), (　　　　　　　　)

1주

1주 3일 필수 체크 전략 2

비와 비율, 여러 가지 그래프

01 이자율은 예금한 돈에 대한 이자의 비율입니다. 다음은 천재 은행과 해법 은행에 1년 동안 예금한 돈과 이자를 나타낸 것입니다. 각 은행의 이자율은 몇 %인지 구하고, 어느 은행의 이자율이 더 높은지 쓰시오.

은행	천재 은행	해법 은행
예금한 돈	3000000원	5000000원
이자	360000원	750000원

천재 (　　　　　　　　)

해법 (　　　　　　　　)

이자율이 더 높은 은행 (　　　　　　　　)

Tip ①

(이자율)=(예금한 돈에 대한 ☐의 비율)

$= \dfrac{(\text{이자})}{(☐\text{한 돈})}$

02 서점에서 20 % 할인하는 책을 샀더니 내야 할 돈이 원래 가격보다 2000원 줄었습니다. 이 책의 원래 가격은 얼마입니까?

20 % 할인

(　　　　　　　　)

Tip ②

원래 가격의 20 % $\left(=\frac{1}{5}\right)$가 ☐원입니다.

따라서 원래 가격은 2000원의 ☐배입니다.

답 Tip ① 이자, 예금 ② 2000, 5

03 소금 300 g으로 진하기가 15 %인 소금물을 만들려고 합니다. 필요한 물 양은 몇 g입니까?

진하기 15 %

(　　　　　　　　)

Tip ③

소금물의 15 % ⇨ 소금 300 g

소금물의 1 % ⇨ 소금 (300÷15) g

소금물의 100 % ⇨ 소금 (300÷☐×☐) g

04 귤이 작년에는 10개에 5600원이었는데 올해에는 8개에 5600원입니다. 귤의 가격은 작년에 비해 몇 % 올랐습니까?

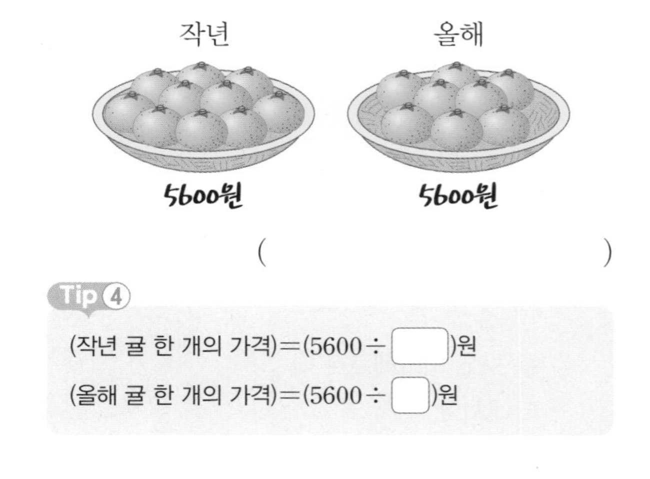

(　　　　　　　　)

Tip ④

(작년 귤 한 개의 가격)=(5600÷☐)원

(올해 귤 한 개의 가격)=(5600÷☐)원

답 Tip ③ 15, 100 ④ 10, 8

05 도서관에 있는 책의 수를 조사하여 나타낸 표입니다. 과학책이 예술책보다 18권 더 많습니다. 띠그래프로 나타내시오.

책의 수

분류	인문	사회	과학	예술	기타	계
책 수(권)	126	72			36	360

책의 수

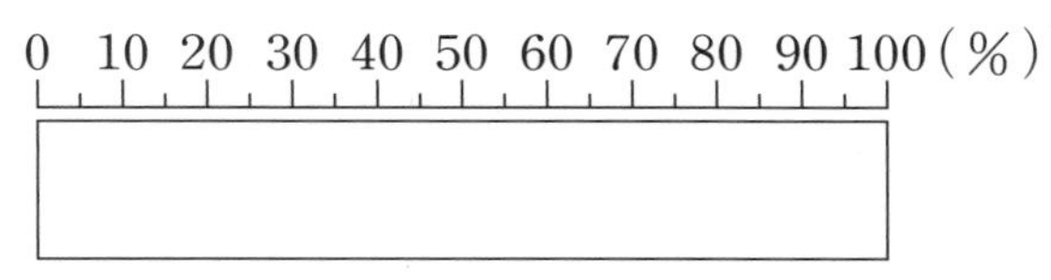

Tip ⑤
예술책을 ■권이라 하면 과학책은 (■+□)권입니다.

06 어느 지역의 토지 이용도를 조사하여 나타낸 그래프입니다. 토지 전체 넓이가 200 km^2일 때, 고구마를 심은 넓이는 몇 km^2입니까?

토지 이용도

산림 (35 %)	논 (25 %)	주택 (15 %)	밭	기타(5 %)

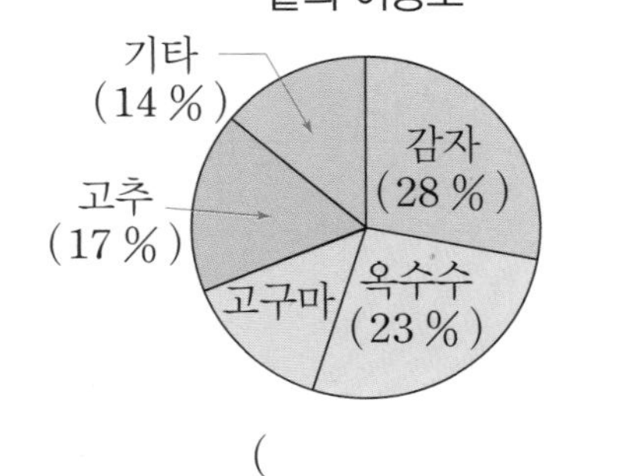

( )

Tip ⑥
(밭의 넓이)=□00×(토지 이용도에서 밭의 비율)

답 Tip ⑤ 18 ⑥ 2

[07~08] 정무네 학교 학생들이 좋아하는 주스를 조사하여 나타낸 원그래프입니다. 물음에 답하시오.

좋아하는 주스

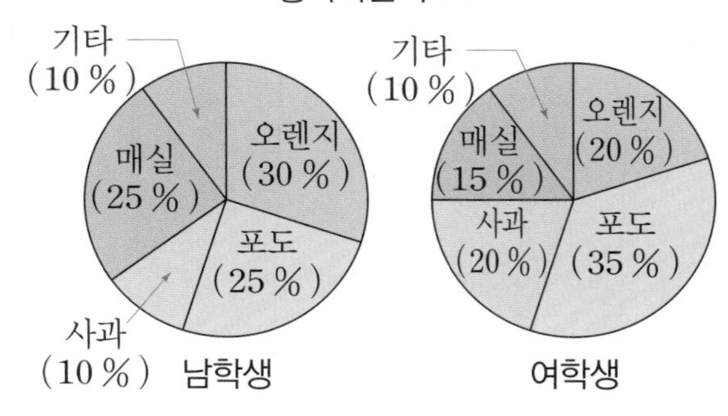

07 '기타'라고 대답한 여학생 중 20 %가 망고라고 대답했습니다. 망고 주스를 좋아하는 여학생이 5명이라면, 조사한 여학생은 모두 몇 명이겠습니까?

( )

Tip ⑦
기타라고 대답한 여학생 수를 ■명이라 하면
■$\times\frac{20}{100}$=□입니다.

08 조사한 여학생이 모두 200명이고, 매실 주스를 좋아하는 남학생이 매실 주스를 좋아하는 여학생의 1.5배라면, 오렌지 주스를 좋아하는 남학생은 몇 명이겠습니까?

( )

Tip ⑧
(매실 주스를 좋아하는 여학생 수)=$200\times\frac{□}{100}$
(매실 주스를 좋아하는 남학생 수)=$(200\times\frac{15}{100})\times$□

답 Tip ⑦ 5 ⑧ 15, 1.5

1주

맞힌 개수 /개

01 전체에 대한 색칠한 부분의 비율을 소수로 나타내시오.

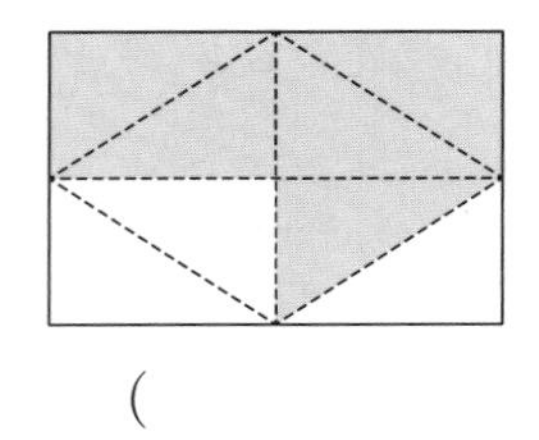

(　　　　　　　　　　)

02 공장에서 인형을 480개 만들 때 불량품이 12개 나온다고 합니다. 전체 인형 수에 대한 불량품의 비율을 분수와 백분율로 나타내시오.

분수 (　　　　　　　　　　)
백분율 (　　　　　　　　　　)

03 축구장에 관객이 600명 입장했습니다. 관객 중 449명이 남자일 때, 남자 관객 수에 대한 여자 관객 수의 비를 구하시오.

(　　　　　　　　　　)

04 기준량이 비교하는 양보다 작은 것을 모두 찾으시오. ……………………………… (　　　　　　)

① $\frac{12}{5}$　② 0.99　③ 130 %
④ $\frac{1}{2}$　⑤ 1.05

05 텃밭의 넓이는 250 m^2이고, 여기에 고추를 심은 넓이는 60 m^2입니다. 텃밭을 똑같이 50칸으로 나누었을 때, 고추를 심은 넓이만큼 색칠하시오.

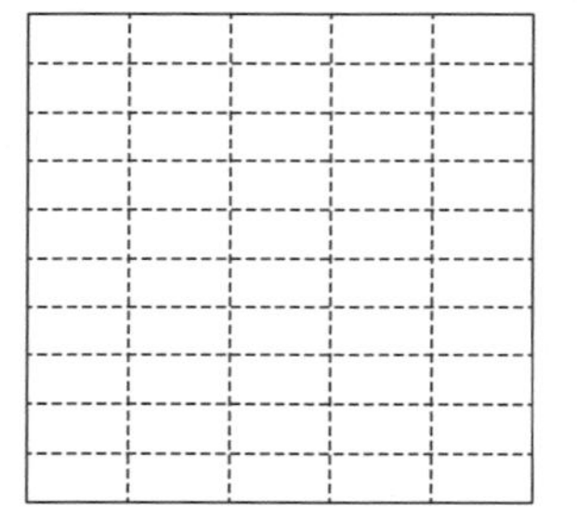

[06~07] 다음을 읽고, 물음에 답하시오.

> 민경이는 한 달 용돈 20000원으로 학용품을 사는 데 6400원, 저축을 하는 데 5000원, 군것질을 하는 데 3200원을 사용하고 나머지는 모두 교통비로 썼습니다.

06 위 자료를 보고 빈 곳에 알맞은 수를 써넣으시오.

민경이의 한 달 용돈의 쓰임새

분류	학용품	저축	군것질	교통비	합계
백분율(%)					

07 표를 보고 원그래프로 나타내시오.

한 달 용돈의 쓰임새

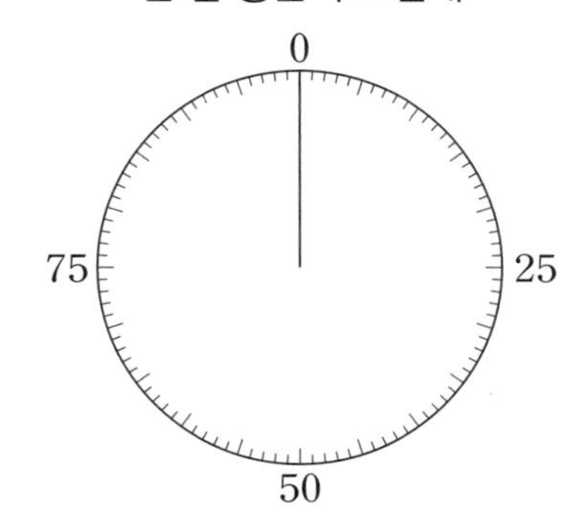

[08~09] 어느 지역의 1차, 2차, 3차 산업 종사자의 비율의 변화를 나타낸 띠그래프입니다. 물음에 답하시오.

산업별 종사자 비율

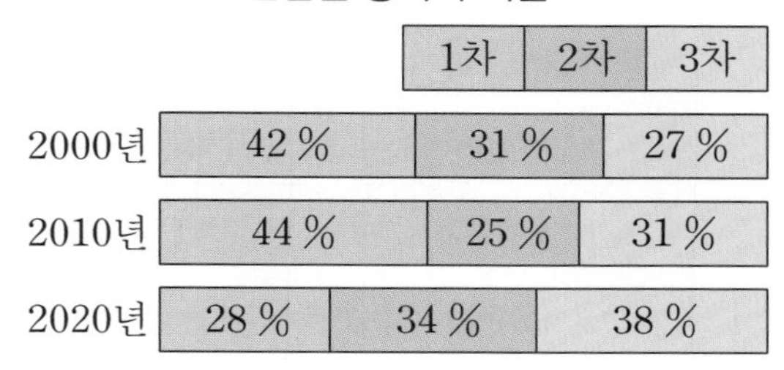

08 시간이 지날수록 전체에서 차지하는 비율이 점점 높아지는 것은 몇 차 산업 종사자입니까?

( )

09 2000년 1차 산업 종사자의 비율은 2020년 1차 산업 종사자의 비율의 몇 배입니까?

( )

10 수진이네 가족이 주말 농장에서 농작물을 기르는 넓이를 조사하여 나타낸 띠그래프입니다. 상추와 가지를 기르는 넓이의 합이 7 m^2라면, 전체 넓이는 몇 m^2입니까?

농작물을 기르는 넓이

0 10 20 30 40 50 60 70 80 90 100(%)

오이 (27 %)	상추 (35 %)	가지 (15 %)	고추 (15 %)	호박 (8 %)

( )

01 연비란 연료의 양에 대한 간 거리의 비율입니다. 민호네 자동차는 휘발유 32 L로 360 km를 달립니다. 민호네 자동차의 에너지 소비효율 등급은 몇 등급입니까?

에너지 소비효율 등급	1등급	2등급	3등급	4등급	5등급
연비	16.0 이상	13.8 이상 16.0 미만	11.6 이상 13.8 미만	9.4 이상 11.6 미만	9.4 미만

( )

Tip ①

(연비)
=(☐의 양에 대한 간 거리의 비율)
$=\frac{(☐\ 거리)}{(연료의\ 양)}$

휘발유는 자동차의 연료입니다.

02 이자율은 예금한 돈에 대한 이자의 비율입니다. 어느 은행에 5년 동안 100만 원을 예금하였을 때의 전체 이자는 150000원이고, 매년 이자율은 같습니다. 이 은행에 같은 이자율로 150만 원을 1년 동안 예금하였을 때 이자를 구하시오.

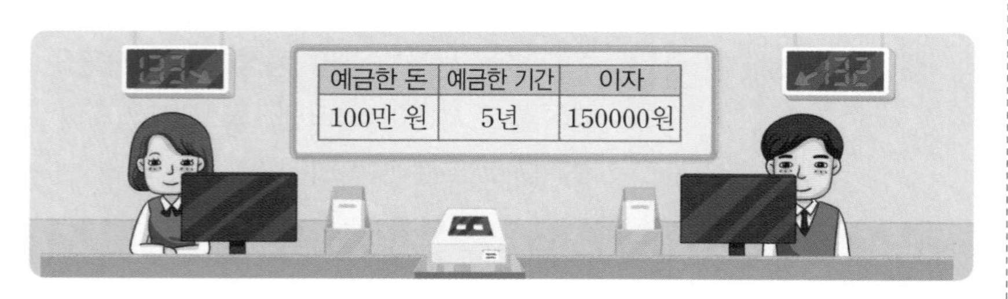

예금한 돈	예금한 기간	이자
100만 원	5년	150000원

( )

Tip ②

(이자율)
=(예금한 돈에 대한 ☐의 비율)
$=\frac{(☐)}{(예금한\ 돈)}$

답 Tip ① 연료, 간 ② 이자, 이자

≫ 정답과 풀이 31쪽

03 건축 설계사가 집의 도면을 그리려고 합니다. 다음과 같이 집 전체를 똑같이 40칸으로 나누었을 때, 건축 설계사의 계획대로 집을 만들 수 있도록 도면을 완성하시오.

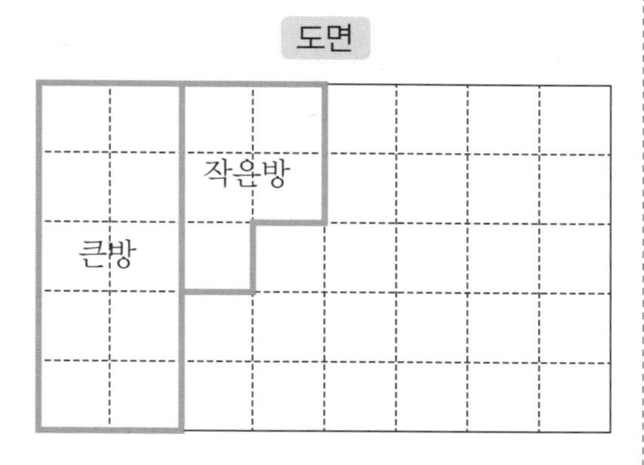

Tip ③

(거실)=(전체 40칸의 25 %)
=40×0.25
(주방)=(거실 칸 수의 ☐ %)
(큰방)=(전체 40칸의 25 %)
=40×☐
⋮

주방은 거실의 넓이를 알아야 계산할 수 있습니다.

04 같은 시각 물체의 높이와 그림자의 길이의 비율은 일정합니다. 철봉의 높이는 몇 cm입니까?

길이 \ 물체	그네	미끄럼틀	철봉
물체의 높이(cm)	180	240	
그림자의 길이(cm)	300	400	250

( )

Tip ④

(그네의 높이와 그림자의 길이의 비율)

$=\frac{(\text{그네의 높이})}{(\text{그림자의 길이})}=\frac{\square}{300}$

(미끄럼틀의 높이와 그림자의 길이의 비율)

$=\frac{(\text{미끄럼틀의 높이})}{(\text{그림자의 길이})}=\frac{\square}{400}$

1주

답 Tip ③ 50, 0.25 ④ 180, 240

05 19세 이상 가구주를 대상으로 주관적 소득수준에 대해 조사하여 나타낸 그래프입니다. 소득이 약간 부족하거나 매우 부족하다고 대답한 사람은 남녀별로 전체의 몇 %인지 각각 구하시오.

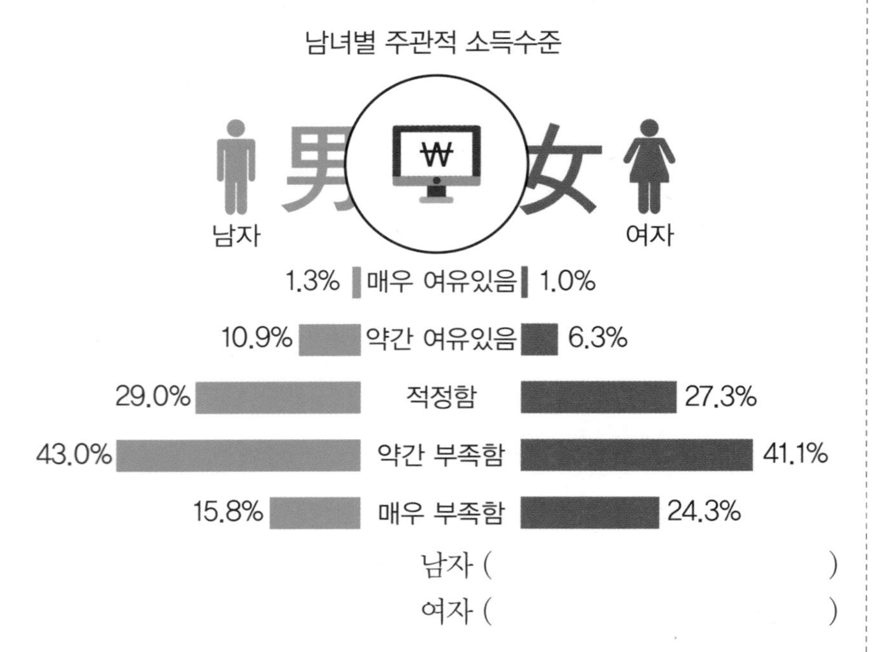

남자 ( )
여자 ( )

Tip 5
(약간 부족함의 비율)+(매우 부족함의 ☐)을 남녀별로 계산합니다.

06 주연이네 반 학생들이 부모님께 받고 싶은 선물을 조사하여 나타낸 띠그래프입니다. 게임기를 받고 싶은 학생과 핸드폰을 받고 싶은 학생 수가 같을 때, 게임기를 받고 싶은 학생은 전체의 몇 %입니까?

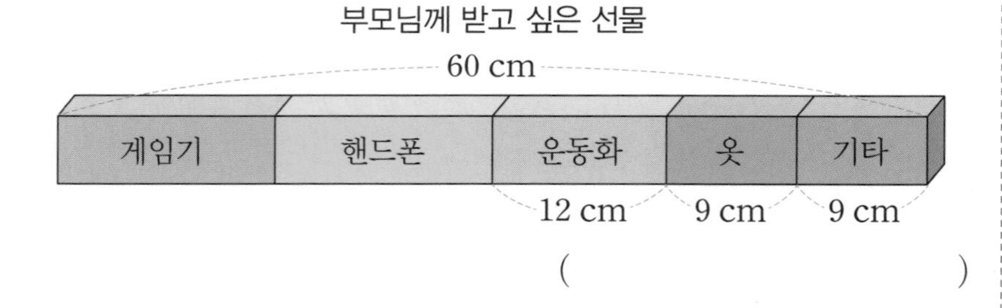

( )

Tip 6
게임기와 핸드폰의 길이의 합은 ☐ cm에서 나머지 3개의 항목의 길이를 뺀 만큼입니다.

띠그래프의 각 항목의 길이는 항목의 비율에 따라 정해집니다.

답 Tip ⑤ 비율 ⑥ 60

07 어느 해 권역별 고령 인구 비율을 나타낸 그래프입니다. 강원도의 고령 인구가 27만 명이라면, 강원도의 전체 인구는 몇 명입니까?

권역별 고령 인구 비율

(   )

Tip ⑦

강원도 인구의 18 % ⇨ 27만

강원도 인구의 1 % ⇨ 27만÷18

강원도 인구의 100 %

⇨ (27만÷☐)×☐

08 재호네 동생은 유치원에서 시장놀이를 합니다. 시장놀이에 내 놓은 물건을 세어 보니 필통 수는 모자 수의 2배이고, 공 수는 필통 수보다 10개 더 많습니다. 물건별 수를 원그래프로 나타내시오.

시장놀이 물건별 수

물건	장난감	공	필통	모자	기타	합계
물건 수(개)	80				10	200

시장놀이 물건별 수

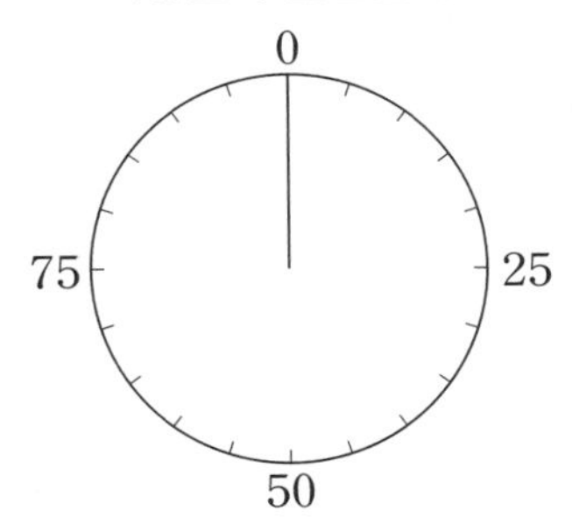

Tip ⑧

모자 수가 ■개라면

필통 수는 (■×☐)개,

공 수는 (■×☐+☐)개입니다.

답 Tip ⑦ 18, 100 ⑧ 2, 2, 10

2주

직육면체의 부피와 겉넓이

공부할 내용	
❶ 쌓기나무의 개수로 부피 비교하기	❹ 직육면체의 부피 구하기
❷ 1 cm^3 알아보기	❺ 1 m^3 알아보기
❸ 쌓기나무로 쌓은 직육면체의 부피 구하기	❻ 직육면체의 겉넓이 구하기

직육면체의 부피와 겉넓이

개념 01 쌓기나무의 개수로 부피 비교하기

• 두 직육면체 가와 나의 부피 비교하기

가 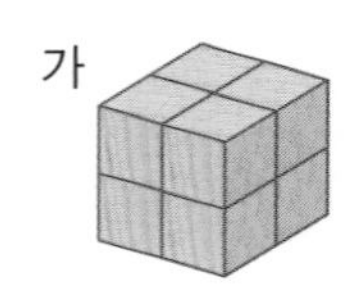

나 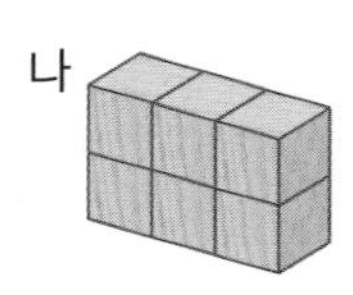

쌓기나무의 개수가 가는 8개, 나는 ❶ 개입니다.
따라서 가와 나 중 부피가 더 큰 직육면체는 ❷ 입니다.

확인 01 크기가 같은 쌓기나무로 만든 두 직육면체 중에서 부피가 더 큰 것을 찾아 기호를 쓰시오.

가 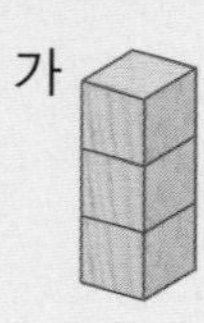

나 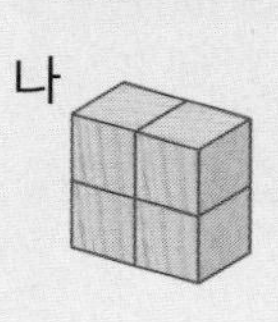

( )

개념 02 $1\,cm^3$ 알아보기

한 모서리의 길이가 1 cm인 정육면체의 부피를 $1\,cm^3$ 라 쓰고, 1(일) ❶ 센티미터라고 읽습니다.

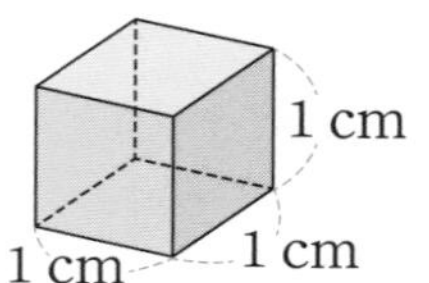

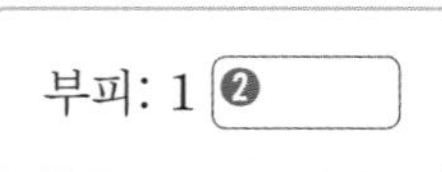

확인 02 쌓기나무 1개의 부피가 $1\,cm^3$일 때, ☐ 안에 알맞은 수를 써넣으시오.

(1) 쌓기나무 7개의 부피 ⇨ ☐ cm^3

(2) 쌓기나무 20개의 부피 ⇨ ☐ cm^3

답 개념 01 ❶ 6 ❷ 가 개념 02 ❶ 세제곱, cm^3

개념 03 쌓기나무로 쌓은 직육면체의 부피

• 직육면체의 부피

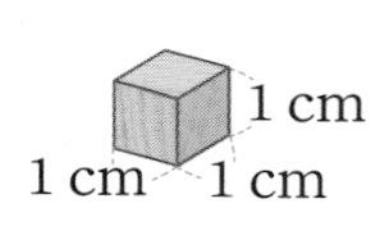

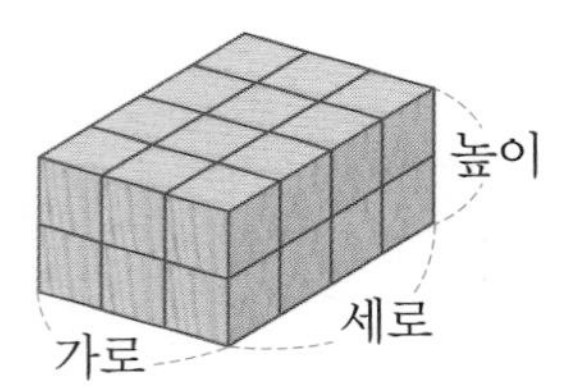

(직육면체의 부피)
=(한 층에 쌓은 쌓기나무의 수)×(층수)
=(가로줄의 개수)×(세로줄의 개수)×(층수)
=3×4×2= ❶ (cm^3)

• 정육면체의 부피

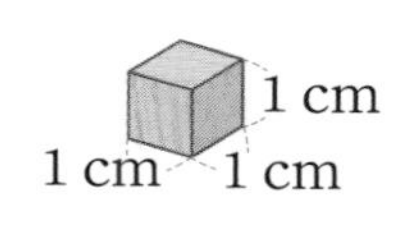

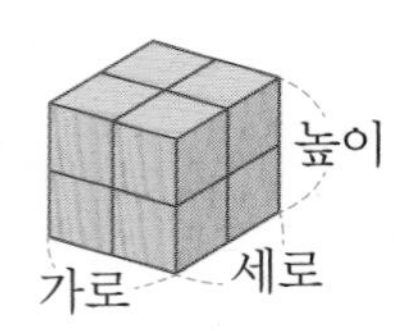

(정육면체의 부피)
=(한 층에 쌓은 쌓기나무의 수)×(층수)
=(가로줄의 개수)×(세로줄의 개수)×(층수)
=2×2×2= ❷ (cm^3)

확인 03 쌓기나무로 쌓은 직육면체의 부피는 몇 cm^3 입니까?

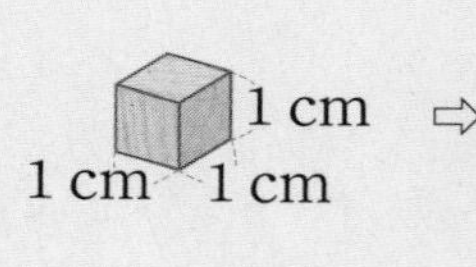

( )

답 개념 03 ❶ 24 ❷ 8

개념 04 직육면체의 부피 구하기

• 직육면체의 부피

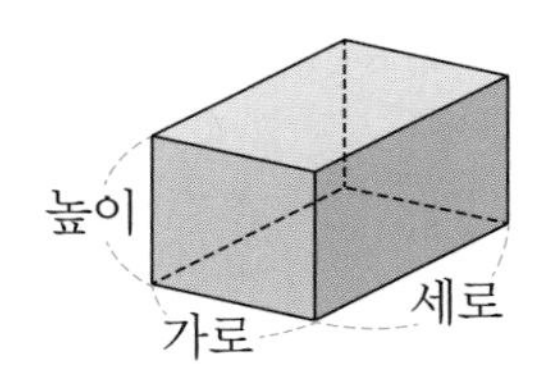

(직육면체의 부피)=(가로)×(세로)×(높이)

예 가로 2 cm, 세로 3 cm, 높이 5 cm인 직육면체의 부피

➡ 2×3×5= ❶ (cm³)

• 정육면체의 부피

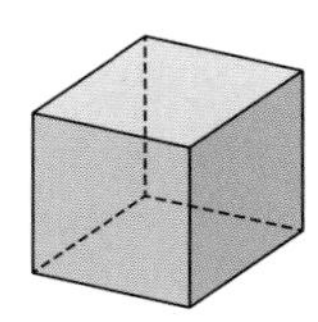

(정육면체의 부피)=(한 모서리)×(한 모서리)×(한 모서리)

예 한 모서리의 길이가 4 cm인 정육면체의 부피

➡ 4×4×4= ❷ (cm³)

확인 04 직육면체의 부피는 몇 cm³입니까?

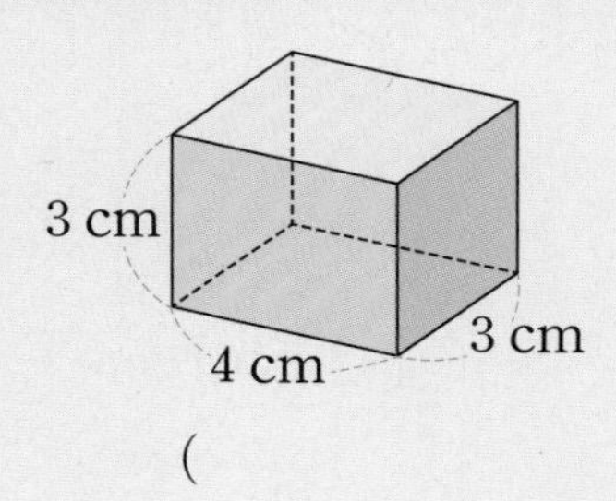

(   )

답 개념 04 ❶ 30 ❷ 64

개념 05 1 m³ 알아보기

한 모서리의 길이가 1 m인 정육면체의 부피를 1 m³라 하고, 1(일) ❶ 미터라고 읽습니다.

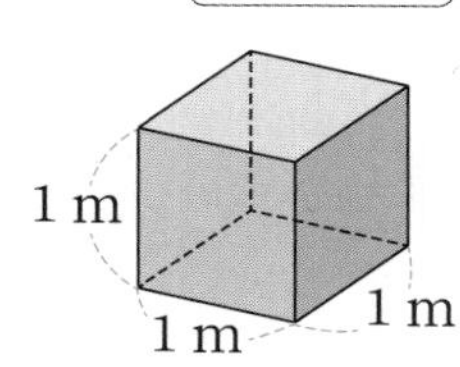

부피: 1 ❷

1 m=100 cm이므로 1 m³=1000000 cm³입니다.

1 m³=1000000 cm³

확인 05 □ 안에 알맞은 수를 써넣으시오.

(1) 3 m³= □ cm³

(2) 7000000 cm³= □ m³

개념 06 직육면체의 부피를 m³로 나타내기

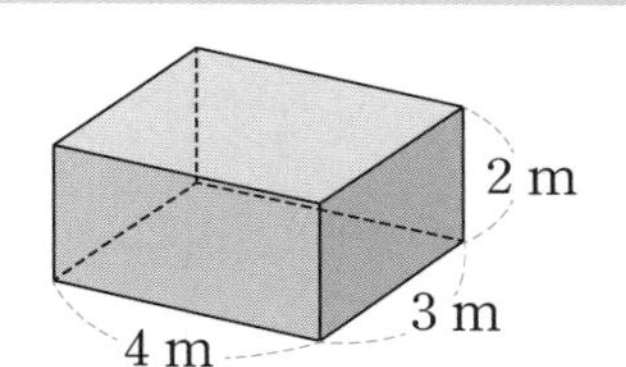

(직육면체의 부피)=4×3× ❶ =24 (❷)

확인 06 직육면체의 부피는 몇 m³입니까?

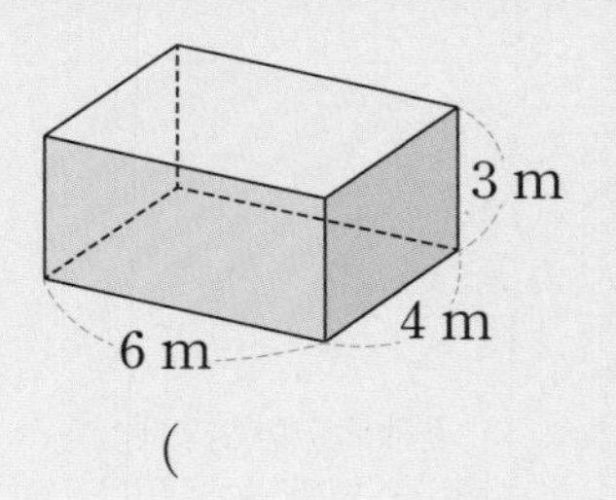

(   )

답 개념 05 ❶ 세제곱 ❷ m³ 개념 06 ❶ 2 ❷ m³

2주

개념 07 직육면체의 겉넓이(1)

직육면체의 겉넓이를 구하기 위해 여섯 면의 넓이를 각각 계산한 후 모두 더해 봅니다.

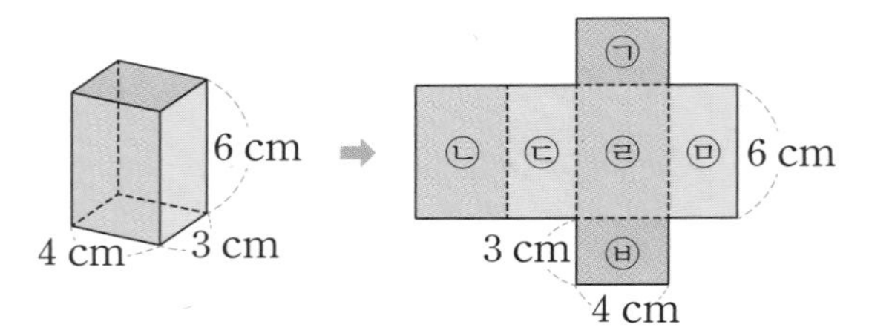

① 각 면의 넓이 구하기

㉠ $4\times3=12\ (cm^2)$ ㉡ $4\times6=24\ (cm^2)$

㉢ $3\times6=18\ (cm^2)$ ㉣ $4\times6=24\ (cm^2)$

㉤ $3\times6=$ ❶ ☐ (cm^2) ㉥ $4\times3=12\ (cm^2)$

② 직육면체의 겉넓이 구하기

(㉠+㉡+㉢+㉣+㉤+㉥)

$=12+24+18+$ ❷ ☐ $+$ ❸ ☐ $+12$

$=108\ (cm^2)$

확인 07 직육면체의 겉넓이를 구하시오.

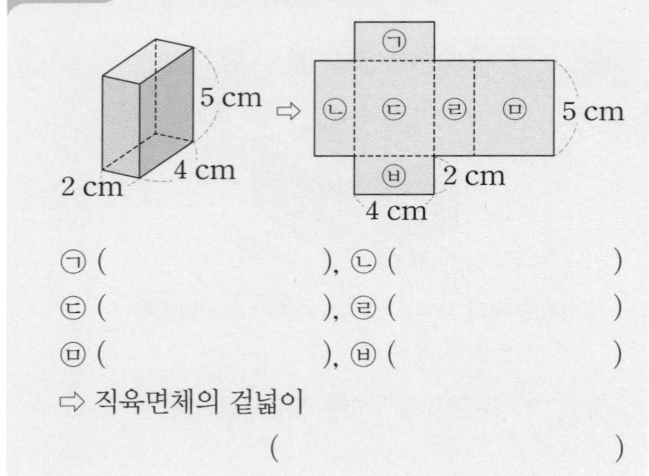

㉠ ( ), ㉡ ( )

㉢ ( ), ㉣ ( )

㉤ ( ), ㉥ ( )

⇨ 직육면체의 겉넓이

( )

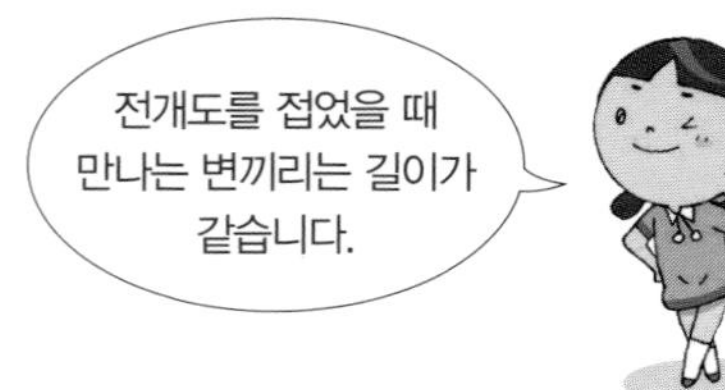

답 개념 07 ❶ 18 ❷ 24 ❸ 18

개념 08 직육면체의 겉넓이(2)

합동인 면이 3쌍임을 이용하여 직육면체의 겉넓이를 구합니다.

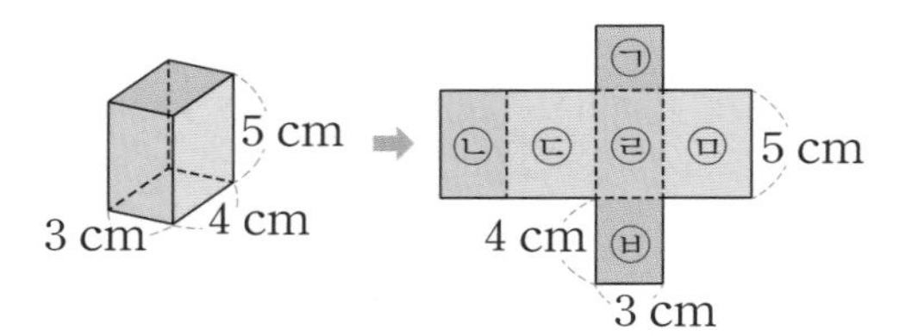

직육면체에서 마주 보는 면은 서로 합동이므로

㉠=㉥, ㉡=㉣, ㉢=㉤입니다.

(직육면체의 겉넓이)=(㉠+㉡+㉢)×2

$=(12+15+$ ❶ ☐ $)\times2$

$=$ ❷ ☐ $\times2=$ ❸ ☐ (cm^2)

확인 08 직육면체의 겉넓이를 구하시오.

(1)

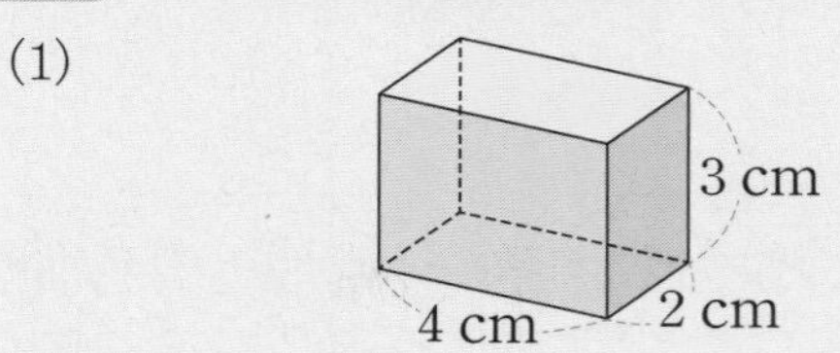

서로 다른 세 면의 넓이

( ), ( ), ( )

⇨ 직육면체의 겉넓이

( )

(2)

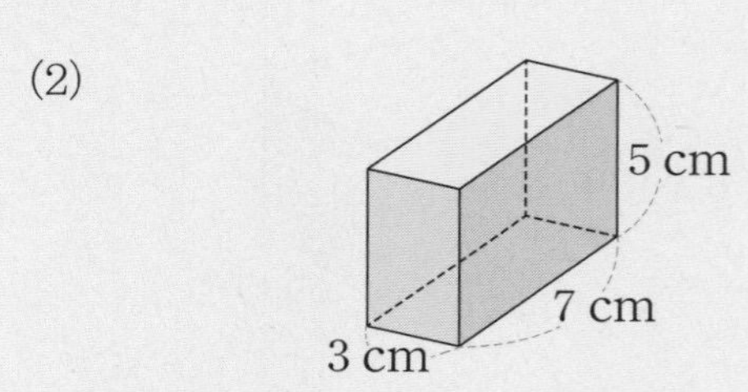

서로 다른 세 면의 넓이

( ), ( ), ( )

⇨ 직육면체의 겉넓이

( )

답 개념 08 ❶ 20 ❷ 47 ❸ 94

개념 09 직육면체의 겉넓이(3)

두 밑면의 넓이와 네 옆면의 넓이의 합을 더하여 구합니다.

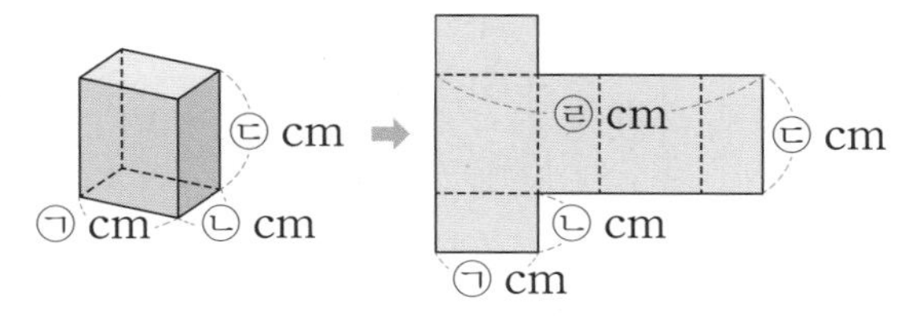

㉣=㉠+㉡+㉠+㉡이므로

(직육면체의 겉넓이)

=(한 밑면의 넓이)×2+(옆면의 넓이의 합)

=(㉠×㉡)×2+(㉣×❶ ☐)

=(㉠×㉡)×2+(㉠+㉡+㉠+㉡)×❷ ☐

확인 09 직육면체의 겉넓이를 구하시오.

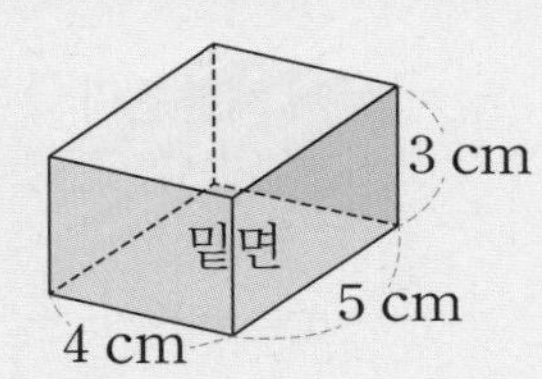

한 밑면의 넓이 (　　　　　　　　)

옆면의 넓이의 합 (　　　　　　　　)

직육면체의 겉넓이 (　　　　　　　　)

옆면의 넓이의 합은 하나의 큰 직사각형으로 볼 수 있습니다.

개념 10 전개도를 보고 직육면체의 부피 구하기

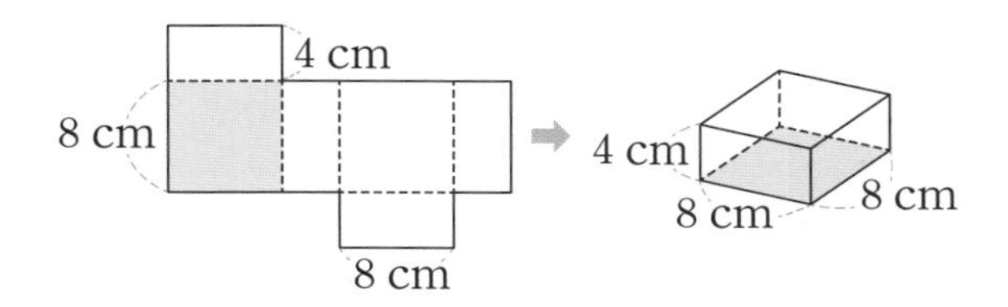

색칠한 면을 밑면이라고 하면

(직육면체의 부피)=$8 \times 8 \times 4$

=64×❶ ☐=❷ ☐ (cm^3)

확인 10 전개도를 접어서 만든 직육면체의 부피는 몇 cm^3입니까?

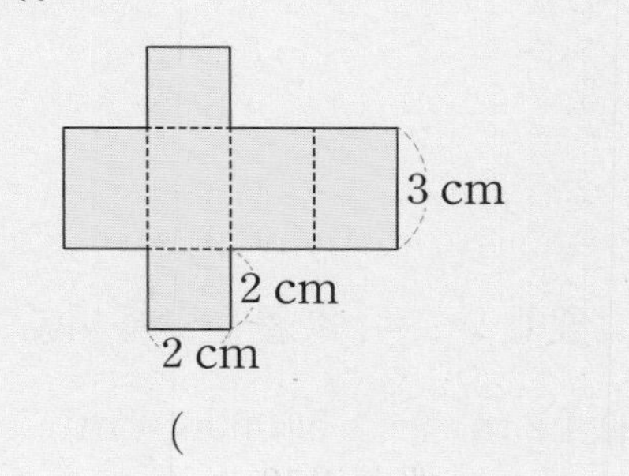

(　　　　　　　　)

개념 11 가로, 세로, 높이를 변화시킨 직육면체의 부피 구하기

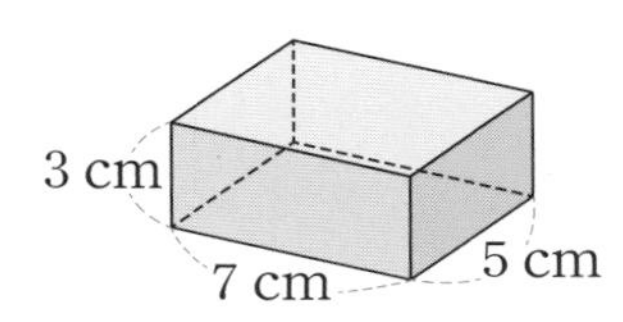

가로, 세로, 높이를 각각 2 cm씩 늘렸을 때의 부피:

(7+2)×(5+2)×(3+❶ ☐)=❷ ☐ (cm^3)

확인 11 오른쪽 직육면체의 밑면의 가로와 세로를 1 cm씩 늘렸을 때의 부피는 몇 cm^3 입니까?

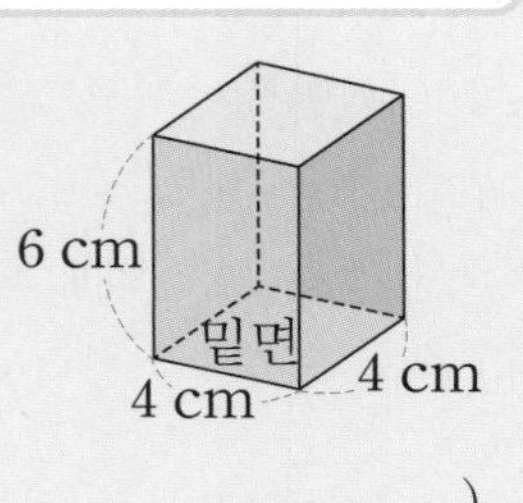

(　　　　　　　　)

답 개념 09 ❶ ㉢ ❷ ㉢

답 개념 14 ❶ 4 ❷ 256 개념 14 ❶ 2 ❷ 315

2주 1일 개념 돌파 전략 2

직육면체의 부피와 겉넓이

01 직육면체의 부피가 더 큰 것을 찾아 기호를 쓰시오.

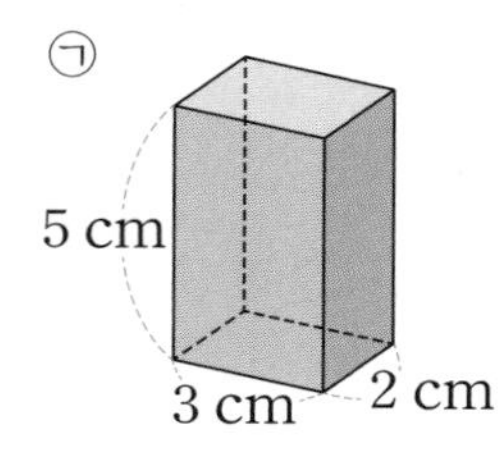

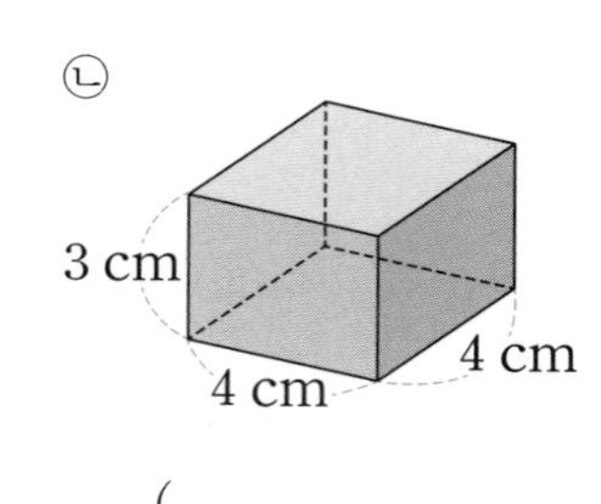

(　　　　　　　　　　)

문제 해결 전략 1

(직육면체의 부피)
=(가로)×(세로)×(　　)
이때 길이의 단위가 같은지 확인합니다.

02 ○ 안에 >, =, <를 알맞게 써넣으시오.

(1) $4.2\ m^3$ ○ $5600000\ cm^3$

(2) $15000000\ cm^3$ ○ $1.8\ m^3$

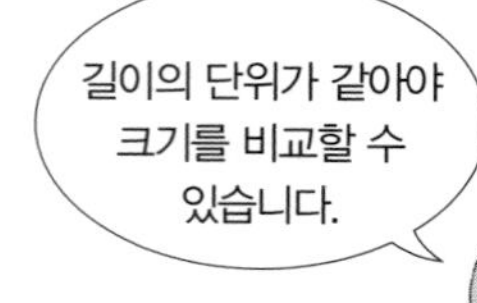

문제 해결 전략 2

• $1\ m^3$=　　　　cm^3
• $0.1\ m^3$=　　　　cm^3

03 전개도를 접어서 만든 직육면체의 부피는 몇 cm^3입니까?

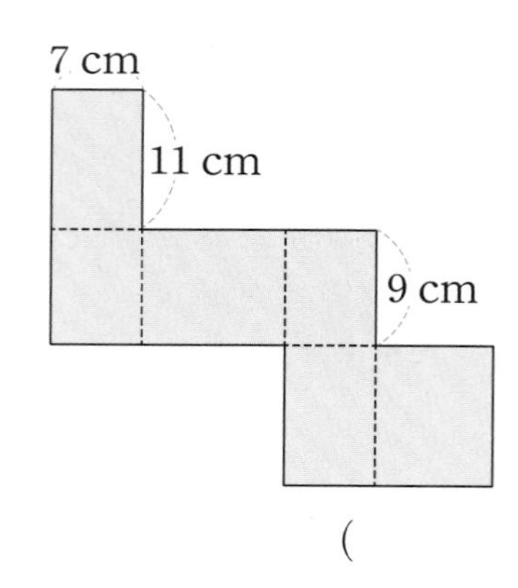

(　　　　　　　　　　)

문제 해결 전략 3

직육면체의 가로가 7 cm, 세로가 11 cm라면 높이는 　 cm입니다.
⇨ (직육면체의 부피)
=(가로)×(세로)×(　　)

답 1 높이 2 1000000, 100000 3 9, 높이

>> 정답과 풀이 32쪽

04 정호와 민정이는 다음과 같은 직육면체 모양의 상자를 한 개씩 가지고 있습니다. 정호와 민정이가 가지고 있는 상자의 겉넓이의 차는 몇 cm^2 입니까?

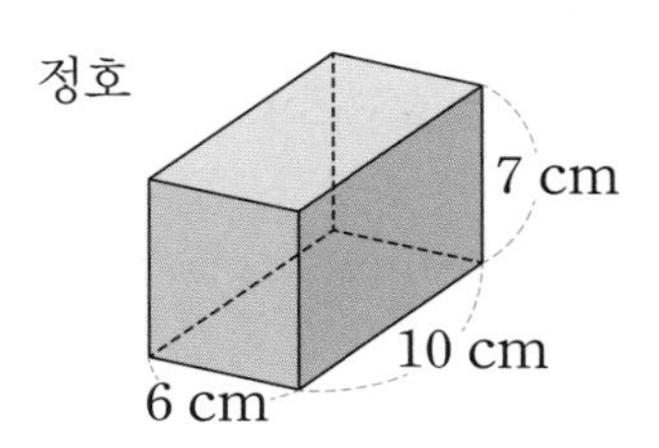

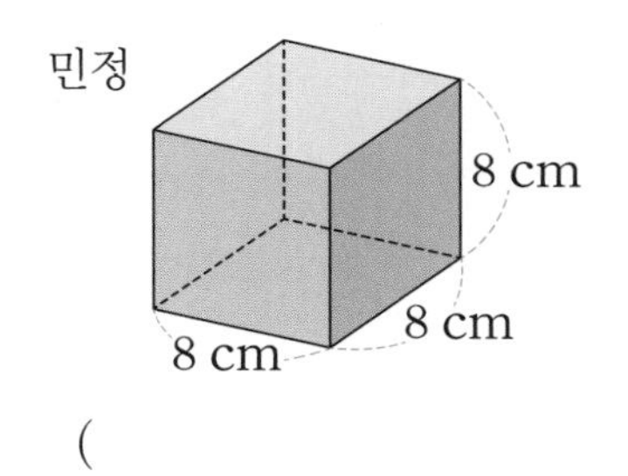

(   )

문제 해결 전략 4

직육면체에서 마주 보는 면은 합☐이므로 마주 보지 않는 세 면의 넓이의 합을 ☐배 합니다.

05 부피가 1 cm^3인 쌓기나무로 다음과 같은 모양을 만들었습니다. 이 모양을 7층으로 쌓아 만든 직육면체의 부피는 몇 cm^3가 됩니까?

(   )

문제 해결 전략 5

(직육면체 모양의 쌓기나무의 수)
=(1층에 쌓은 쌓기나무의 수)×(층수)
⇨ 1층에 쌓은 쌓기나무의 수를 구할 때에는 (가로로 쌓은 수)
×(☐로 쌓은 수)로 계산합니다.

06 다음 직육면체보다 가로, 세로, 높이가 각각 3 cm 짧은 직육면체의 부피는 몇 cm^3입니까?

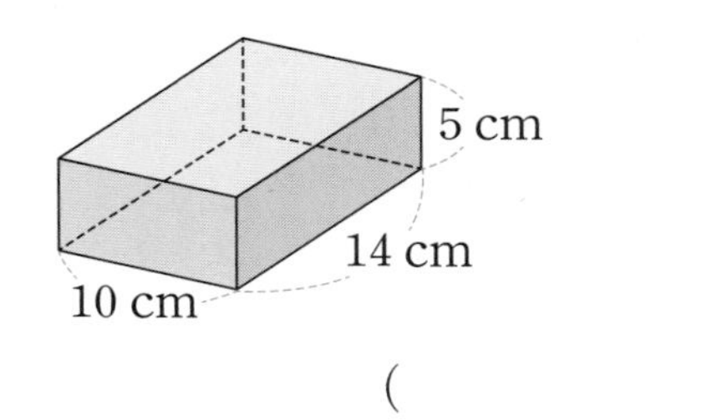

(   )

문제 해결 전략 6

10 cm, 14 cm, ☐ cm에서 각각 ☐ cm 뺀 길이를 직육면체의 가로, 세로, 높이로 하는 직육면체의 부피를 구합니다.

2주

답 4 동, 2 5 세로 6 5, 3

핵심 예제 1

부피가 큰 것부터 차례로 기호를 쓰시오.

㉠ $2.2\ m^3$　　㉡ $8\ m^3$
㉢ $830000\ cm^3$　　㉣ $19000000\ cm^3$

(　　　　　　　　　　)

전략

$1\ m^3=1000000\ cm^3$임을 이용하여 단위를 같게 고칩니다.

풀이

㉠ $2.2\ m^3$　　㉡ $8\ m^3$
㉢ $830000\ cm^3=0.83\ m^3$　　㉣ $19000000\ cm^3=19\ m^3$
⇨ ㉣ $19\ m^3$ > ㉡ $8\ m^3$ > ㉠ $2.2\ m^3$ > ㉢ $0.83\ m^3$

답 ㉣, ㉡, ㉠, ㉢

1-1 부피가 큰 것부터 차례로 기호를 쓰시오.

㉠ $7.3\ m^3$　　㉡ $830000\ cm^3$
㉢ $22000000\ cm^3$　　㉣ $31\ m^3$

(　　　　　　　　　　)

1-2 한 모서리의 길이가 1 cm인 정육면체 모양의 쌓기나무를 쌓아서 부피가 $1\ m^3$인 정육면체를 만들려고 합니다. 필요한 쌓기나무는 몇 개입니까?

(　　　　　　　　　　)

핵심 예제 2

오른쪽 직육면체의 부피를 m^3와 cm^3로 나타내시오.

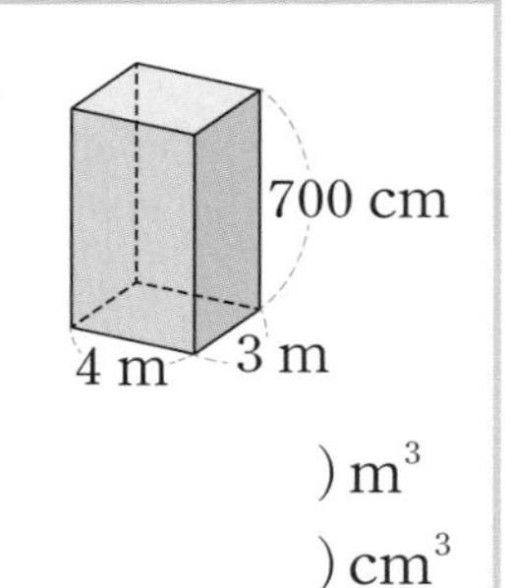

(　　　　　　　　　　) m^3
(　　　　　　　　　　) cm^3

전략

• (직육면체의 부피)=(가로)×(세로)×(높이)
• $1\ m=100\ cm$, $1\ m^3=1000000\ cm^3$

풀이

700 cm=7 m이므로
(직육면체의 부피)=(가로)×(세로)×(높이)
$=4\times3\times7=84\ (m^3)$
⇨ $84\ m^3=84000000\ cm^3$

답 84, 84000000

2-1 직육면체의 부피를 cm^3와 m^3로 나타내시오.

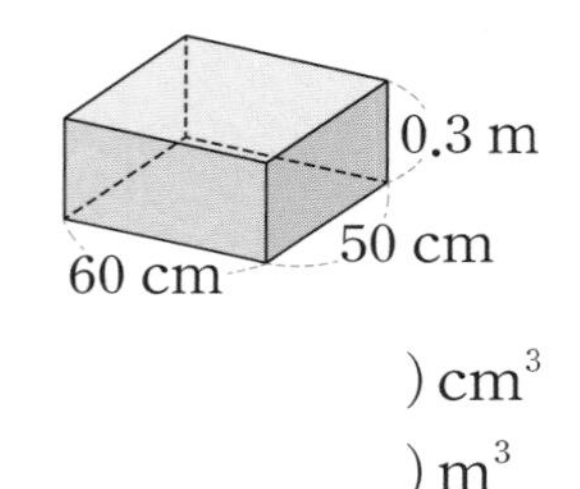

(　　　　　　　　　　) cm^3
(　　　　　　　　　　) m^3

2-2 가로, 세로, 높이가 각각 30 cm, 0.5 m, 90 cm인 직육면체의 부피를 cm^3와 m^3로 나타내시오.

(　　　　　　　　　　) cm^3
(　　　　　　　　　　) m^3

핵심 예제 3

직육면체의 부피는 576 cm³입니다. □ 안에 알맞은 수를 구하시오.

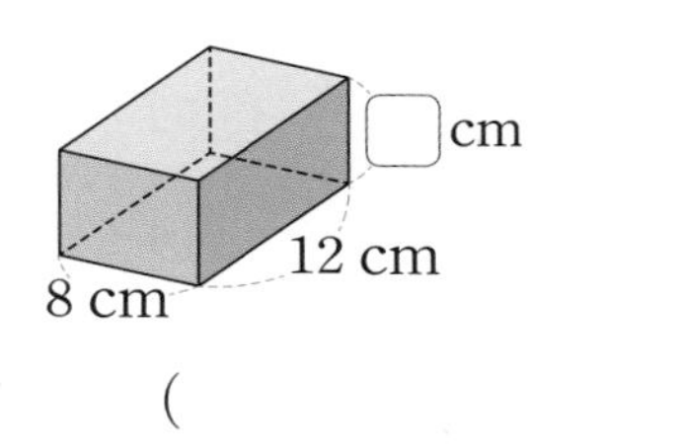

( )

전략

부피가 주어져 있으므로 직육면체의 부피 구하는 방법을 이용합니다. ⇨ (직육면체의 부피)=(가로)×(세로)×(높이)

풀이

(직육면체의 부피)=(가로)×(세로)×(높이)이므로

$8\times12\times\square=576$, $96\times\square=576$, $\square=576\div96=6$입니다.

답 6

3-1 오른쪽 직육면체의 부피는 480 cm³입니다. □ 안에 알맞은 수를 구하시오.

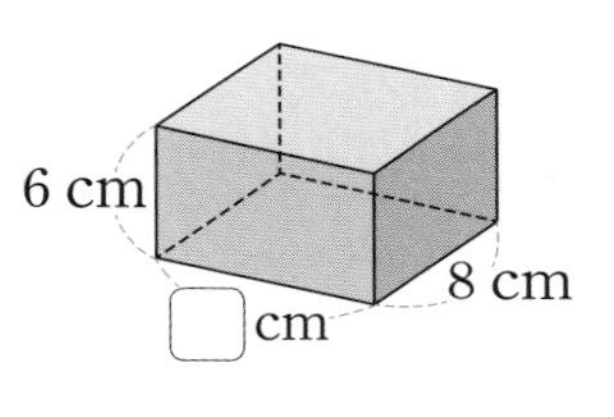

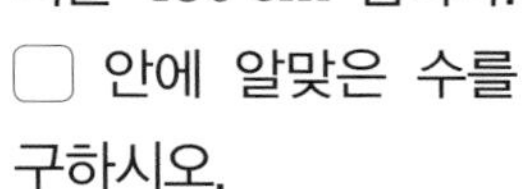

( )

3-2 오른쪽 직육면체의 부피는 396 cm³입니다. □ 안에 알맞은 수를 구하시오.

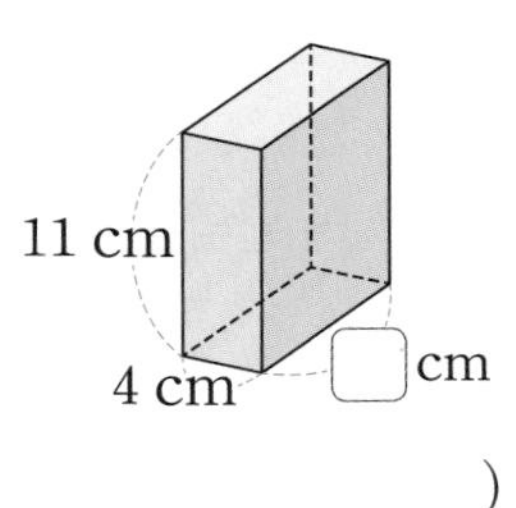

( )

핵심 예제 4

전개도를 접어서 만든 직육면체의 겉넓이는 몇 cm²입니까?

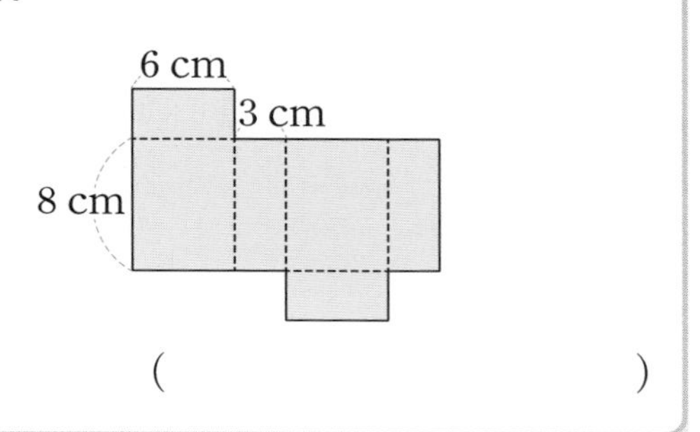

( )

전략

모서리가 6 cm, 3 cm, 8 cm인 직육면체의 전개도입니다.

풀이

직육면체에서 마주 보는 면은 합동이므로 겉넓이는

$(6\times3)+(6\times8)+(3\times8)$의 2배입니다.

⇨ $(18+48+24)\times2=180\ (\mathrm{cm}^2)$

답 180 cm²

2주

[4-1 ~ 4-2] 전개도를 접어서 만든 직육면체의 겉넓이는 몇 cm²인지 구하시오.

4-1

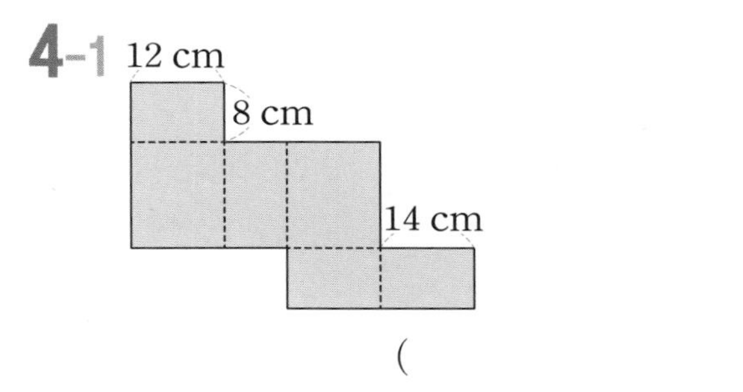

( )

4-2

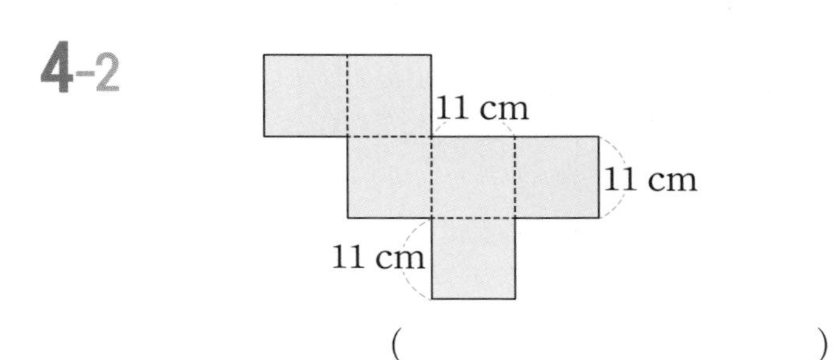

( )

핵심 예제 5

오른쪽과 같은 직육면체 모양의 상자에 한 모서리의 길이가 2 cm인 정육면체 모양의 주사위를 넣으면 최대 몇 개까지 넣을 수 있습니까? (단, 상자의 두께는 생각하지 않습니다.)

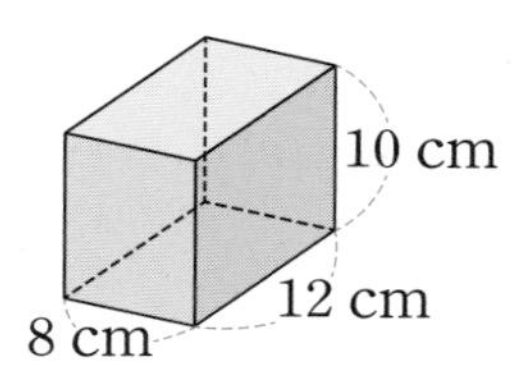

(　　　　　　　　)

전략

상자의 가로, 세로, 높이에 주사위를 몇 개까지 넣을 수 있는지 알아봅니다.

풀이

주사위를 상자의 가로에 $8 \div 2 = 4$(개), 세로에 $12 \div 2 = 6$(개), 높이에 $10 \div 2 = 5$(개)까지 넣을 수 있으므로
$4 \times 6 \times 5 = 120$(개)까지 넣을 수 있습니다.

답 120개

[5-1 ~ 5-2] 다음과 같은 직육면체 모양의 상자에 정육면체 모양의 주사위를 넣으면, 최대 몇 개까지 넣을 수 있습니까? (단, 상자의 두께는 생각하지 않습니다.)

5-1

16 cm, 16 cm, 16 cm

한 모서리의 길이가 4 cm인 주사위 넣기

(　　　　　　　　)

5-2

40 cm, 50 cm, 60 cm

한 모서리의 길이가 5 cm인 주사위 넣기

(　　　　　　　　)

핵심 예제 6

직육면체의 겉넓이는 88 cm^2입니다. □ 안에 알맞은 수를 구하시오.

□ cm, 6 cm, 4 cm

(　　　　　　　　)

전략

넓이가 $(6 \times 4)\,cm^2$, $(4 \times \square)\,cm^2$, $(6 \times \square)\,cm^2$인 직사각형이 2개씩 있는 직육면체입니다.

풀이

직육면체에서 마주 보는 면은 합동이므로
$(6 \times 4 + 4 \times \square + 6 \times \square) \times 2 = 88$,
$24 + 10 \times \square = 44$, $\square = 2$

답 2

6-1 오른쪽 직육면체의 겉넓이는 236 cm^2입니다. □ 안에 알맞은 수를 구하시오.

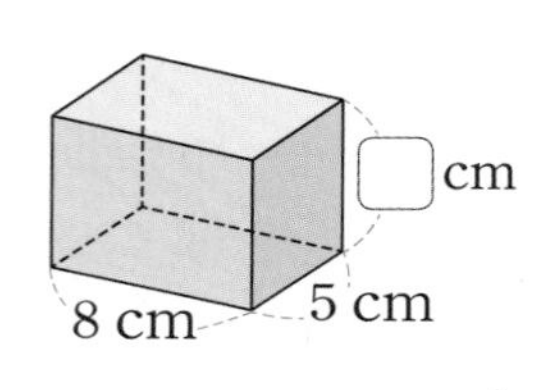

(　　　　　　　　)

6-2 오른쪽 직육면체의 겉넓이는 100 cm^2입니다. □ 안에 알맞은 수를 구하시오.

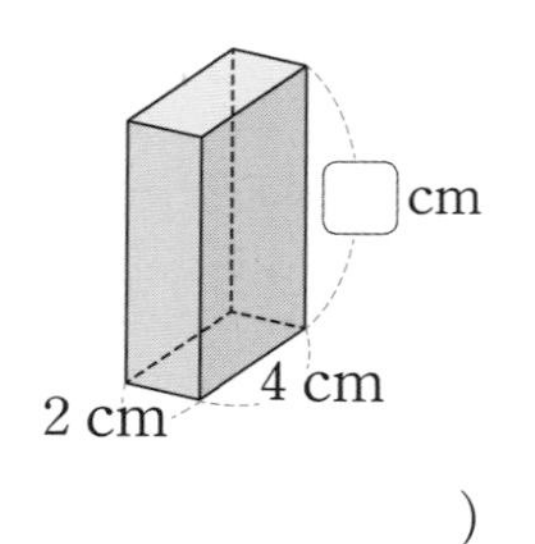

(　　　　　　　　)

핵심 예제 7

한 변의 길이가 20 cm인 정사각형 모양의 종이에 정육면체의 전개도를 그렸습니다. 정육면체의 겉넓이는 몇 cm^2입니까?

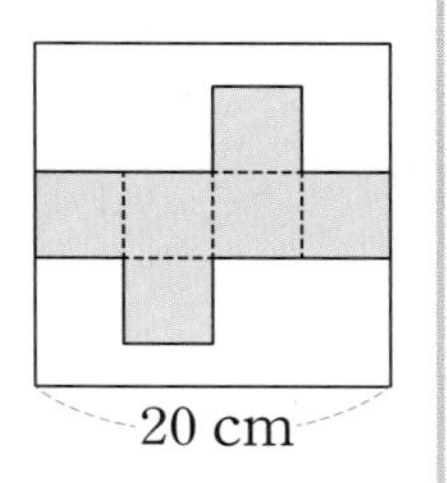

(　　　　　　　　　　)

전략

정육면체는 6개의 면이 모두 정사각형입니다.
따라서 정육면체의 한 모서리의 길이의 4배는 20 cm입니다.

풀이

(정육면체의 한 모서리의 길이)$=20 \div 4=5$ (cm)
(정육면체의 겉넓이)$=5 \times 5 \times 6=150$ (cm^2)

답 150 cm^2

7-1 한 변의 길이가 32 cm인 정사각형 모양의 종이에 정육면체의 전개도를 그렸습니다. 정육면체의 겉넓이는 몇 cm^2입니까?

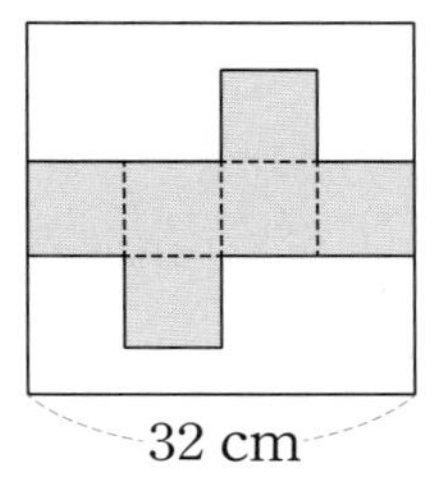

(　　　　　　　　　　)

7-2 한 변의 길이가 30 cm인 정사각형 모양의 종이에 정육면체의 전개도를 그렸습니다. 정육면체의 겉넓이는 몇 cm^2입니까?

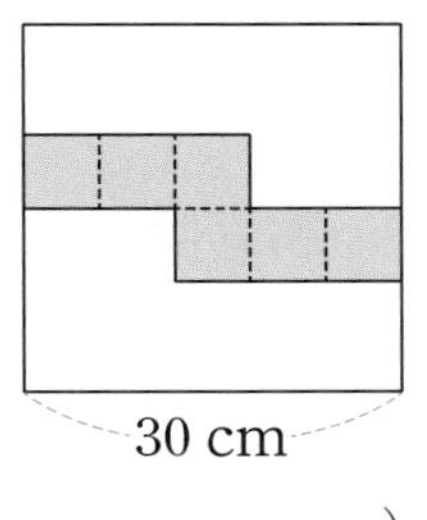

(　　　　　　　　　　)

핵심 예제 8

오른쪽 직육면체의 밑면의 가로와 세로가 각각 2배인 직육면체를 새로 만들었습니다. 만든 직육면체의 부피는 오른쪽 직육면체의 부피의 몇 배입니까?

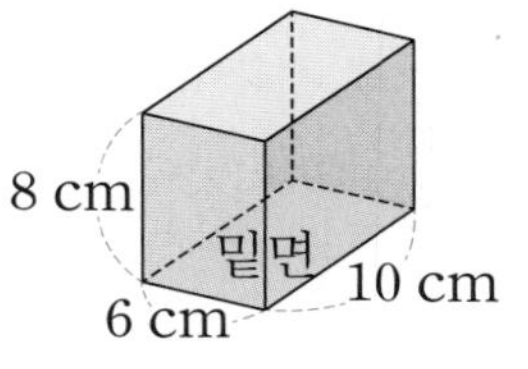

(　　　　　　　　　　)

전략

부피가 몇 cm^3인지를 계산할 필요 없이 몇 배인지만 알아봅니다.

풀이

(오른쪽 직육면체의 부피)$=6 \times 10 \times 8$ (cm^3)
(가로와 세로가 각각 2배인 직육면체의 부피)
$=(6 \times 2) \times (10 \times 2) \times 8=(6 \times 10 \times 8) \times 2 \times 2$
$=(6 \times 10 \times 8) \times 4$ (cm^3)
따라서 가로와 세로가 각각 2배인 직육면체의 부피는 오른쪽 직육면체의 부피의 4배입니다.

답 4배

8-1 오른쪽 직육면체의 밑면의 가로와 세로가 각각 3배인 직육면체를 새로 만들었습니다. 만든 직육면체의 부피는 오른쪽 직육면체의 부피의 몇 배입니까?

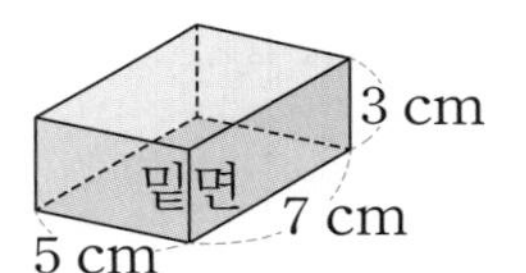

(　　　　　　　　　　)

8-2 어떤 직육면체의 가로, 세로, 높이가 각각 3배인 직육면체를 만들었습니다. 새로 만든 직육면체의 부피는 처음 직육면체의 부피의 몇 배입니까?

(　　　　　　　　　　)

2주

직육면체의 부피와 겉넓이

01 두 직육면체의 부피는 같습니다. □ 안에 알맞은 수를 써넣으시오.

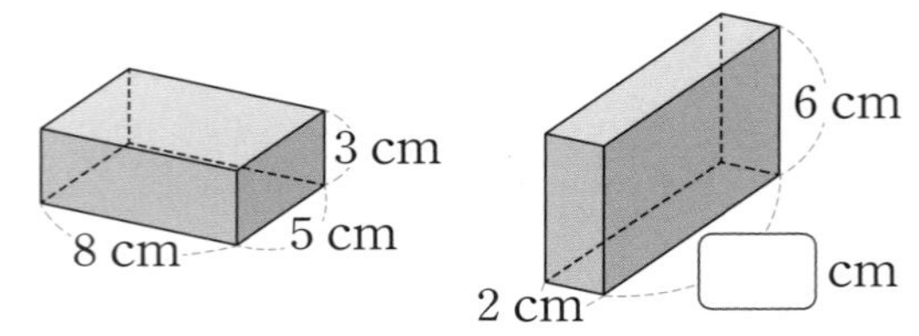

Tip ①

(왼쪽 직육면체의 부피)=(오른쪽 직육면체의 부피)

⇨ $8\times5\times$ □ $=2\times$(세로)$\times$ □

02 한 모서리의 길이가 2 m인 정육면체의 부피는 한 모서리의 길이가 20 cm인 정육면체의 부피의 몇 배입니까?

(　　　　　　　　)

Tip ②

2 m=200 cm입니다.
한 모서리의 길이가 몇 배가 되는지 알아보면
□ $\div20=$ □(배)입니다.

답 Tip ① 3, 6 ② 200, 10

03 모든 모서리의 길이의 합이 96 cm인 정육면체가 있습니다. 이 정육면체의 부피는 몇 cm^3입니까?

(　　　　　　　　)

Tip ③

정육면체는 모든 모서리의 길이가 □고, 정육면체의 모서리의 수는 □개입니다.

04 직육면체의 겉넓이가 180 cm^2일 때, 직육면체의 부피는 몇 cm^3입니까?

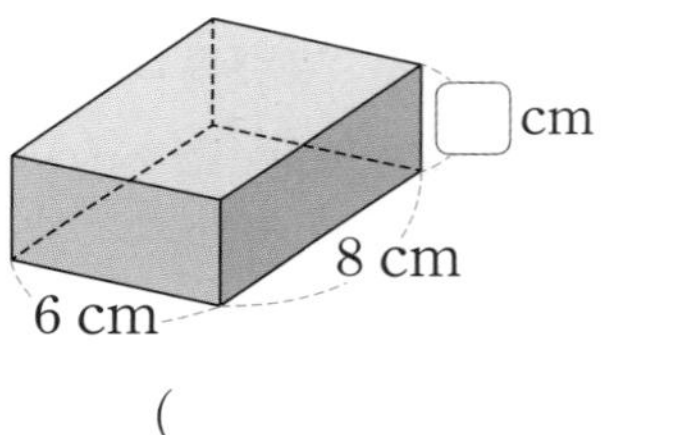

(　　　　　　　　)

Tip ④

직육면체의 높이를 ■ cm라 하면
(직육면체의 겉넓이)
$=(6\times8+8\times$■$+6\times$■$)\times$ □ (cm^2)
(직육면체의 부피)
$=$ □ $\times8\times$■ (cm^3)

답 Tip ③ 같, 12 ④ 2, 6

05 직육면체의 전개도에서 색칠한 부분의 넓이가 $208\ cm^2$일 때, 직육면체의 부피는 몇 cm^3입니까?

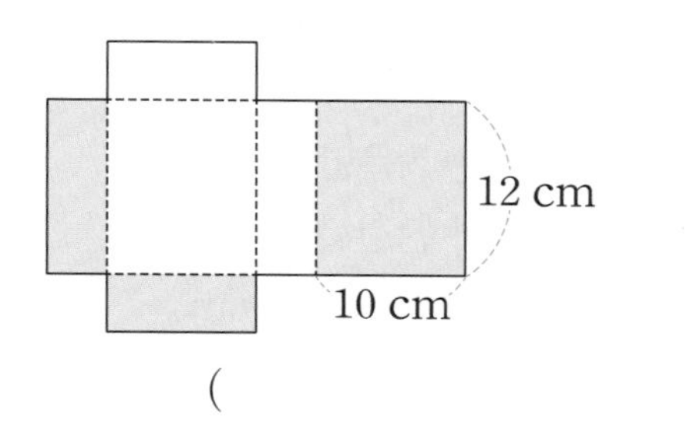

(   )

Tip 5

색칠한 부분의 넓이의 □배는 직육면체의 겉넓이입니다. 직육면체의 겉넓이를 이용하여 길이가 주어지지 않은 나머지 모서리의 길이를 구합니다.

06 다음 직육면체의 밑면의 가로와 세로가 각각 5 cm 더 긴 상자가 있습니다. 이 상자에 한 모서리의 길이가 3 cm인 정육면체 모양의 주사위를 넣으면, 최대 몇 개까지 넣을 수 있습니까? (단, 상자의 두께는 생각하지 않습니다.)

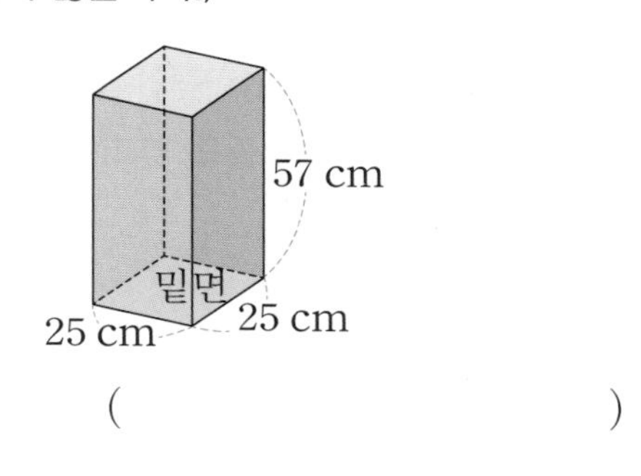

(   )

Tip 6

주어진 직육면체보다 가로와 세로가 각각 □cm 더 긴 상자에서 가로, 세로, 높이를 □으로 나누어 넣을 수 있는 주사위의 수를 구합니다.

답 Tip ⑤ 2 ⑥ 5, 3

07 직육면체와 겉넓이가 같은 정육면체의 한 모서리의 길이는 몇 cm입니까?

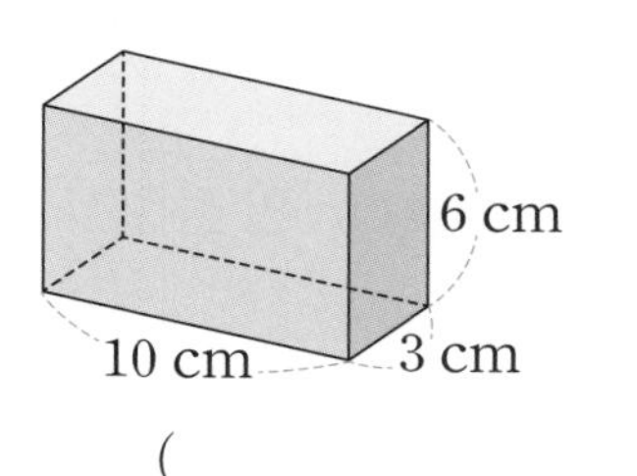

(   )

Tip 7

- 직육면체의 겉넓이:
  $(10 \times 3)cm^2$, $(3 \times 6)cm^2$, $(10 \times 6)cm^2$의 합의 □배
- 정육면체의 겉넓이
  (한 모서리의 길이) × (한 모서리의 길이) × □

08 직육면체 ㉮가 있습니다. ㉮의 가로, 세로, 높이를 똑같이 몇 배 하여 직육면체 ㉯를 만들었더니 ㉯의 부피가 ㉮의 부피의 64배가 되었습니다. ㉯의 가로는 ㉮의 가로의 몇 배입니까?

(   )

Tip 8

㉮의 부피가 ■ cm^3라면 ㉯의 부피는 (■ × □) cm^3입니다.

답 Tip ⑦ 2, 6 ⑧ 64

2주

2주 3일 필수 체크 전략 1

직육면체의 부피와 겉넓이

핵심 예제 1

한 면의 넓이가 64 cm^2인 정육면체의 부피는 몇 cm^3입니까?

(　　　　　　　　)

전략

정육면체의 모든 면은 정사각형이므로
(한 모서리의 길이) × (한 모서리의 길이) = 64입니다.

풀이

정육면체의 한 모서리의 길이를 □cm라 하면
□ × □ = 64, □ = 8
⇨ (정육면체의 부피) = 8 × 8 × 8 = 512 (cm^3)

답 512 cm^3

1-1 한 면의 넓이가 81 cm^2인 정육면체의 부피는 몇 cm^3입니까?

(　　　　　　　　)

1-2 한 면의 둘레가 16 cm인 정육면체의 부피는 몇 cm^3입니까?

(　　　　　　　　)

핵심 예제 2

물이 들어 있는 직육면체 모양의 수조에 돌이 완전히 잠기도록 넣었더니 물의 높이가 3 cm만큼 높아졌습니다. 이 돌의 부피는 몇 cm^3입니까?

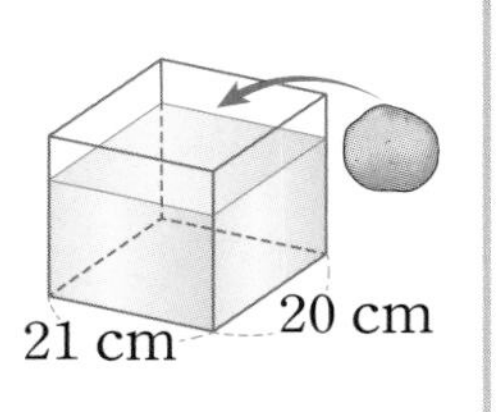

(　　　　　　　　)

전략

돌을 넣었을 때 늘어난 물의 높이를 이용합니다.

풀이

돌의 부피는 가로 21 cm, 세로 20 cm, 높이 3 cm인 직육면체의 부피와 같습니다.
⇨ 21 × 20 × 3 = 1260 (cm^3)

답 1260 cm^3

2-1 물이 들어 있는 직육면체 모양의 수조에 돌이 완전히 잠기도록 넣었더니 물의 높이가 5 cm만큼 높아졌습니다. 이 돌의 부피는 몇 cm^3입니까?

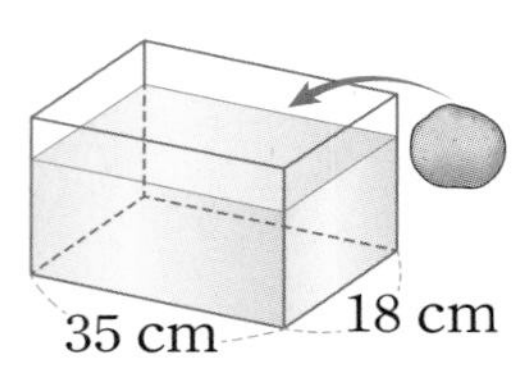

(　　　　　　　　)

2-2 가로 18 cm, 세로 10 cm인 직육면체 모양의 수조에 돌이 완전히 잠기도록 넣었더니 물의 높이가 12 cm만큼 높아졌습니다. 이 돌의 부피는 몇 cm^3입니까?

(　　　　　　　　)

핵심 예제 3

한 개의 부피가 $1\ \text{cm}^3$인 쌓기나무를 다음과 같은 규칙으로 직육면체 모양으로 쌓고 있습니다. 다섯 번째 모양의 부피는 몇 cm^3입니까?

첫 번째

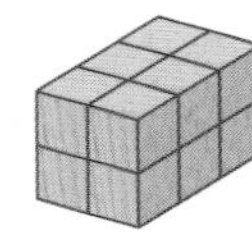
두 번째

세 번째

(   )

전략

직육면체 모양의 가로, 세로, 높이가 어떤 규칙으로 변하는지 규칙을 찾아봅니다.

풀이

직육면체 모양은 쌓기나무가 가로로 2개, 세로로 3개씩 쌓여 있고, 높이는 1층, 2층, 3층, ...으로 한 층씩 늘어납니다.

⇨ (다섯 번째 모양의 부피)$=2\times3\times5=30\ (\text{cm}^3)$

답 $30\ \text{cm}^3$

[3-1 ~ 3-2] 한 개의 부피가 $1\ \text{cm}^3$인 쌓기나무를 다음과 같은 규칙으로 직육면체 모양으로 쌓고 있습니다. 다섯 번째 모양의 부피는 몇 cm^3입니까?

3-1

첫 번째

두 번째

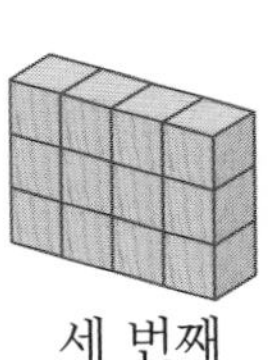
세 번째

(   )

3-2

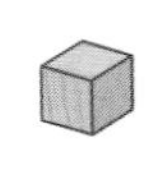
첫 번째

두 번째

세 번째

(   )

핵심 예제 4

다음 직육면체와 부피가 같은 정육면체의 한 모서리의 길이는 몇 cm입니까?

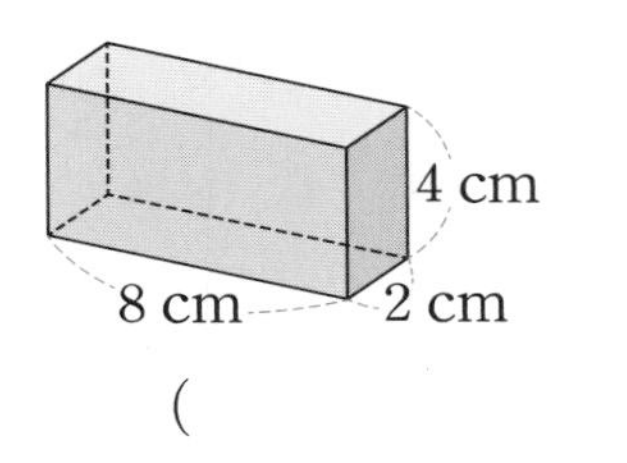

(   )

전략

① 직육면체의 부피를 구합니다.

② 정육면체의 부피 구하는 식을 이용하여 한 모서리의 길이를 구합니다.

풀이

(직육면체의 부피)$=8\times2\times4=64\ (\text{cm}^3)$,

$64=4\times4\times4$이므로 정육면체의 한 모서리의 길이는 4 cm입니다.

답 4 cm

4-1

오른쪽 직육면체와 부피가 같은 정육면체의 한 모서리의 길이는 몇 cm입니까?

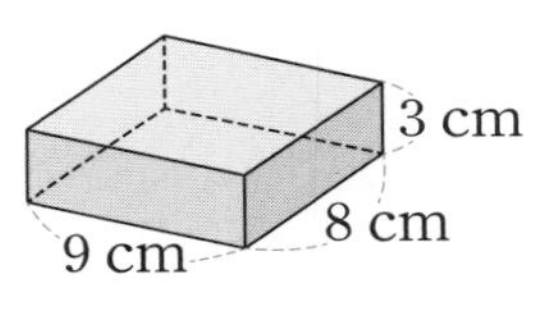

(   )

4-2

오른쪽 직육면체보다 부피가 $35\ \text{cm}^3$ 더 큰 정육면체의 한 모서리의 길이는 몇 cm입니까?

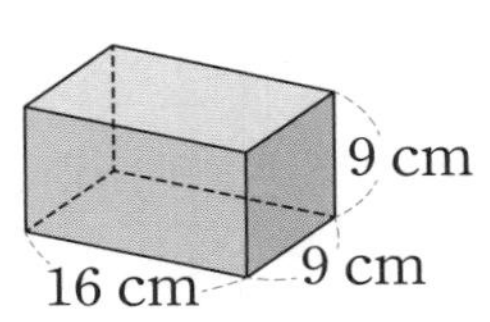

(   )

2주

핵심 예제 5

직육면체를 잘라 만들 수 있는 가장 큰 정육면체의 겉넓이는 몇 cm^2입니까?

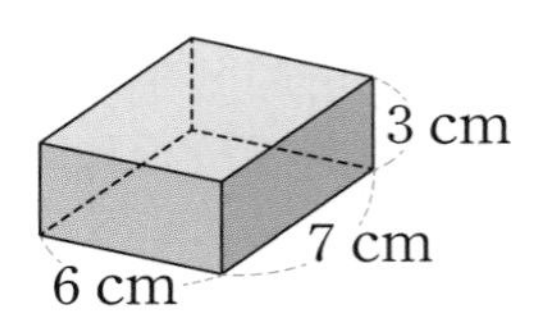

( )

전략

직육면체를 잘라 만들 수 있는 가장 큰 정육면체의 한 모서리의 길이는 직육면체의 가장 짧은 모서리의 길이와 같습니다.

풀이

직육면체를 잘라 만들 수 있는 가장 큰 정육면체의 한 모서리의 길이는 직육면체의 가장 짧은 모서리의 길이인 3 cm입니다.

⇨ (정육면체의 겉넓이)$=3\times3\times6=54$ (cm^2)

답 54 cm^2

[5-1 ~ 5-2] **직육면체를 잘라 만들 수 있는 가장 큰 정육면체의 겉넓이는 몇 cm^2입니까?**

5-1

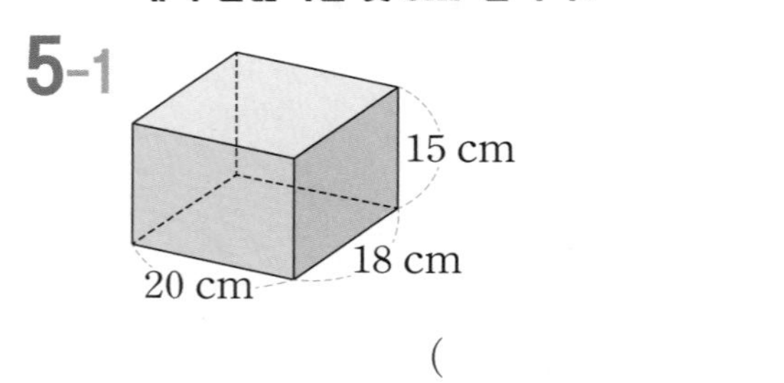

( )

5-2

8 cm
12 cm
16 cm

( )

핵심 예제 6

한 모서리의 길이가 6 cm인 정육면체 2개를 그림과 같이 이어 붙였습니다. 이어 붙인 직육면체의 겉넓이는 몇 cm^2입니까?

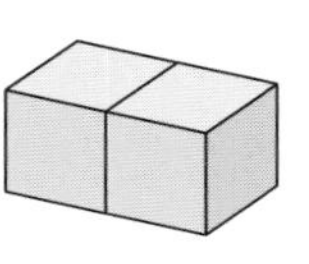

( )

전략

① 정육면체의 한 면의 넓이를 구합니다.

② 이어 붙인 직육면체의 겉넓이는 정육면체의 한 면의 넓이의 몇 배인지 알아봅니다.

풀이

(정육면체의 한 면의 넓이)$=6\times6=36$ (cm^2)

이어 붙인 직육면체의 겉넓이는 정육면체의 한 면의 넓이의 10배입니다.

⇨ (이어 붙인 직육면체의 겉넓이)$=36\times10=360$ (cm^2)

답 360 cm^2

6-1 한 모서리의 길이가 5 cm인 정육면체 3개를 그림과 같이 이어 붙였습니다. 이어 붙인 직육면체의 겉넓이는 몇 cm^2입니까?

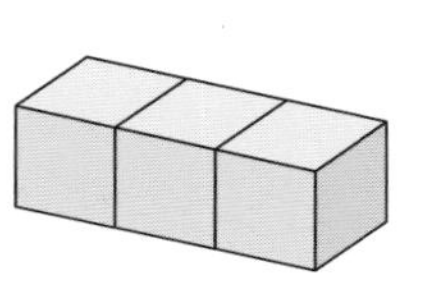

( )

6-2 한 모서리의 길이가 8 cm인 정육면체 4개를 그림과 같이 이어 붙였습니다. 이어 붙인 직육면체의 겉넓이는 몇 cm^2입니까?

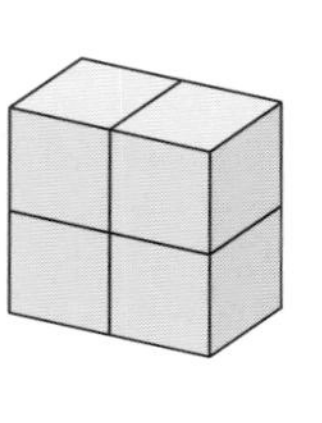

( )

핵심 예제 7

직육면체 2개를 붙여서 만든 입체도형의 부피는 몇 cm^3입니까?

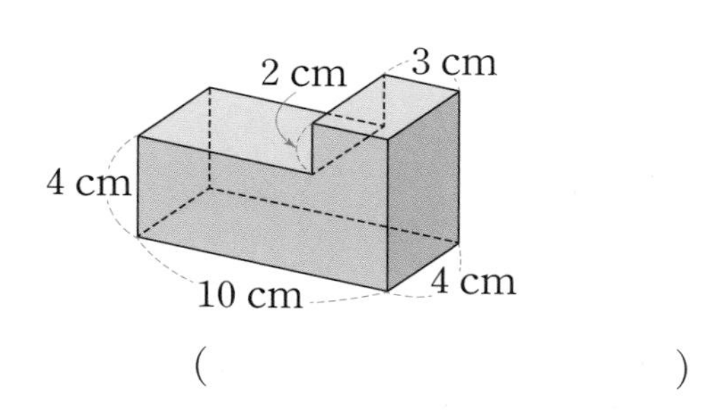

( )

전략

두 직육면체의 부피를 각각 구하여 더합니다.

풀이

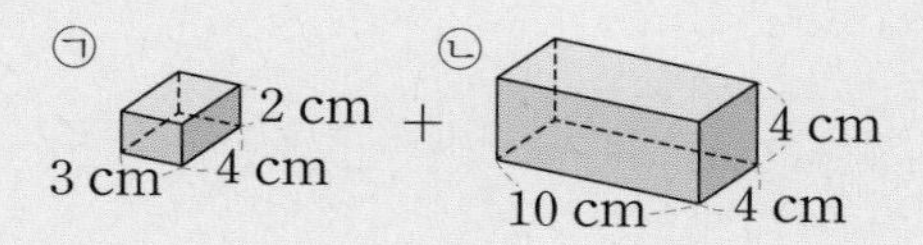

(㉠의 부피)$=3\times4\times2=24\,(cm^3)$

(㉡의 부피)$=10\times4\times4=160\,(cm^3)$

⇨ (입체도형의 부피)$=24+160=184\,(cm^3)$

답 $184\,cm^3$

[7-1 ~ 7-2] 직육면체 2개를 붙여서 만든 입체도형의 부피는 몇 cm^3입니까?

7-1

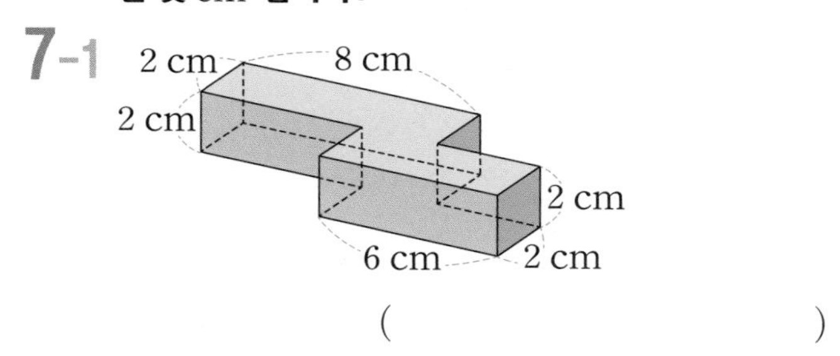

( )

7-2

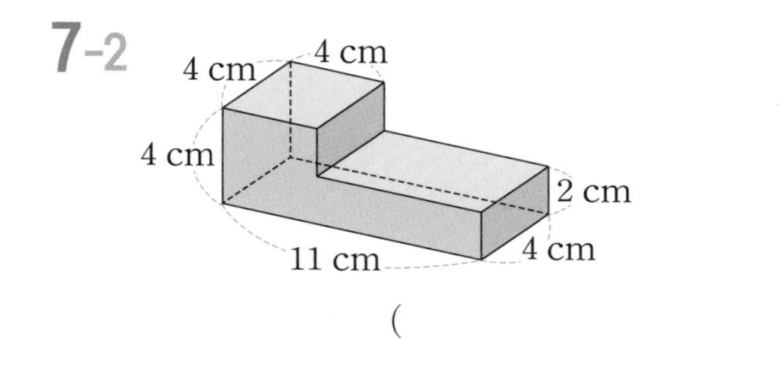

( )

핵심 예제 8

직육면체 2개를 붙여서 만든 입체도형의 겉넓이는 몇 cm^2입니까?

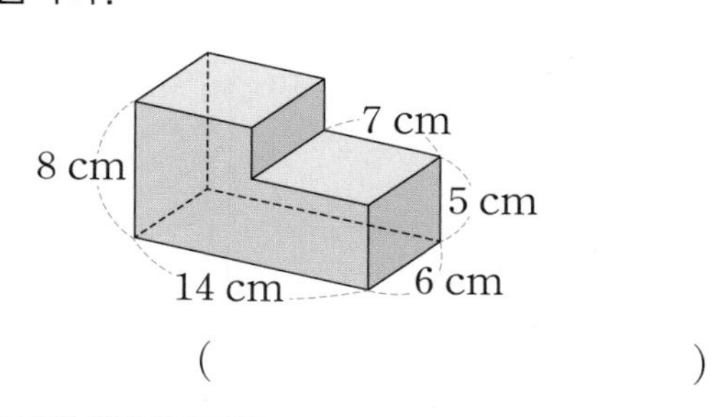

( )

전략

위에서 보이는 면, 옆에서 보이는 면, 앞에서 보이는 면으로 나누어 생각합니다.

풀이

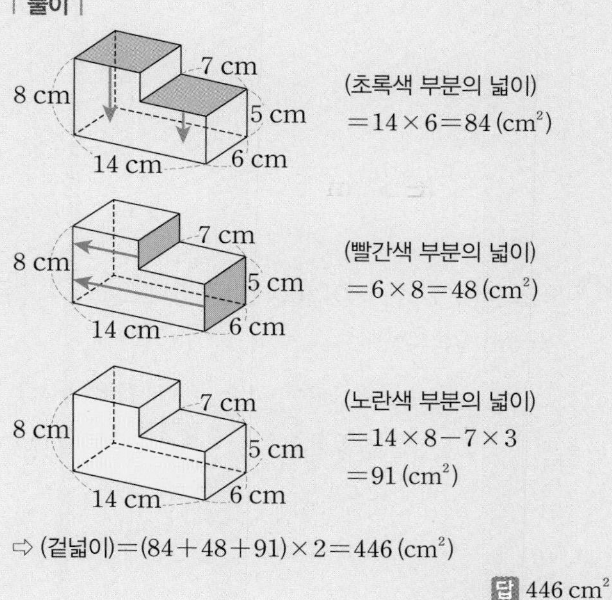

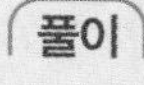

⇨ (겉넓이)$=(84+48+91)\times2=446\,(cm^2)$

답 $446\,cm^2$

8-1 직육면체 2개를 붙여서 만든 입체도형의 겉넓이는 몇 cm^2입니까?

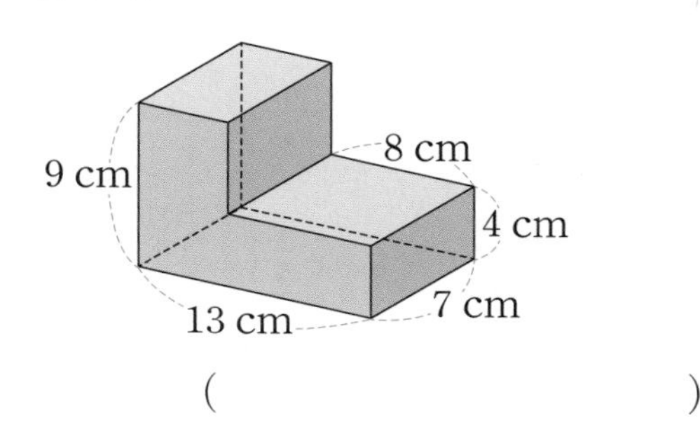

( )

2주

2주 3일 필수 체크 전략 2

직육면체의 부피와 겉넓이

01 다음과 같은 쌓기나무를 가로로 4개씩, 세로로 2개씩 5층으로 쌓아 직육면체를 만들었습니다. 만든 직육면체의 겉넓이는 몇 cm^2입니까?

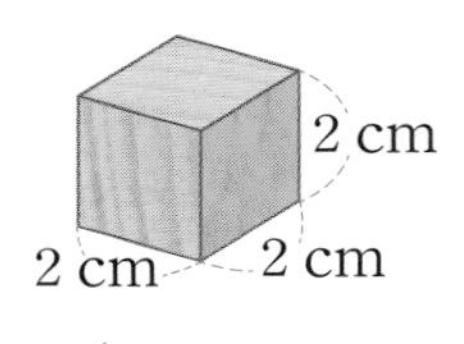

(　　　　　　　　)

Tip ①
만든 직육면체의 가로는 (2×4) cm, 세로는 $(2 \times \square)$ cm, 높이는 $(2 \times \square)$ (cm)입니다.

02 직육면체 3개를 이어 붙여 만든 입체도형의 부피는 몇 cm^3입니까?

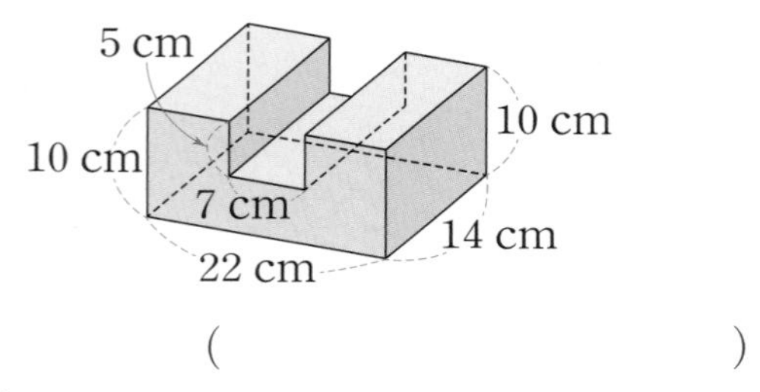

(　　　　　　　　)

Tip ②
비어 있는 부분을 채운 직육면체의 부피에서 채운 직육면체의 $\square$를 뺍니다.

답 Tip ① 2, 5 ② 부피

03 겉넓이가 $486\ cm^2$인 정육면체의 부피는 몇 cm^3입니까?

(　　　　　　　　)

Tip ③
(정육면체의 겉넓이)
=(한 모서리의 길이)×(한 모서리의 길이)×$\square$
(정육면체의 부피)
=(한 모서리의 길이)×(한 모서리의 길이)
×(한 모서리의 $\square$)

04 다음과 같이 돌이 들어 있는 직육면체 모양의 수조에서 돌을 꺼냈더니 물의 높이가 돌이 있을 때 물의 높이의 $\frac{3}{4}$이 되었습니다. 돌의 부피는 몇 cm^3입니까? (단, 수조의 두께는 생각하지 않습니다.)

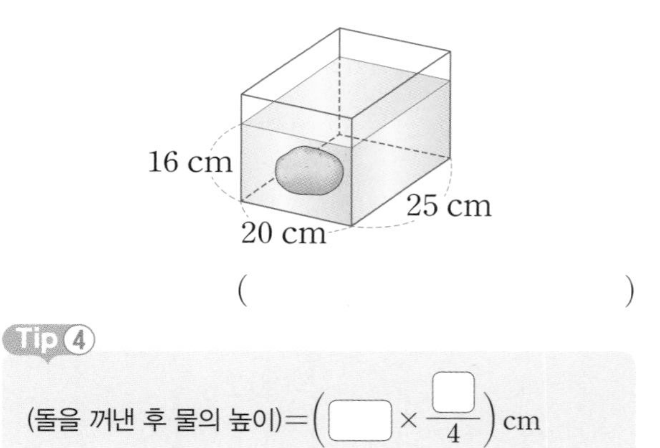

(　　　　　　　　)

Tip ④
(돌을 꺼낸 후 물의 높이)$=\left(\square \times \frac{\square}{4}\right)$ cm

답 Tip ③ 6, 길이 ④ 16, 3

>> 정답과 풀이 37쪽

05 직육면체를 잘라서 만들 수 있는 가장 큰 정육면체의 겉넓이가 864 cm^3입니다. 정육면체를 잘라내고 남은 부분의 부피는 몇 cm^3입니다까?

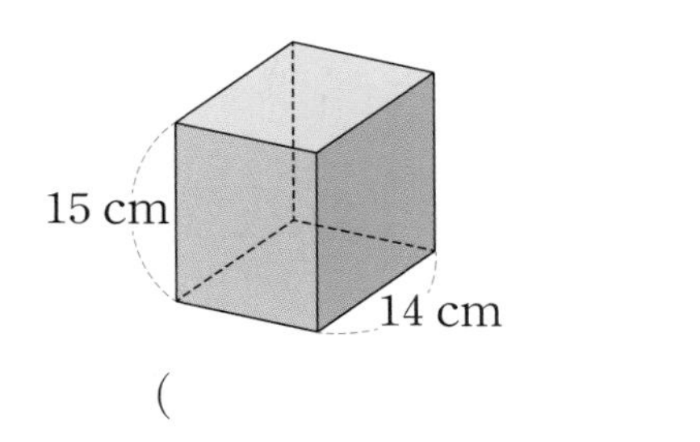

(   )

Tip 5
가장 큰 정육면체의 한 모서리의 길이가 ■ cm일 때,
정육면체의 겉넓이: ■×■×□=□ (cm^2)

06 직육면체 2개를 붙여서 만든 입체도형입니다. 입체도형의 겉넓이는 몇 cm^2입니까?

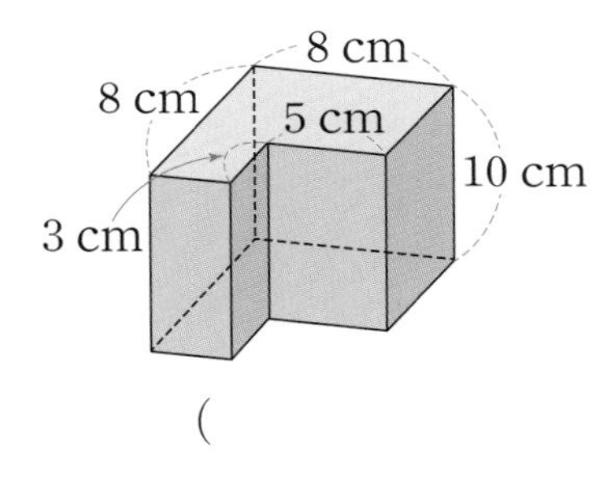

(   )

Tip 6
앞에서 보았을 때 보이는 면은 가로 8 cm, 세로 □ cm인 직사각형 모양이고, 옆에서 보았을 때 보이는 면은 가로 8 cm, 세로 □ cm인 직사각형 모양입니다.

답 Tip ⑤ 6, 864 ⑥ 10, 10

07 한 모서리의 길이가 3 cm인 정육면체 8개를 이어 붙여 큰 정육면체를 만들었습니다. 이어 붙인 정육면체의 겉넓이는 몇 cm^2입니까?

(   )

Tip 7
정육면체 8개로 큰 정육면체를 만들려면 가로 2개, 세로 □개, 높이 □개인 정육면체를 만들어야 합니다.

08 미진이와 영진이는 똑같은 직육면체를 그림과 같이 반으로 잘랐습니다. 잘린 직육면체 1개의 겉넓이의 차는 몇 cm^2입니까?

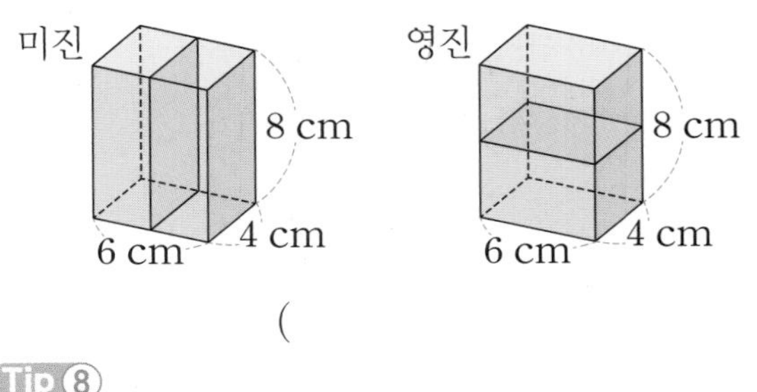

(   )

Tip 8
• 미진이가 자른 직육면체 1개의 모양:
가로 3 cm, 세로 4 cm, 높이 □ cm
• 영진이가 자른 직육면체 1개의 모양:
가로 6 cm, 세로 4cm, 높이 □ cm

답 Tip ⑦ 2, 2 ⑧ 8, 4

2주

맞힌 개수 / 개

01 정육면체의 부피는 몇 m^3입니까?

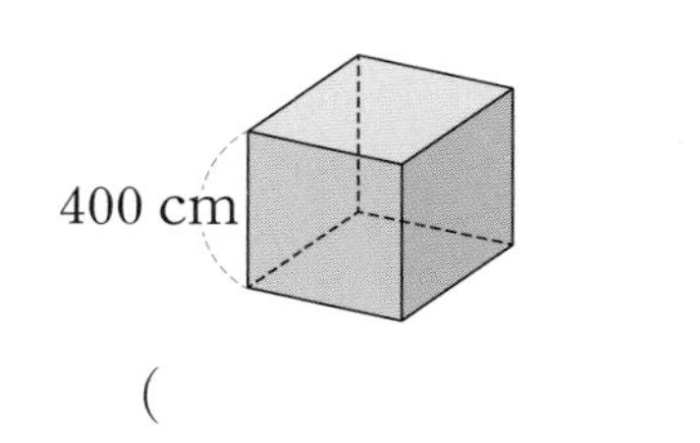

(　　　　　　　　　　)

02 선미, 아현이는 크기가 같은 쌓기나무를 쌓아 다음과 같은 직육면체 모양을 만들었습니다. 부피가 더 큰 직육면체를 만든 사람은 누구입니까?

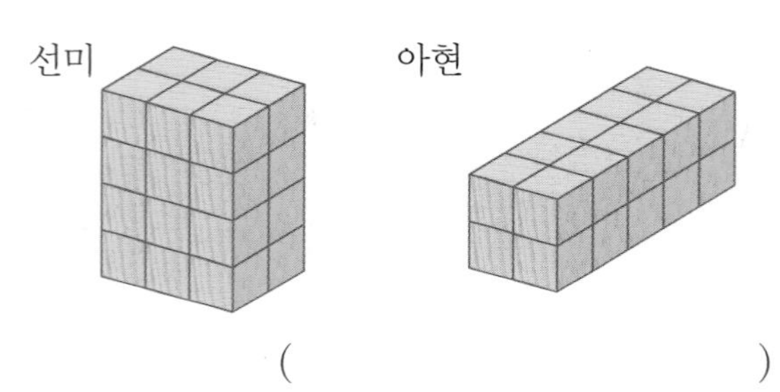

(　　　　　　　　　　)

03 한 면의 넓이가 $25\ cm^2$인 정육면체의 부피는 몇 cm^3입니까?

(　　　　　　　　　　)

04 가와 나 중 겉넓이가 더 넓은 것은 어느 것입니까?

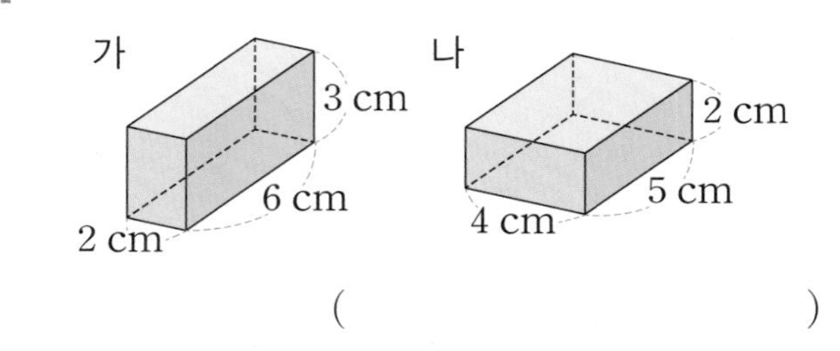

(　　　　　　　　　　)

05 전개도를 접어서 만들 수 있는 직육면체의 겉넓이는 몇 cm^2입니까?

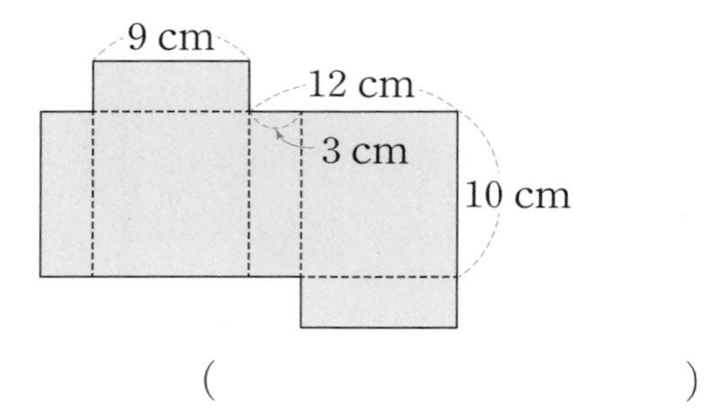

(　　　　　　　　　　)

06 수조에 돌이 완전히 잠기도록 넣었더니 물의 높이가 9 cm가 되었습니다. 수조에 넣은 돌의 부피는 몇 cm^3입니까?

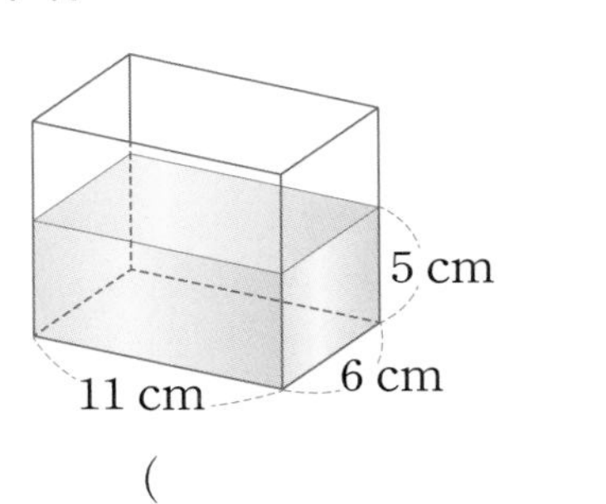

( )

07 직육면체와 정육면체의 부피가 같을 때, 정육면체의 한 모서리의 길이는 몇 cm입니까?

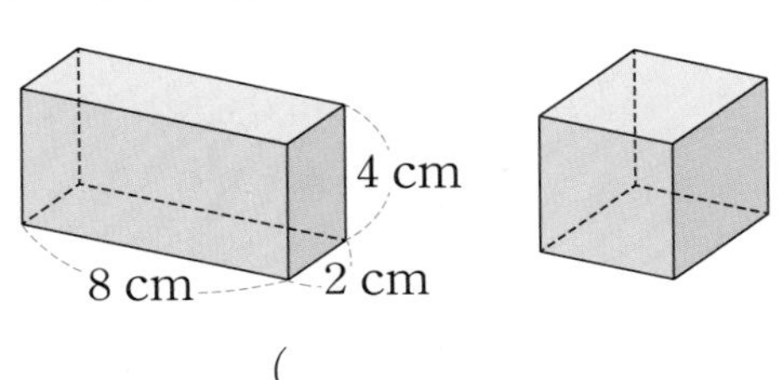

( )

08 오른쪽과 같이 정육면체 모양의 쌓기나무 3개를 쌓았습니다. 가운데 쌓기나무의 보이는 면의 넓이의 합이 144 cm^2라면 쌓기나무 1개의 겉넓이는 몇 cm^2입니까?

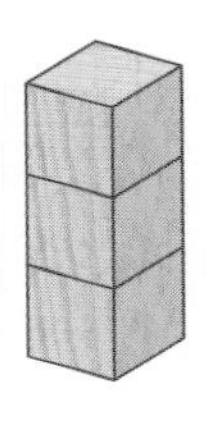

( )

09 한 모서리의 길이가 5 cm인 정육면체의 각 모서리의 길이를 2배로 늘인 정육면체는 겉넓이가 몇 cm^2입니까?

( )

10 오른쪽 정육면체의 겉넓이가 150 cm^2일 때, 정육면체의 부피는 몇 cm^3입니까?

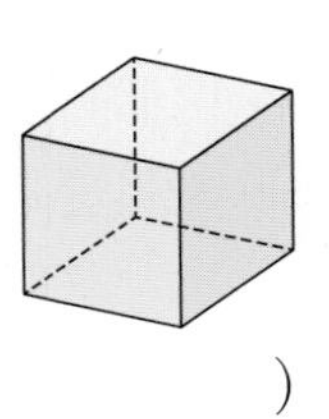

( )

01 직육면체 모양 상자를 위, 앞, 옆에서 본 모양입니다. 겨냥도를 그려 보고, 겉넓이는 몇 cm^2인지 구하시오.

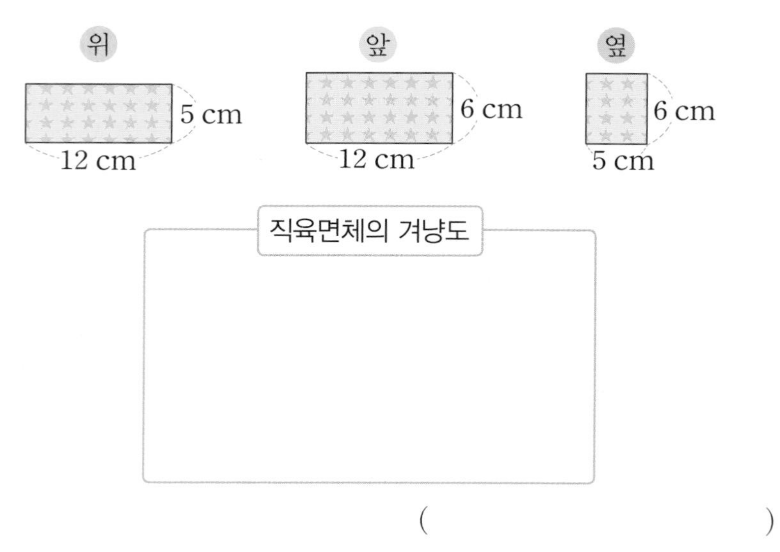

(　　　　　　　　　　)

Tip ①

위에서 본 모양과 밑면의 모양은 같습니다. 따라서 직육면체의 가로는 12 cm, 세로는 □ cm, 높이는 □ cm입니다.

입체도형의 보이지 않는 부분을 잘 알아보기 위해 점선과 실선으로 그린 그림을 겨냥도라고 합니다.

02 직육면체 모양의 떡을 다음과 같이 크게 만들었습니다. 크게 만든 떡의 부피는 처음 부피의 몇 배인지 □ 안에 알맞은 수를 써넣으시오.

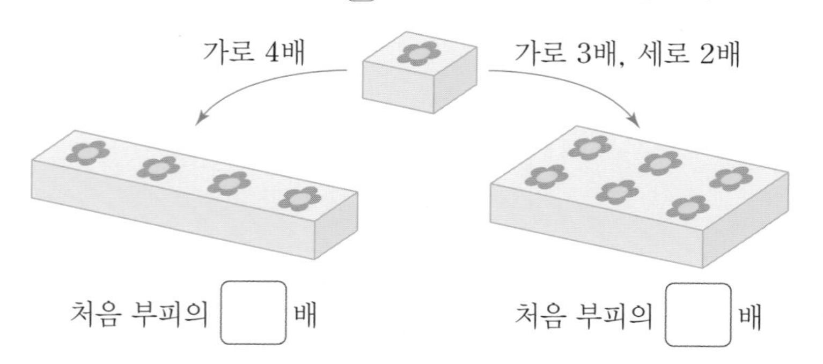

처음 부피의 □배　　　처음 부피의 □배

Tip ②

(직육면체의 부피)
=(가로)×(세로)×(높이)
=■×▲×●라 하면
가로를 4배 하여 가로가 (■×□)가 되었을 때의 직육면체의 부피는 (■×□×▲×●)가 됩니다.

답 Tip ① 5, 6 ② 4, 4

» 정답과 풀이 38쪽

03 오른쪽 직육면체 모양을 다음과 같이 직육면체 모양 조각으로 잘랐을 때 늘어나는 겉넓이를 보기 와 같이 식으로 나타내시오.

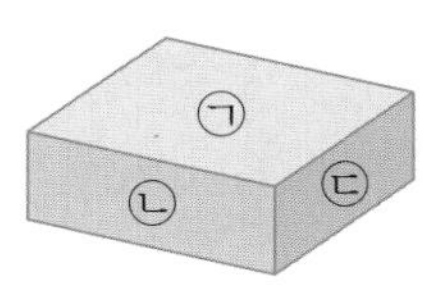

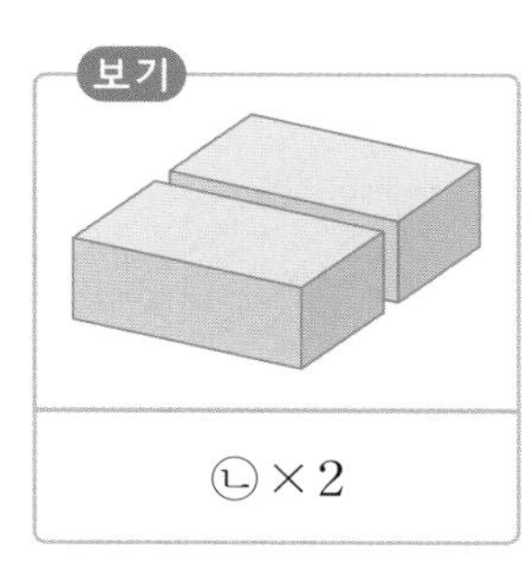

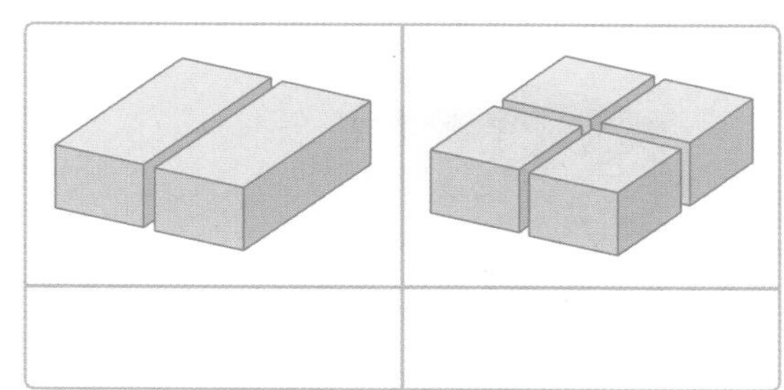

Tip ③
보기 와 같이 직육면체를 가로로 1번 잘랐을 때 늘어나는 겉넓이는 면 ㉡이 ☐ 개만큼 늘어납니다.

직육면체를 1번 자르면 면이 2개 더 생깁니다.

04 직육면체의 겉넓이를 서로 다른 2가지 방법으로 구하세요.

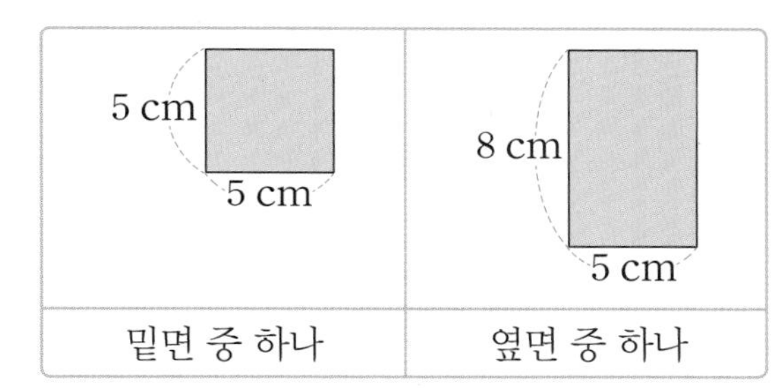

방법 1 ______________________

방법 2 ______________________

Tip ④
밑면의 모양을 보면 직육면체의 가로, ☐의 길이를 알 수 있고, 옆면을 보면 ☐를 알 수 있습니다.

답 Tip ③ 2 ④ 세로, 높이

2주

05 도움말을 읽고, 각기둥의 부피는 몇 cm^3인지 구하시오.

도움말

다음은 똑같은 각기둥 모양의 빵 2개를 합쳐서 직육면체 모양을 만든 것입니다. 이때 각기둥 하나의 부피는 직육면체 부피의 반과 같습니다.

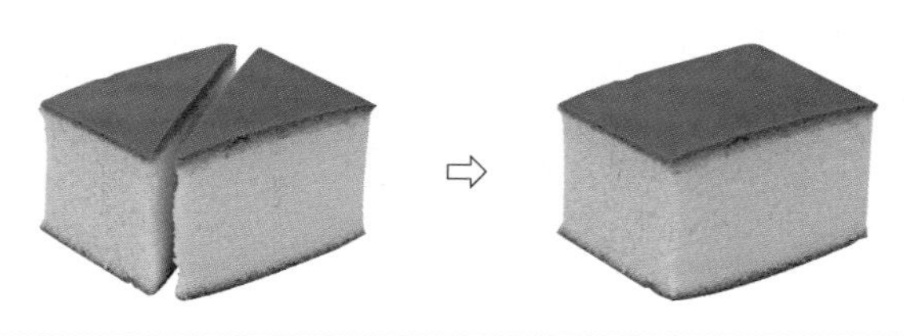

❶ 5 cm, 12 cm, 9 cm

(　　　　　　　　　　　　)

❷ 7 cm, 4 cm, 12 cm, 9 cm

(　　　　　　　　　　　　)

Tip ⑤

각기둥 2개를 붙여서 만든 직육면체의 가로, 세로, 높이를 알아봅니다.

❶의 경우 가로 9 cm, 세로 5 cm, 높이 ☐ cm인 직육면체의 부피의 반입니다.

❷의 경우 가로 ☐ cm, 세로 7 cm, 높이 9 cm인 직육면체의 부피의 반입니다.

두 각이 직각인 사다리꼴 2개를 이어 붙여 직사각형 모양을 만들 수 있습니다.

답 Tip ⑤ 12, 16

>> 정답과 풀이 38쪽

06 세 조건을 모두 만족하는 직육면체의 부피는 몇 cm^3입니까?

- 직육면체의 가로는 세로보다 5 cm 더 깁니다.
- 직육면체의 높이는 세로보다 3 cm 더 깁니다.
- 직육면체의 모든 모서리의 길이의 합은 92 cm입니다.

( )

Tip ⑥
직육면체의 세로를 ● cm라 하면 가로는 (●+□) cm, 높이는 (●+□) cm입니다.

07 정육면체 모양의 쌓기나무 6개를 직육면체 모양으로 쌓는 방법은 2가지입니다. 한 모서리의 길이가 1 cm인 정육면체로 만들 수 있는 직육면체 모양 2가지를 그리고, 각 모양의 겉넓이를 구하시오. (단, 돌리거나 뒤집었을 때 같은 모양은 하나로 생각합니다.)

겉넓이 □ cm^2	겉넓이 □ cm^2

Tip ⑦
쌓기나무 6개로 직육면체를 만들려면 가로 1칸, 세로 □칸으로 만들 수도 있고, 가로 2칸, 세로 □칸으로 만들 수도 있습니다.

6＝1×6, 6＝2×3을 이용하여 쌓기나무를 어떻게 쌓아야 할지 생각해 봅니다.

2주

답 Tip ⑥ 5, 3 ⑦ 6, 3

1,2주 마무리 전략

핵심 한눈에 보기

빵 재료의 비율
설탕 (30 %)
밀가루 (50 %)
우유 (20 %)
원그래프는 비율그래프니깐 비율을 쉽게 비교할 수 있어.
이 빵에 들어가는 밀가루, 우유, 설탕의 비율을 나타낸 원그래프가 벽에 붙어 있어요.
이 밀가루 통의 겉넓이는 얼마나 될까?
가로, 세로, 높이를 잰 다음에 여섯 면의 넓이의 합을 구해요.
밀가루 통의 부피는 가로, 세로, 높이를 모두 곱하면 돼.
밀가루

신유형·신경향·서술형 전략

비와 비율, 여러 가지 그래프, 직육면체의 부피와 겉넓이

01 다음은 우리나라 1960년과 1970년의 인구를 나타낸 그래프입니다. 1960년의 인구에 대한 1970년의 인구를 백분율로 나타내시오.

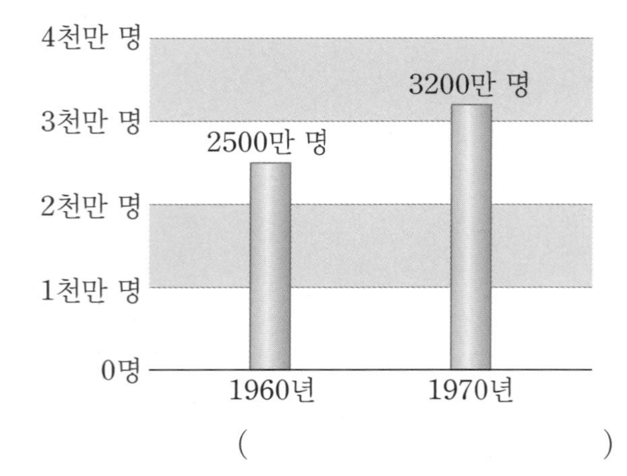

(　　　　　　　　　　)

Tip ①

(1960년의 인구에 대한 1970년의 인구의 비율)

$=\dfrac{(19\square0\text{년의 인구})}{(19\square0\text{년의 인구})}$

02 어떤 과자 100 g에 들어 있는 주요 영양 성분을 나타낸 표입니다. 이 과자를 40 g 먹으면 탄수화물을 몇 g 먹는 것입니까?

주요 영양 성분

영양성분		양(g)
탄수화물		67 g
단백질		11 g
지방 (전체 16 g)	불포화지방	2 g
	포화지방	14 g
	트랜스지방	0 g

(　　　　　　　　　　)

Tip ②

(과자 100 g에 대한 탄수화물 양의 비율)$=\dfrac{\square}{100}$

⇨ 이 비율에 맞게 40 g에 들어 있는 탄수화물 양을 구합니다.

답 Tip ① (위에서부터) 7, 6

답 Tip ② 67

>> 정답과 풀이 40쪽

03 다음은 세율 적용 방법을 나타낸 것입니다. 소득이 5000만 원이라면, 내야 할 세금은 얼마입니까?

세율 적용 방법: (소득)×(세율)−(누진공제액)

예 소득이 2000만 원일 때 내야 할 세금
소득이 1200만 원 초과 4600만 원 이하에 해당하므로 세율은 15 %이고 누진공제액은 108만 원입니다.
⇨ (내야 할 세금)=2000만×0.15−108만
=192만 (원)

소득	세율(%)	누진공제액
1200만 원 이하	6	없음
1200만 원 초과 4600만 원 이하	15	108만 원
4600만 원 초과 8800만 원 이하	24	522만 원
8800만 원 초과	35	1490만 원

(   )

Tip ③
소득 5000만 원은 4600만 원 초과 8000만 원 이하에 해당하므로 세율은 □ %, 누진공제액은 □만 원입니다.

답 Tip ③ 24, 522

04 다음은 A, B 두 기업의 1년 전 주식 가격과 현재 주식 가격입니다. 1년 전 가격에 대한 A 기업의 주가 상승률과 B 기업의 주가 하락률은 각각 몇 %인지 구하시오.

기업	1년 전 가격	현재 가격
A	28000원	35000원
B	50000원	40000원

- 주가: 주식 가격
- 주가 상승률: 기준 가격에 대한 상승한 금액의 비율
- 주가 하락률: 기준 가격에 대한 하락한 금액의 비율

A 기업 (   )
B 기업 (   )

Tip ④
$(\text{A 기업의 주가 상승률})=\frac{(35000-\square)}{(\text{1년 전 가격})}$

$(\text{B 기업의 주가 하락률})=\frac{(50000-\square)}{(\text{1년 전 가격})}$

답 Tip ④ 28000, 40000

05 학령 인구는 초등학교부터 대학교까지의 취학 연령인 6세부터 21세까지의 인구를 의미합니다. 학령 인구를 나타낸 그래프를 보고 알 수 있는 점을 쓰세요.

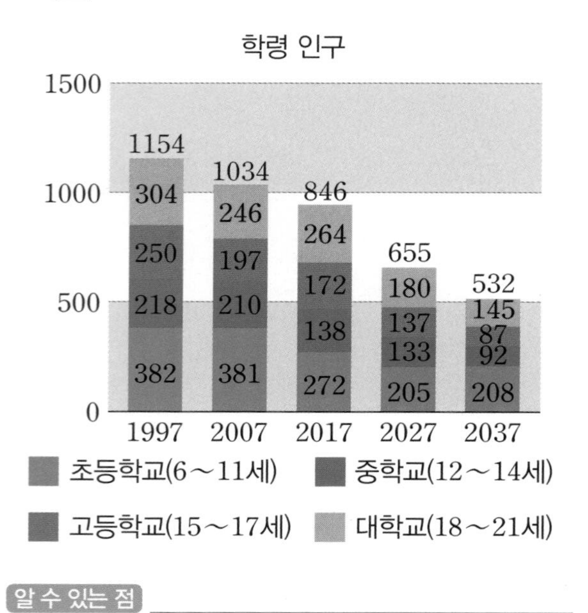

알 수 있는 점 ______________________

Tip 5
색깔별로 길이가 늘어나는지, ☐어드는지 살펴봅니다.

답 Tip 5 줄

06 수진이네 반 학생 20명의 혈액형을 조사하여 나타낸 원그래프입니다. 화살표 방향으로 수혈이 가능하다고 할 때, 수진이네 반 학생 중에서 B형에게 수혈을 할 수 있는 학생은 몇 명입니까?

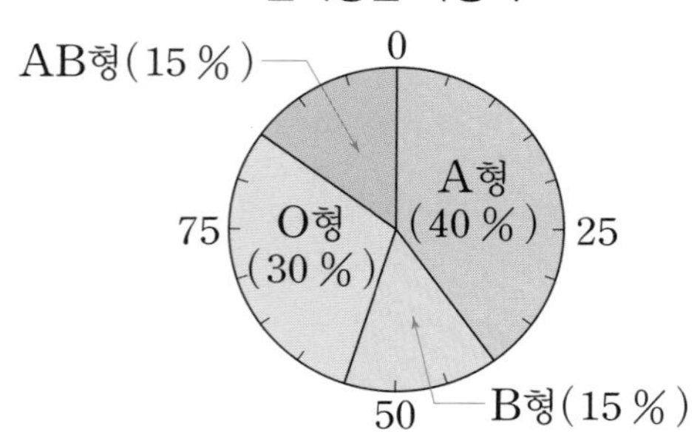

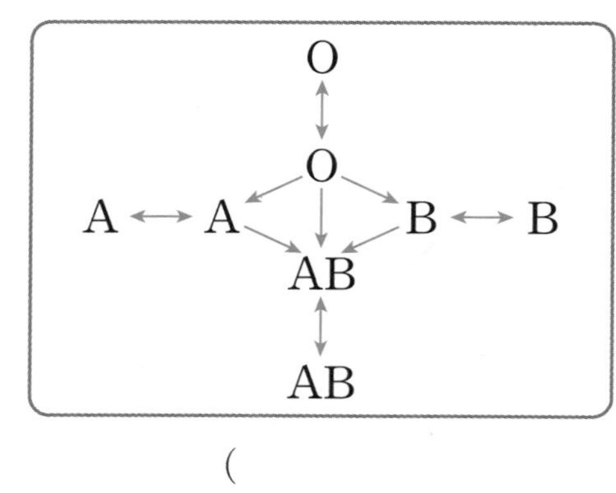

( )

Tip 6
B형에게 수혈할 수 있는 혈액형은 B형과 ☐형입니다.
수진이네 반 학생 중 B형은 ☐ %, O형은 ☐ %입니다.

답 Tip 6 O, 15, 30

07 직육면체 모양의 상자를 위, 앞, 옆에서 본 모양입니다. 이 직육면체의 겉넓이와 부피를 각각 구하시오.

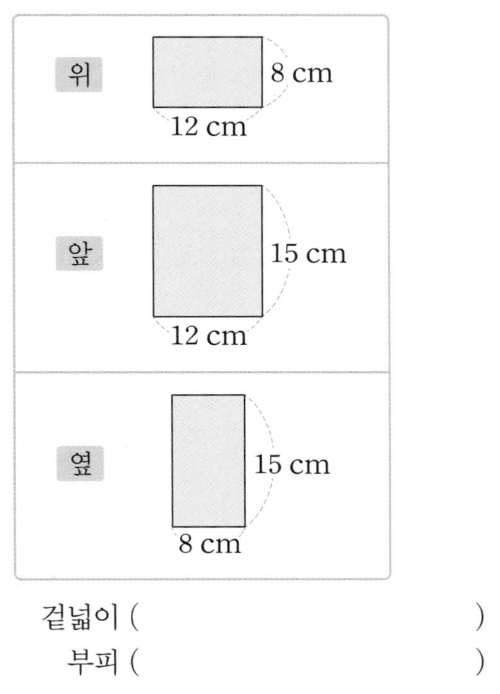

겉넓이 (　　　　　　　　)

부피 (　　　　　　　　)

Tip ⑦
주어진 면과 마주 보는 면이 1개씩 더 있으므로
(직육면체의 겉넓이)=(주어진 세 면의 넓이의 합)× ☐
입니다.

08 직육면체 모양의 수조에 물을 가득 채운 후 그림과 같이 모서리 ㄱㄴ을 바닥에 댄 채로 기울여서 물을 따랐습니다. 수조에 남아 있는 물의 부피는 몇 m^3 입니까?

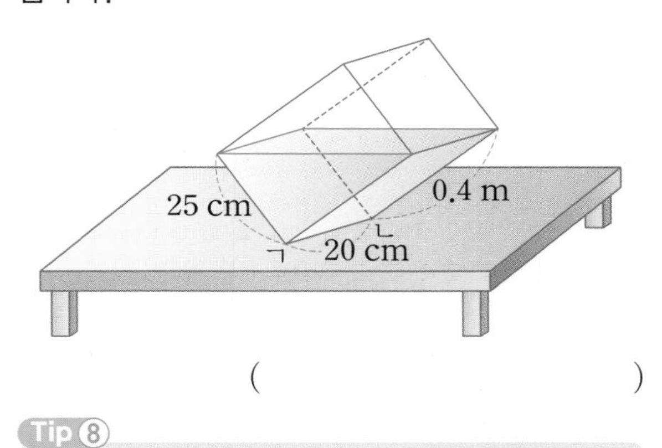

(　　　　　　　　)

Tip ⑧
cm와 m가 섞여 있으므로 단위를 같게 바꾸어 계산합니다.
(수조에 남아 있는 물의 부피)
=(직육면체의 부피)÷ ☐

답 Tip ⑦ 2

답 Tip ⑧ 2

고난도 해결 전략 1회

01 연호네 학교 씨름부가 출전한 경기의 결과가 다음과 같습니다. 연호네 학교 씨름부의 전체 경기 수에 대한 이긴 경기 수의 비율을 소수로 나타내시오.

전체 경기 수: 75경기
이긴 경기 수: 48경기

(　　　　　　　　　　)

02 직육면체의 꼭짓점 수에 대한 모서리 수의 비율을 소수로 나타내시오.

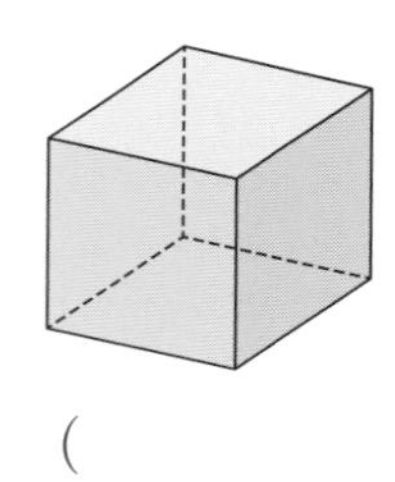

(　　　　　　　　　　)

03 수민이의 몸무게는 $42\,\mathrm{kg}$이고, 수민이 아버지의 몸무게는 수민이의 몸무게의 2배보다 $5\,\mathrm{kg}$ 적습니다. 수민이의 몸무게에 대한 수민이 아버지 몸무게의 비를 쓰시오.

(　　　　　　　　　　)

04 할인율은 원래 가격에 대한 할인 금액의 비율입니다. 표를 보고, 어느 과일의 할인율이 더 높은지 구하시오.

과일	사과	배
원래 가격(원)	1200	2000
판매 가격(원)	840	1600

(　　　　　　　　　　)

[05~06] 진우네 반 학생 20명이 태어난 계절을 조사하여 나타낸 원그래프입니다. 원그래프에서 각도의 합은 360°입니다. 물음에 답하시오.

학생들이 태어난 계절

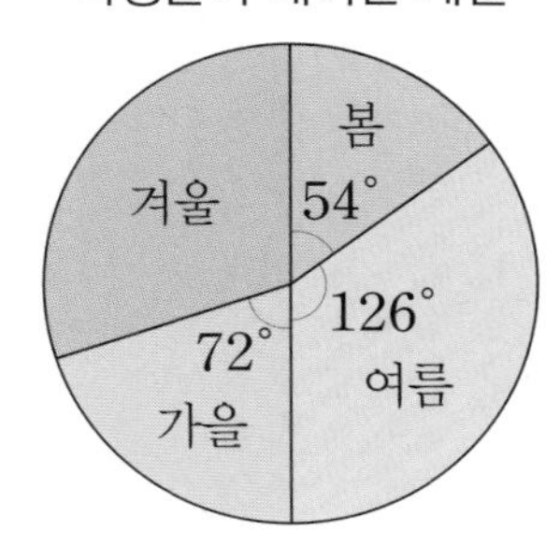

05 겨울에 태어난 학생의 비율은 전체의 몇 %입니까?

( )

06 겨울에 태어난 학생은 몇 명입니까?

( )

07 미진이는 어머니와 함께 마트에서 장을 본 후 카트에 담은 물건 금액의 비율을 띠그래프로 나타내었습니다. 카트에 담은 물건의 총 금액이 12만 원이고, 고기와 과일의 금액은 비율이 같다고 합니다. 고기를 산 금액은 얼마입니까?

카트에 담은 물건 금액

과자(10 %)	생필품 (30 %)	빵(10 %)	고기	과일

( )

08 어떤 가구점에서 의자를 한 개당 5만 원에 팔고 있습니다. 의자 한 개당 판매 이익은 판매 가격의 12 %입니다. 의자를 8개 팔았을 때 생기는 판매 이익금은 얼마입니까?

(　　　　　　　　　　　　)

09 어느 자동차의 시간에 따라 움직인 거리를 나타낸 그래프입니다. 걸린 시간에 대한 간 거리의 비율이 일정할 때, 1시간 동안 간 거리는 몇 km입니까?

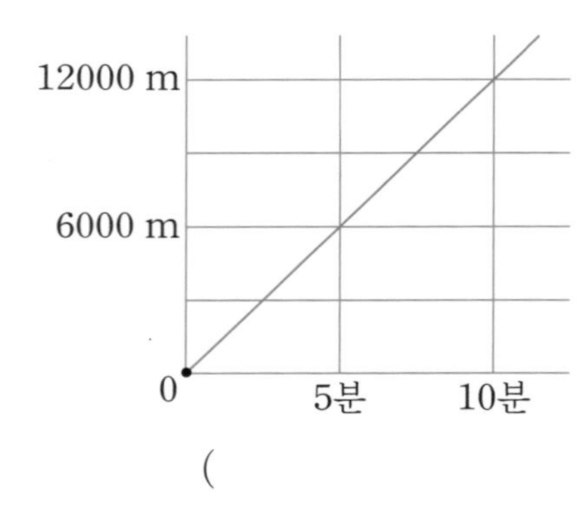

(　　　　　　　　　　　　)

10 진하기가 15 %인 설탕물 300 g과 진하기가 21 %인 설탕물 200 g을 섞었습니다. 새로 만든 설탕물의 진하기는 몇 %입니까?

(　　　　　　　　　　　　)

11 지역별 초등학생 수를 조사하여 나타낸 그림그래프입니다. 네 지역의 평균 초등학생 수가 21만 명일 때, 그림그래프를 완성하시오.

지역별 초등학생 수

12 어느 과일에 들어 있는 영양소를 나타낸 원그래프입니다. 탄수화물이 단백질의 4배일 때, 이 과일 500 g에 들어 있는 탄수화물은 몇 g인지 구하시오.

과일에 들어 있는 영양소

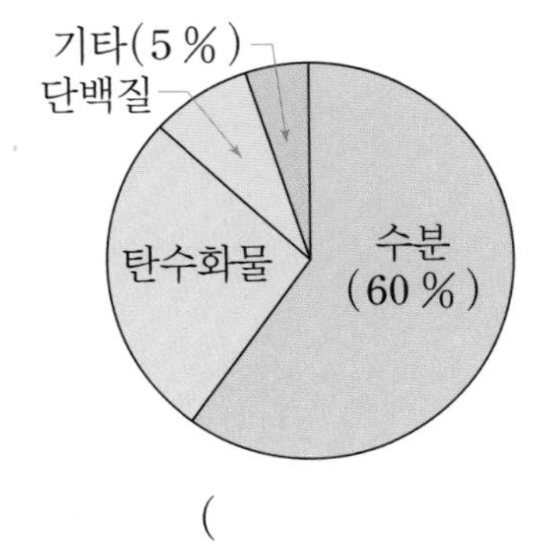

( )

[13~14] 재희네 학교 6학년 학생들이 좋아하는 과목을 조사하였더니 국어를 좋아하는 학생 수는 과학을 좋아하는 학생 수의 9배입니다. 물음에 답하시오.

13 표를 완성하시오.

학생들이 좋아하는 과목

과목	국어	수학	사회	과학	합계
학생 수(명)		40	60		200
백분율(%)					

14 위 표를 보고 전체 길이가 12 cm인 띠그래프를 나타내었을 때 각 항목의 길이는 각각 몇 cm입니까?

국어 ( )
수학 ( )
사회 ( )
과학 ( )

고난도 해결 전략 2회

01 어느 정육면체의 한 면을 나타낸 것입니다. 이 정육면체의 부피는 몇 cm^3입니까?

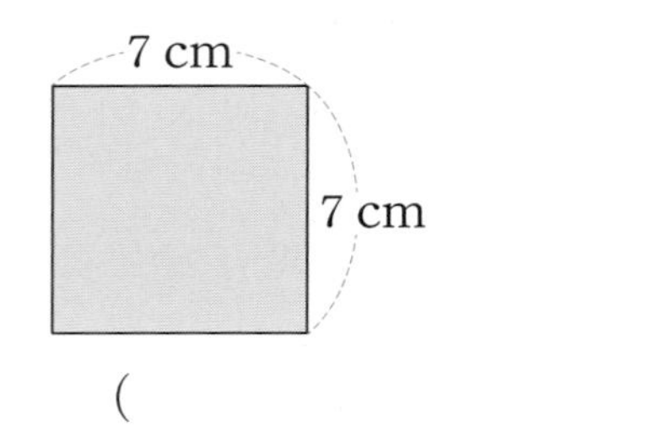

(　　　　　　　　　　)

02 정육면체에서 색칠한 면의 둘레는 32 cm입니다. 이 정육면체의 겉넓이는 몇 cm^2입니까?

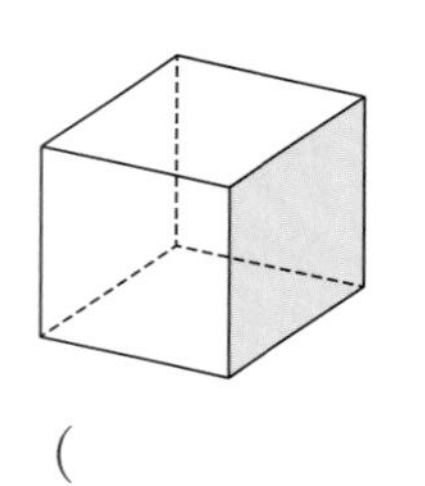

(　　　　　　　　　　)

03 직육면체와 정육면체의 부피는 같습니다. 정육면체의 한 모서리의 길이는 몇 cm입니까?

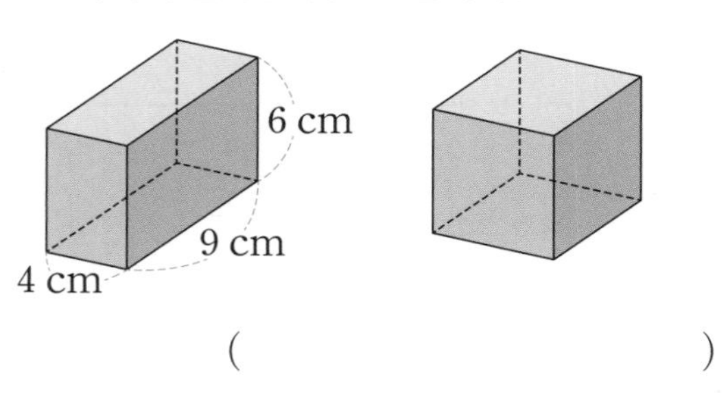

(　　　　　　　　　　)

04 가로는 3 m, 높이는 4 m인 직육면체의 부피가 42000000 cm^3입니다. 이 직육면체의 세로는 몇 cm입니까?

(　　　　　　　　　　)

05 다음은 어떤 직육면체를 앞과 옆에서 본 모양입니다. 이 직육면체의 겉넓이는 몇 cm^2입니까?

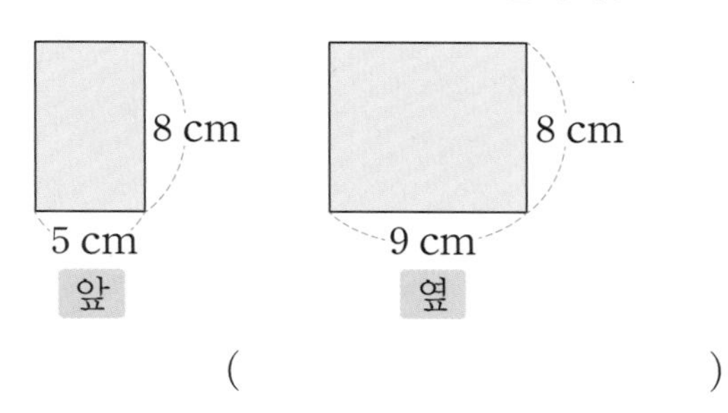

( )

06 전개도를 접어서 만든 직육면체의 겉넓이가 $202\ cm^2$일 때, □ 안에 알맞은 수를 구하시오.

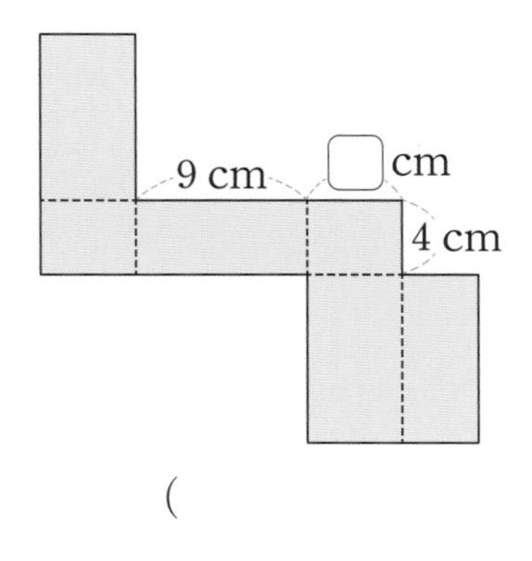

( )

07 직육면체 모양의 윗면의 가운데에 한 변의 길이가 9 cm인 정사각형 모양의 구멍을 뚫어 만든 입체도형입니다. 입체도형의 부피는 몇 cm^3입니까? (단, 구멍은 반대쪽 바닥면을 통과하도록 뚫었습니다.)

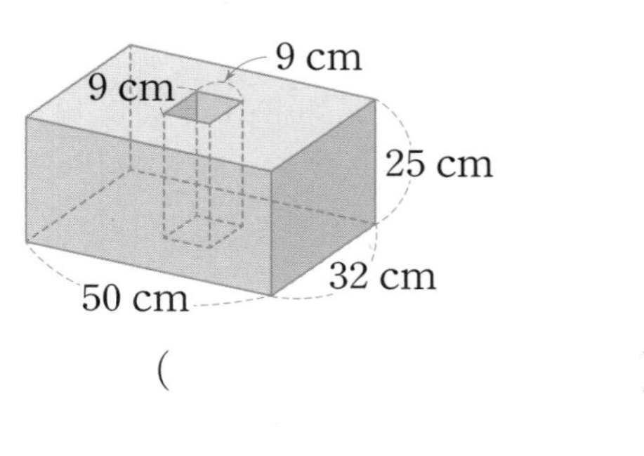

( )

큰 직육면체의 부피에서 뚫린 직육면체의 부피를 빼면 됩니다.

08 어떤 정육면체의 각 모서리의 길이를 3배로 늘인 정육면체의 겉넓이가 2646 cm^2라고 합니다. 처음 정육면체의 겉넓이는 몇 cm^2입니까?

( )

09 직육면체의 겉넓이는 166 cm^2입니다. □ 안에 알맞은 수를 구하시오.

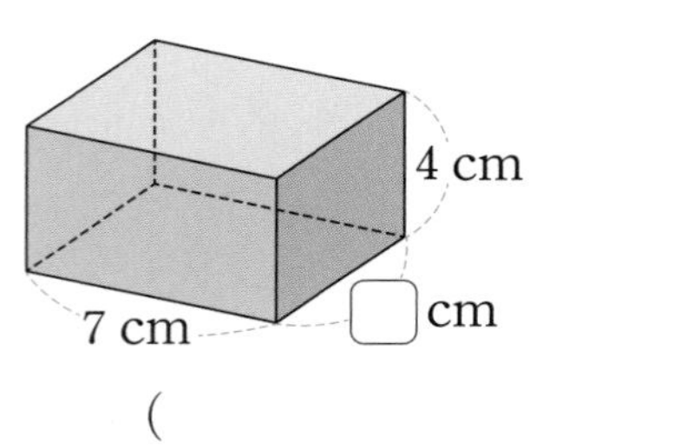

( )

10 밑면의 둘레가 48 cm, 높이가 7 cm인 직육면체가 있습니다. 밑면의 세로가 가로의 3배라고 할 때, 이 직육면체의 부피는 몇 cm^3입니까?

( )

11 그림과 같이 물이 담겨 있는 직육면체 모양의 수조에 돌을 완전히 잠기도록 넣었더니 물의 높이가 다음과 같이 높아졌습니다. 돌의 부피는 몇 cm^3입니까?

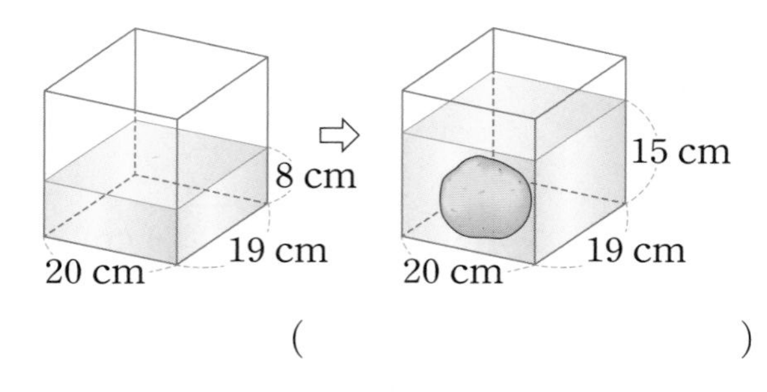

( )

12 직육면체 2개를 붙여서 만든 입체도형입니다. 입체도형의 겉넓이는 몇 cm^2입니까?

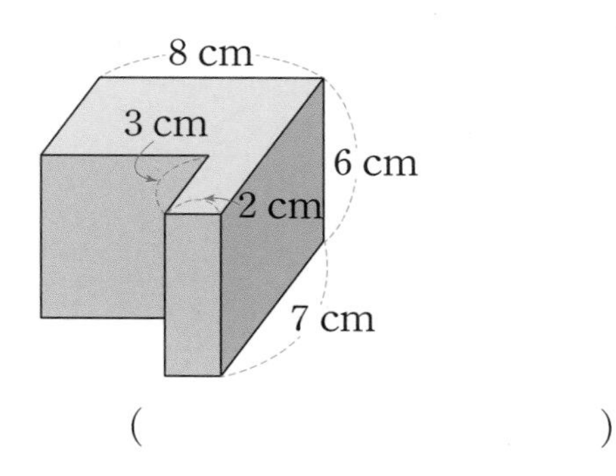

( )

13 쌓기나무 1개의 부피가 $64\ cm^3$인 정육면체 모양의 쌓기나무를 규칙에 따라 쌓은 것입니다. 일곱 번째 모양의 겉넓이를 구하시오.

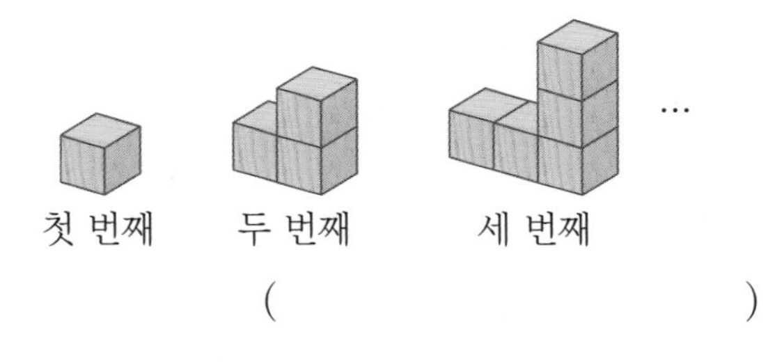

( )

14 정육면체 모양의 쌓기나무 27개를 쌓아서 다음과 같은 큰 정육면체 하나를 만들었더니 쌓기나무 27개의 겉넓이의 합보다 $972\ cm^2$ 줄어들었습니다. 쌓기나무 1개의 겉넓이는 몇 cm^2입니까?

( )

memo

정답과 풀이

BOOK1

1주 2~10쪽
2주 10~17쪽
마무리 전략 17~21쪽

일등 전략 6-1

정답과 풀이

개념 돌파 전략 1 | 확인 문제 8~11쪽

01 (1) $\frac{1}{7}$ (2) $\frac{2}{11}$

02 (1) $\frac{1}{16}$ (2) $\frac{7}{48}$

03 $\frac{17}{18}$

04 $<$

05 0.75

06 2.06

07 (1) 1.2 (2) 2.5

08 2.11 (2) 21.1

09 $4\frac{4}{5}\div4=\frac{24}{5}\div4=\frac{24}{5}\times\frac{1}{4}=\frac{6}{5}=1\frac{1}{5}$

10 $\frac{1}{10}$

11 (1) $\frac{4}{7}$ cm (2) $\frac{4}{11}$ cm

12 (○)( )( )

13 1.63 cm

14 $7\frac{1}{2}$ cm^2

02 (1) $\frac{3}{8}\div6=\frac{\overset{1}{\cancel{3}}}{8}\times\frac{1}{\underset{2}{\cancel{6}}}=\frac{1}{16}$

(2) $\frac{7}{12}\div4=\frac{7}{12}\times\frac{1}{4}=\frac{7}{48}$

03 $2\frac{5}{6}\div3=\frac{17}{6}\times\frac{1}{3}=\frac{17}{18}$

04 $\frac{2}{7}\div4=\frac{\overset{1}{\cancel{2}}}{7}\times\frac{1}{\underset{2}{\cancel{4}}}=\frac{1}{14}$, $\frac{3}{8}\div5=\frac{3}{8}\times\frac{1}{5}=\frac{3}{40}$,

$\frac{1}{14}=\frac{20}{280}$, $\frac{3}{40}=\frac{21}{280}$ ⇨ $\frac{1}{14}<\frac{3}{40}$

05
$$\begin{array}{r} 0.75 \\ 5\overline{)3.75} \\ \underline{35} \\ 25 \\ \underline{25} \\ 0 \end{array}$$

06
$$\begin{array}{r} 2.06 \\ 4\overline{)8.24} \\ \underline{8} \\ 24 \\ \underline{24} \\ 0 \end{array}$$

11 (1) $2\frac{2}{7}\div4=\frac{16}{7}\times\frac{1}{4}=\frac{4}{7}$ (cm)

(2) $1\frac{9}{11}\div5=\frac{20}{11}\times\frac{1}{5}=\frac{4}{11}$ (cm)

12 나누어지는 수가 나누는 수보다 큰 식을 찾습니다.

13 $3.26\div2=1.63$ (cm)

14 $4\frac{1}{2}\times3\frac{1}{3}\div2=\frac{9}{2}\times\frac{10}{3}\div2=\frac{90}{6}\times\frac{1}{2}=\frac{90}{12}$

$=\frac{15}{2}=7\frac{1}{2}$ (cm^2)

개념 돌파 전략 2 12~13쪽

01 $2\frac{5}{6}\div3=\frac{17}{6}\div3=\frac{17}{6}\times\frac{1}{3}=\frac{17}{18}$

02 1.128 cm

03 $1\frac{5}{27}$ cm

04 ㉠, ㉡, ㉣, ㉢

05 37.2 cm^2

06 $\frac{7}{54}$ kg

02 $5.64\div5$ ⇨
$$\begin{array}{r} 1.128 \\ 5\overline{)5.64} \\ \underline{5} \\ 6 \\ \underline{5} \\ 14 \\ \underline{10} \\ 40 \\ \underline{40} \\ 0 \end{array}$$

03 $7\frac{1}{9}\div 6=\frac{64}{9}\div 6=\frac{\overset{32}{\cancel{64}}}{9}\times\frac{1}{\underset{3}{\cancel{6}}}$

$=\frac{32}{27}=1\frac{5}{27}$ (cm)

04 (나누어지는 수)>(나누는 수)이면 몫이 1보다 큽니다.

(나누어지는 수)<(나누는 수)이면 몫이 1보다 작습니다.

따라서 ㉠과 ㉡의 몫은 1보다 크고 ㉢과 ㉣의 몫은 1보다 작습니다.

㉢과 ㉣은 나누는 수가 5로 같으므로 나누어지는 수가 클수록 몫이 큽니다.

3.22<4.33이므로 ㉣의 몫이 더 큽니다.

㉠ $7\frac{1}{4}\div 3=\frac{29}{4}\times\frac{1}{3}=\frac{29}{12}=2\frac{5}{12}$,

㉡ $15\frac{3}{10}\div 9=\frac{153}{10}\times\frac{1}{9}=\frac{17}{10}=1\frac{7}{10}$

㉠과 ㉡을 비교하면 ㉠>㉡입니다.

참고

㉢ $3.22\div 5=0.644$

㉣ $4.33\div 5=0.866$

05 $(5+7.4)\times 6\div 2=12.4\times 6\div 2=74.4\div 2$

$=37.2\ (\text{cm}^2)$

06 (왼쪽 피자 한 조각의 무게)

$=\frac{4}{9}\div 8=\frac{\overset{1}{\cancel{4}}}{9}\times\frac{1}{\underset{2}{\cancel{8}}}=\frac{1}{18}$ (kg),

(오른쪽 피자 한 조각의 무게)

$=\frac{4}{9}\div 6=\frac{\overset{1}{\cancel{4}}}{9}\times\frac{1}{\underset{3}{\cancel{6}}}=\frac{2}{27}$ (kg)

⇨ $\frac{1}{18}+\frac{2}{27}=\frac{3}{54}+\frac{4}{54}=\frac{7}{54}$ (kg)

1주 2일

필수 체크 전략 1

14~17쪽

1-1	$\frac{11}{49}$		
1-2	$\frac{15}{64}(=0.234375)$		
2-1	1, 2, 3, 4, 5, 6, 7, 8, 9		
2-2	1, 2, 3, 4, 5		
3-1	$2\frac{2}{5}$	3-2	$1\frac{6}{11}$
4-1	$3\frac{3}{4}(=3.75)$ km		
4-2	$11\frac{1}{5}(=11.2)$ km		
5-1	3개	5-2	4개
6-1	3.14 L	6-2	2.58 L
7-1	5	7-2	8
8-1	1.68 cm	8-2	2.94 cm

1-1 (어떤 수)×7=11, (어떤 수)=11÷7=$\frac{11}{7}$,

바르게 계산하기

⇨ $\frac{11}{7}\times\frac{1}{7}=\frac{11}{49}$

1-2 (어떤 수)×8=15, (어떤 수)=15÷8=$\frac{15}{8}$,

바르게 계산하기

⇨ $\frac{15}{8}\times\frac{1}{8}=\frac{15}{64}$

2-1 $4\frac{2}{7}\div 3=\frac{\overset{10}{\cancel{30}}}{7}\times\frac{1}{\underset{1}{\cancel{3}}}=\frac{10}{7}$,

$\frac{\square}{7}<\frac{10}{7}$ ⇨ $\square<10$

따라서 1, 2, 3, 4, 5, 6, 7, 8, 9가 들어갈 수 있습니다.

2-2 $3\frac{3}{4}\div 5=\frac{\cancel{15}^{3}}{4}\times\frac{1}{\cancel{5}_{1}}=\frac{3}{4}=\frac{6}{8}$,

$\frac{\square}{8}<\frac{6}{8}\Rightarrow\square<6$

따라서 1, 2, 3, 4, 5가 들어갈 수 있습니다.

3-1 가려진 수를 □라고 하고 식을 씁니다.

$10\times\square=24$

$\Rightarrow\square=24\div 10=\frac{24}{10}=\frac{12}{5}=2\frac{2}{5}$

3-2 가려진 수를 □라고 하고 식을 씁니다.

$\square\times 11=17$

$\Rightarrow\square=17\div 11=\frac{17}{11}=1\frac{6}{11}$

4-1 (1분 동안 갈 수 있는 거리)

$=2\frac{3}{4}\div 22=\frac{\cancel{11}^{1}}{4}\times\frac{1}{\cancel{22}_{2}}=\frac{1}{8}$ (km),

(30분 동안 갈 수 있는 거리)

$=\frac{1}{\cancel{8}_{1}}\times\cancel{30}^{15}=\frac{15}{4}=3\frac{3}{4}$ (km)

4-2 (1분 동안 갈 수 있는 거리)

$=2\frac{4}{5}\div 10=\frac{\cancel{14}^{7}}{5}\times\frac{1}{\cancel{10}_{5}}=\frac{7}{25}$ (km),

(40분 동안 갈 수 있는 거리)

$=\frac{7}{\cancel{25}_{5}}\times\cancel{40}^{8}=\frac{56}{5}=11\frac{1}{5}$ (km)

참고

■분 동안 ▲ km를 갔을 경우 1분 동안 간 거리는 (▲÷■) km입니다.

5-1

$$\begin{array}{r} 3.45 \\ 7\overline{)24.15} \\ 21 \\ \hline 31 \\ 28 \\ \hline 35 \\ 35 \\ \hline 0 \end{array}$$

$\Rightarrow 3.45>\square$

□ 안에 들어갈 수 있는 자연수는 1, 2, 3입니다.

5-2

$$\begin{array}{r} 4.804 \\ 5\overline{)24.02} \\ 20 \\ \hline 40 \\ 40 \\ \hline 20 \\ 20 \\ \hline 0 \end{array}$$

$\Rightarrow 4.804>\square$

□ 안에 들어갈 수 있는 자연수는 1, 2, 3, 4입니다.

6-1 (벽의 넓이) $=5\times 3=15\ (m^2)$

$$\begin{array}{r} 3.14 \\ 15\overline{)47.1} \\ 45 \\ \hline 21 \\ 15 \\ \hline 60 \\ 60 \\ \hline 0 \end{array}$$

따라서 벽 $1\,m^2$를 칠하는 데 사용한 페인트의 양은 3.14 L입니다.

6-2 (벽의 넓이) $=4\times 4=16\ (m^2)$

$$\begin{array}{r} 2.58 \\ 16\overline{)41.28} \\ 32 \\ \hline 92 \\ 80 \\ \hline 128 \\ 128 \\ \hline 0 \end{array}$$

따라서 벽 $1\,m^2$를 칠하는 데 사용한 페인트의 양은 2.58 L입니다.

7-1 ■$\times 9=$▲■이므로 곱하는 수가 9일 때 곱해지는 수와 곱의 일의 자리 숫자가 같은 경우를 찾아봅니다. ⇨ $\underline{5}\times 9=4\underline{5}$

```
    0.9
 5)▲.■      ▲=4
   4 5      ■=5
   ───
     0
```

7-2 ■$\times 6=$▲■이므로 곱하는 수가 6일 때 곱해지는 수와 곱의 일의 자리 숫자가 같은 경우를 찾아봅니다. ⇨ $\underline{2}\times 6=1\underline{2}$,
$\underline{4}\times 6=2\underline{4}$, $\underline{6}\times 6=3\underline{6}$, $\underline{8}\times 6=4\underline{8}$
▲는 3보다 큰 수이므로 ▲$=4$, ■$=8$입니다.

```
    0.6
 8)▲.■      ▲=4
   4 8      ■=8
   ───
     0
```

8-1 큰 원의 지름은 작은 원의 반지름 6개의 길이와 같습니다.

```
      1.6 8
 6)1 0.0 8
     6
   ─────
     4 0
     3 6
   ─────
       4 8
       4 8
   ─────
         0
```

8-2 큰 원의 지름은 작은 원의 반지름 8개의 길이와 같습니다.

```
     2.9 4
 8)2 3.5 2
   1 6
   ─────
     7 5
     7 2
   ─────
       3 2
       3 2
   ─────
         0
```

필수 체크 전략 2 18~19쪽

01 2	02 $11\frac{1}{4}$ cm^2
03 $2\frac{7}{8}(=2.875)$	04 $11\frac{5}{7}$ cm
05 $13\frac{1}{2}$ kg	06 1.71 cm
07 3.952	08 $\frac{1}{12}$

01 $3\frac{1}{7}\div 8=\frac{22}{7}\div 8=\frac{22}{7}\times\frac{1}{8}=\frac{11}{28}$,
$\frac{11}{28}>\frac{1}{2\times■}$ ⇨ $\frac{11}{28}>\frac{11}{2\times■\times 11}$
■ 안에 자연수를 넣어 비교해 봅니다.
■$=1$이면 $\frac{11}{28}<\frac{11}{2\times 1\times 11}\left(=\frac{11}{22}\right)$
■$=2$이면 $\frac{11}{28}>\frac{11}{2\times 2\times 11}\left(=\frac{11}{44}\right)$
⋮
■ 안에 2 또는 2보다 큰 자연수가 들어갈 수 있습니다. 따라서 가장 작은 자연수는 2입니다.

02 (직사각형의 넓이)
$=5\frac{1}{7}\times 4\frac{3}{8}=\frac{36}{7}\times\frac{35}{8}=\frac{45}{2}$ (cm^2),
(마름모의 넓이)
$=\frac{45}{2}\div 2=\frac{45}{2}\times\frac{1}{2}=\frac{45}{4}=11\frac{1}{4}$ (cm^2)

03 (어떤 수)$\times 4=92$, (어떤 수)$=92\div 4=23$,
분수로 나타내기 ⇨ $23\div 8=\frac{23}{8}=2\frac{7}{8}$
소수로 나타내기 ⇨

```
    2.8 7 5
 8)2 3
   1 6
   ─────
     7 0
     6 4
   ─────
       6 0
       5 6
   ─────
         4 0
         4 0
   ─────
           0
```

BOOK 1

04 (색 테이프 1장의 길이)

$=35\frac{1}{7}\div 3=\frac{246}{7}\times\frac{1}{3}=\frac{82}{7}=11\frac{5}{7}$ (cm)

05 (1 m의 무게)

$=8\frac{1}{10}\div 3=\frac{81}{10}\times\frac{1}{3}=\frac{27}{10}=2\frac{7}{10}$ (kg),

(5 m의 무게)

$=2\frac{7}{10}\times 5=\frac{27}{10}\times 5=\frac{27}{2}=13\frac{1}{2}$ (kg)

06

```
    3.4 2              1.7 1
2 ) 6.8 4          2 ) 3.4 2
                       2
                       1 4
                       1 4
                           2
                           2
                           0
```

(3.42를 다시 2로 나눕니다.)

07 19.76을 5로 나눈 몫을 구합니다.

(19.76 ← 2.6×7.6, 5 ← 7.6−2.6)

```
      3.9 5 2
5 ) 1 9.7 6
    1 5
      4 7
      4 5
        2 6
        2 5
          1 0
          1 0
            0
```

08 $\frac{㉠}{㉡}=㉠\div㉡=\frac{3}{4}\div 3=\frac{3}{4}\times\frac{1}{3}=\frac{1}{4}$,

$\frac{㉠}{㉡}\div㉡=\frac{1}{4}\div 3=\frac{1}{4}\times\frac{1}{3}=\frac{1}{12}$

1주 3일

필수 체크 전략 1 (20~23쪽)

1-1 1	1-2 2
2-1 $\frac{7}{48}$	2-2 $\frac{9}{14}$
3-1 $\frac{1}{30}$	3-2 $\frac{41}{280}$
4-1 $10\frac{5}{18}$ cm²	
5-1 0.23 km	5-2 0.205 km
6-1 3.15	6-2 0.79
7-1 3.64 cm	7-2 4.3 cm
8-1 0.34 km	8-2 0.34 km

1-1 $4\frac{2}{5}\div 8=\frac{22}{5}\div 8=\frac{\overset{11}{\cancel{22}}}{5}\times\frac{1}{\underset{4}{\cancel{8}}}=\frac{11}{20}$,

$\frac{9}{10}\div\square=\frac{9}{10}\times\frac{1}{\square}=\frac{9}{10\times\square}$

⇨ $\frac{9}{10\times\square}>\frac{11}{20}$

$\square=1$이면 $\frac{9}{10}>\frac{11}{20}$, $\square=2$이면 $\frac{9}{20}<\frac{11}{20}$, …

따라서 □ 안에 들어갈 수 있는 자연수는 1입니다.

1-2 $2\frac{2}{11}\div 6=\frac{\overset{4}{\cancel{24}}}{11}\times\frac{1}{\underset{1}{\cancel{6}}}=\frac{4}{11}=\frac{8}{22}$,

$\frac{8}{9}\div\square=\frac{8}{9}\times\frac{1}{\square}=\frac{8}{9\times\square}$

⇨ $\frac{8}{22}<\frac{8}{9\times\square}$

$\square=1$이면 $\frac{8}{22}<\frac{8}{9}$, $\square=2$이면 $\frac{8}{22}<\frac{8}{18}$

$\square=3$이면 $\frac{8}{22}>\frac{8}{27}$, …

따라서 □ 안에 들어갈 수 있는 자연수는 1, 2이므로 가장 큰 수는 2입니다.

2-1 $\frac{6}{8}<\frac{7}{8}$이므로 나누어지는 수는 $\frac{7}{8}$로 하고 나누는 수를 6으로 합니다.

$\frac{7}{8}\div 6=\frac{7}{8}\times\frac{1}{6}=\frac{7}{48}$

2-2 $\frac{2}{7}<\frac{9}{7}$이므로 나누어지는 수는 $\frac{9}{7}$로 하고 나누는 수를 2로 합니다.

$\frac{9}{7}\div 2=\frac{9}{7}\times\frac{1}{2}=\frac{9}{14}$

3-1 (눈금 5칸의 크기)

$=\frac{11}{12}-\frac{3}{4}=\frac{11}{12}-\frac{9}{12}=\frac{2}{12}=\frac{1}{6}$,

(눈금 한 칸의 크기)$=\frac{1}{6}\div 5=\frac{1}{6}\times\frac{1}{5}=\frac{1}{30}$

3-2 (눈금 4칸의 크기)

$=\frac{4}{5}-\frac{3}{14}=\frac{56}{70}-\frac{15}{70}=\frac{41}{70}$,

(눈금 한 칸의 크기)$=\frac{41}{70}\div 4=\frac{41}{70}\times\frac{1}{4}=\frac{41}{280}$

4-1 (평행사변형의 높이)

$=12\frac{1}{3}\div 3=\frac{37}{3}\times\frac{1}{3}=4\frac{1}{9}$ (cm)

삼각형의 밑변이 $8-3=5$ (cm)일 때 높이는 $4\frac{1}{9}$ cm입니다.

(삼각형의 넓이)

$=5\times 4\frac{1}{9}\div 2=5\times\frac{37}{9}\div 2=\frac{185}{9}\times\frac{1}{2}$

$=\frac{185}{18}=10\frac{5}{18}$ (cm^2)

5-1 가로수 사이의 간격의 수는 $16-1=15$입니다.

$$\begin{array}{r} 0.23 \\ 15{\overline{\smash{)}3.45}} \\ \underline{30} \\ 45 \\ \underline{45} \\ 0 \end{array}$$

5-2 가로수 사이의 간격의 수는 $13-1=12$입니다.

$$\begin{array}{r} 0.205 \\ 12{\overline{\smash{)}2.46}} \\ \underline{24} \\ 60 \\ \underline{60} \\ 0 \end{array}$$

6-1 $5\times$▲$=47.25$ ⇨ ▲$=47.25\div 5$

$$\begin{array}{r} 9.45 \leftarrow \blacktriangle \\ 5{\overline{\smash{)}47.25}} \end{array} \qquad \begin{array}{r} 3.15 \leftarrow \bigstar \\ 3{\overline{\smash{)}9.45}} \end{array}$$

6-2 $6\times$■$=28.44$ ⇨ ■$=28.44\div 6$

$$\begin{array}{r} 4.74 \leftarrow \blacksquare \\ 6{\overline{\smash{)}28.44}} \end{array} \qquad \begin{array}{r} 0.79 \leftarrow \bigstar \\ 6{\overline{\smash{)}4.74}} \end{array}$$

7-1 (평행사변형 나의 넓이)

$=6\times 5.46=32.76$ (cm^2),

(직사각형 가의 세로)$=32.76\div 9=3.64$ (cm)

7-2 (평행사변형 나의 넓이)

$=6.45\times 10=64.5$ (cm^2),

(직사각형 가의 세로)$=64.5\div 15=4.3$ (cm)

8-1 거리를 시간으로 나누어 1초에 간 거리를 구합니다.

$$\begin{array}{r} 0.34 \\ 5{\overline{\smash{)}1.7}} \\ \underline{15} \\ 20 \\ \underline{20} \\ 0 \end{array}$$

8-2 $1.02\div 3=0.34$ (km)

필수 체크 전략 2 (24~25쪽)

01 4개

02 $\frac{\boxed{3}}{\boxed{5}} \div \boxed{7}$ (또는 $\frac{\boxed{3}}{\boxed{7}} \div \boxed{5}$), $\frac{3}{35}$

03 $84\frac{2}{27}$ cm^2

04 가

05 1.46

06 $5\frac{5}{48}$ m^2

07 $4.2\left(=4\frac{1}{5}\right)$ m

01 $8.64 \div 8 = 1.08$, $20.52 \div 4 = 5.13$
$1.08 < \square < 5.13$
⇨ □ 안에 2, 3, 4, 5가 들어갈 수 있습니다. (4개)

02 $\frac{㉠}{㉡} \div ㉢ = \frac{㉠}{㉡ \times ㉢}$이 가장 작으려면 ㉠은 가장 작게, ㉡×㉢은 가장 크게 만들어야 합니다.
따라서 $\frac{3}{5 \times 7} = \frac{3}{35}$이 가장 작은 결과입니다.
$\frac{3}{5} \div 7 = \frac{3}{7} \div 5$

03 (높이)$=50\frac{4}{9} \div 6 = \frac{454}{9} \times \frac{1}{6}$
$= \frac{227}{27} = 8\frac{11}{27}$ (cm),
(나의 넓이)$=10 \times \frac{227}{27} = \frac{2270}{27} = 84\frac{2}{27}$ (cm^2)

04 □L의 연료로 △km를 갈 수 있을 때 1 L의 연료로 갈 수 있는 거리는 △÷□ (km)입니다.
가: $73 \div 5 = 14.6$ (km)
나: $82.2 \div 6 = 13.7$ (km)
다: $101.5 \div 7 = 14.5$ (km)
⇨ 가>다>나

05 ■$=109.5 \div 3 = 36.5$
$36.5 \div 5 = 7.3$ ⇨ $7.3 \div 5 = 1.46$

06 $30\frac{5}{8}$ m^{2}의 $\frac{1}{3}$
⇨ $30\frac{5}{8} \times \frac{1}{3} = \frac{245}{8} \times \frac{1}{3} = \frac{245}{24}$ (m^2),
$\frac{245}{24} \div 2 = \frac{245}{24} \times \frac{1}{2} = \frac{245}{48} = 5\frac{5}{48}$ (m^2)

07 (1초에 두 사람이 벌어지는 거리)
$=91.2 \div 30 = 3.04$ (m)
더 빠르게 걷고 있는 사람은 1초에
$1.16 + 3.04 = 4.2$ (m)씩 걷고 있습니다.

누구나 만점 전략 (26~27쪽)

01 $1\frac{5}{14}$

02 3.56 cm

03 $2.25\left(=2\frac{1}{4}\right)$

04 $10.83\left(=10\frac{83}{100}\right)$ cm^2

05 $15\frac{5}{9}$ km

06 >

07 $13\frac{3}{5}$ cm

08 $10\frac{5}{8}$ cm^2

09 21.77 cm^2

10 24.92 kg

01 (눈금 4칸의 크기)
$=6\frac{1}{2} - 1\frac{1}{14} = 6\frac{7}{14} - 1\frac{1}{14} = 5\frac{6}{14} = 5\frac{3}{7}$,
(눈금 한 칸의 크기)
$=5\frac{3}{7} \div 4 = \frac{38}{7} \times \frac{1}{4} = \frac{19}{14} = 1\frac{5}{14}$

02 정칠각형은 길이가 똑같은 변이 7개 있습니다.
$24.92 \div 7 = 3.56$ (cm)

03 $3 < 4\frac{5}{7} < 5 < 6.75$
⇨ $6.75 \div 3 = 2.25$

04 두 대각선의 곱을 2로 나눕니다.
(두 대각선의 곱)$=3.8\times5.7=21.66$,
(마름모의 넓이)$=21.66\div2=10.83$ (cm^2)

05 (1분 동안 갈 수 있는 거리)
$=4\frac{4}{9}\div10=\frac{40}{9}\times\frac{1}{10}=\frac{4}{9}$ (km),
(35분 동안 갈 수 있는 거리)
$=\frac{4}{9}\times35=15\frac{5}{9}$ (km)

06 $12.24\div9=1.36$, $5\frac{1}{3}\div6=\frac{8}{9}$
⇨ $1.36>\frac{8}{9}$

07 두 색 테이프의 길이의 합은
$27+\frac{1}{5}=27\frac{1}{5}$ (cm)입니다.
색 테이프 한 장의 길이는
$27\frac{1}{5}\div2=\frac{136}{5}\times\frac{1}{2}=\frac{68}{5}=13\frac{3}{5}$ (cm)

08 (삼각형 ㄱㄴㄹ의 넓이)
$=5\frac{2}{3}\times7\frac{1}{2}\div2=\frac{17}{3}\times\frac{15}{2}\times\frac{1}{2}=\frac{85}{4}$ (cm^2),
(색칠한 부분의 넓이)
$=\frac{85}{4}\div2=\frac{85}{8}=10\frac{5}{8}$ (cm^2)

09 (평행사변형의 높이)$=55.98\div9=6.22$ (cm),
(삼각형의 넓이)$=(16-9)\times6.22\div2$
$=7\times6.22\div2$
$=43.54\div2=21.77$ (cm^2)

10 (금속 막대 1 m의 무게)
$=14.24\div4=3.56$ (kg),
(금속 막대 7 m의 무게)
$=3.56\times7=24.92$ (kg)

창의 • 융합 • 코딩 전략 28~31쪽

01 (위에서부터) $2\frac{1}{4}$, $1\frac{2}{3}$, $\frac{3}{8}$

02 $\frac{1}{2}°$, $6°$ **03** 0.64 cm^2 **04** 0.66

05 0.5, 0.7 **06** 2.55 cm

07

16
3, $\frac{6}{7}$, $1\frac{3}{7}$
5, $\frac{15}{56}$

08 $\frac{5}{4}\div2=\frac{5}{8}$ $\left(\text{또는 } \frac{5}{2}\div4=\frac{5}{8}\right)$
$\frac{9}{3}\div2=1\frac{1}{2}$ $\left(\text{또는 } \frac{9}{2}\div3=1\frac{1}{2}\right)$
; 나

01 $10\times\square=22\frac{1}{2}$,
⇨ $\square=22\frac{1}{2}\div10=\frac{\overset{9}{\cancel{45}}}{2}\times\frac{1}{\underset{2}{\cancel{10}}}=\frac{9}{4}=2\frac{1}{4}$
$\square\times6=10$,
⇨ $\square=10\div6=\frac{\overset{5}{\cancel{10}}}{\underset{3}{\cancel{6}}}=\frac{5}{3}=1\frac{2}{3}$
$6\times\square=2\frac{1}{4}$,
⇨ $\square=2\frac{1}{4}\div6=\frac{9}{4}\div6=\frac{\overset{3}{\cancel{9}}}{4}\times\frac{1}{\underset{2}{\cancel{6}}}=\frac{3}{8}$

02 12시간 ⇨ $12\times60=720$분
짧은바늘이 1분 동안 도는 각도:
$360\div720=\frac{1}{2}$(°),
1시간 ⇨ 60분
긴바늘이 1분 동안 도는 각도:
$360\div60=6$(°)

03

작은 정사각형 2개의 넓이 / 작은 정사각형 2개의 넓이

색칠한 부분은 작은 정사각형 $2+12+2=16$(개)의 넓이와 같습니다.

(작은 정사각형의 넓이)$=10.24\div16=0.64\,(cm^2)$

04 $16.5\div5=3.3$ ⇨ 몫이 3보다 큽니다.

$3.3\div5=0.66$ ⇨ 몫이 3보다 작습니다.

05 산소 ⇨ $25\div50=0.5$,

이산화탄소 ⇨ $35\div50=0.7$

06 두 번째에 색칠된 삼각형 1개의 둘레는 첫 번째 삼각형의 둘레의 반입니다.

$1.7\div2=0.85\,(cm)$

두 번째에 색칠된 삼각형이 3개이므로 3을 곱하면 $0.85\times3=2.55\,(cm)$입니다.

07 $5\times\frac{6}{7}=\frac{30}{7}=4\frac{2}{7}$

3과 마주 보는 면에 쓰여 있는 수는

$4\frac{2}{7}\div3=\frac{\overset{10}{\cancel{30}}}{7}\times\frac{1}{\underset{1}{\cancel{3}}}=\frac{10}{7}=1\frac{3}{7}$입니다.

16과 마주 보는 면에 쓰여 있는 수는

$4\frac{2}{7}\div16=\frac{\overset{15}{\cancel{30}}}{7}\times\frac{1}{\underset{8}{\cancel{16}}}=\frac{15}{56}$입니다.

08 가: $\frac{5}{4}\div2=\frac{5}{8}$, $\frac{5}{2}\div4=\frac{5}{8}$, $\frac{4}{2}\div5=\frac{4}{10}=\frac{2}{5}$

⇨ $\frac{5}{8}>\frac{2}{5}$ (가장 큰 결과)

나: $\frac{9}{3}\div2=\frac{3}{2}=1\frac{1}{2}$, $\frac{9}{2}\div3=\frac{3}{2}=1\frac{1}{2}$,

$\frac{3}{2}\div9=\frac{3}{18}=\frac{1}{6}$ ⇨ $1\frac{1}{2}>\frac{1}{6}$ (가장 큰 결과)

가와 나가 각각 만든 식의 결과 중에서 가장 큰 결과를 비교하면 $\frac{5}{8}<1\frac{1}{2}$입니다.

2주 1일

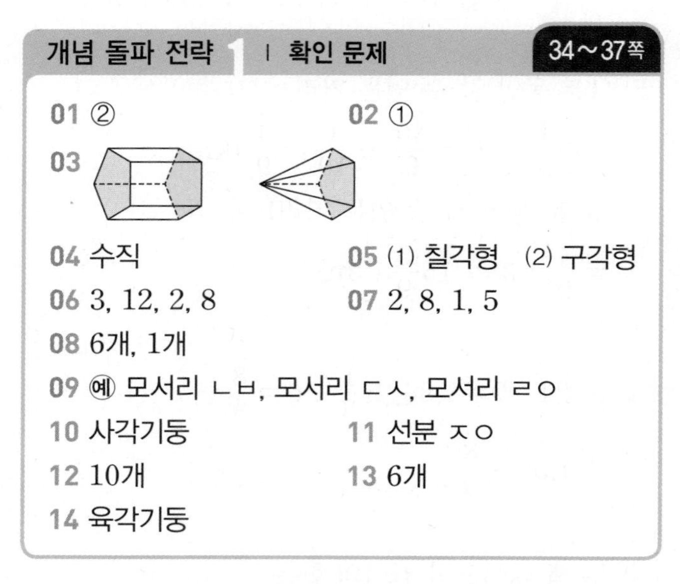

개념 돌파 전략 1 | 확인 문제 34~37쪽

01 ②　　02 ①

03

04 수직　　05 (1) 칠각형 (2) 구각형

06 3, 12, 2, 8　　07 2, 8, 1, 5

08 6개, 1개

09 예 모서리 ㄴㅂ, 모서리 ㄷㅅ, 모서리 ㄹㅇ

10 사각기둥　　11 선분 ㅈㅇ

12 10개　　13 6개

14 육각기둥

01 주어진 도형은 위와 아래의 면이 평행하고 합동이지만 다각형이 아닙니다.

02 주어진 도형은 모든 면이 다각형이지만 옆면이 삼각형이 아닙니다.

03 각기둥에서 직사각형이 아닌 두 면은 밑면입니다. 각뿔에서 삼각형이 아닌 면은 밑면입니다.

05 각기둥과 각뿔의 이름은 밑면의 모양에 따라 정해집니다.

06 한 밑면의 변의 수를 이용하여 구합니다.

각기둥의 모서리는 한 밑면의 변의 수의 3배이고, 각뿔의 모서리는 밑면의 변의 수의 2배입니다.

08 각뿔의 꼭짓점은 밑면에 포함되지 않는 꼭짓점입니다.

09 두 밑면을 잇는 모서리를 모두 씁니다.

10 모든 면이 사각형이므로 밑면도 사각형입니다. 따라서 사각기둥입니다.

11 점 ㄱ과 점 ㅈ, 점 ㄴ과 점 ㅇ이 만나므로 선분 ㄱㄴ과 선분 ㅈㅇ이 맞닿습니다.

12 오각형 ⇨ $5 \times 2 = 10$(개)
5

13 삼각형 ⇨ $3 \times 2 = 6$(개)
3

14 □각기둥의 면의 수: □+2
⇨ □+2=8이므로 □는 6입니다.
⇨ 육각기둥
6

개념 돌파 전략 2 38~39쪽

01 예 [직사각형 그림], 직사각형

02 ㉠, ㉡

03 40 cm

04 칠각뿔

05 오각기둥 ;
예 꼭짓점이 5개인 다각형은 오각형이고, 밑면이 오각형인 각기둥의 이름은 오각기둥입니다.

06 6개

01 각기둥은 세 번째 도형이고, 각기둥의 옆면의 모양은 직사각형입니다.

02 ㉠ 두 밑면의 변의 수의 합: 12개
㉡ 꼭짓점의 수: 12개
㉢ 모서리의 수: 18개
㉣ 옆면의 수: 6개

03 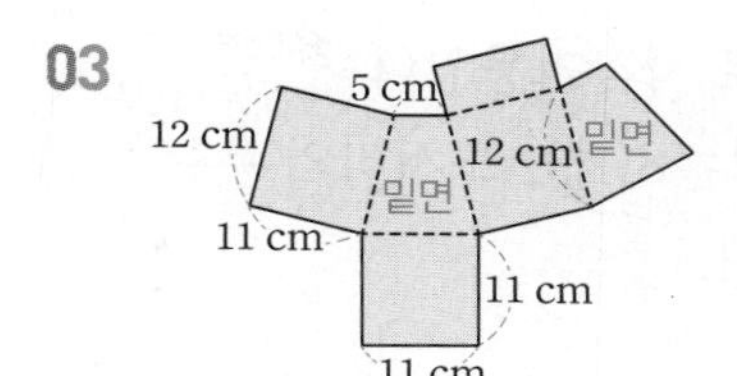

사각기둥의 전개도에서 직사각형이 아닌 면은 밑면입니다.

옆면은 직사각형이므로 한 옆면에서 마주 보는 변의 길이가 같습니다.
(밑면의 둘레)$=5+12+11+12=40$ (cm)

04 밑면이 칠각형이므로 칠각기둥 또는 칠각뿔입니다. 칠각기둥의 모서리의 수는 $7 \times 3 = 21$(개), 칠각뿔의 모서리의 수는 $7 \times 2 = 14$(개)이므로 칠각뿔에 대한 설명입니다.

06 변의 수가 가장 적은 다각형은 삼각형입니다. 밑면이 삼각형인 각뿔은 삼각뿔이고, 삼각뿔의 모서리의 수는 $3 \times 2 = 6$(개)입니다.

2주 2일

필수 체크 전략 1 40~43쪽

1-1 삼각뿔	1-2 육각기둥
2-1 20개	2-2 30개
3-1 5개	3-2 20개
4-1 6 cm	4-2 7 cm
5-1 18개	5-2 28개
6-1 88 cm	
7-1 8 cm	7-2 12 cm
8-1 십각기둥	8-2 삼각기둥

1-1 옆면이 삼각형이므로 각기둥이 아니라 각뿔입니다. 밑면이 삼각형이므로 삼각뿔입니다.

1-2 옆면이 직사각형이므로 각기둥입니다. 밑면이 육각형이므로 육각기둥입니다.

2-1 밑면이 사각형이므로 사각기둥입니다.
꼭짓점의 수는 $4\times2=8$(개), 모서리의 수는 $4\times3=12$(개)입니다.
⇨ $8+12=20$(개)

2-2 밑면이 육각형이므로 육각기둥입니다.
꼭짓점의 수는 $6\times2=12$(개), 모서리의 수는 $6\times3=18$(개)입니다
⇨ $12+18=30$(개)

3-1 밑면이 칠각형인 각기둥은 칠각기둥입니다.
칠각기둥의 면의 수는 $7+2=9$(개), 꼭짓점의 수는 $7\times2=14$(개)이므로 차는 $14-9=5$(개)입니다.

3-2 밑면이 육각형인 각기둥은 육각기둥입니다.
육각기둥의 면의 수는 $6+2=8$(개), 꼭짓점의 수는 $6\times2=12$(개)이므로 합은 $8+12=20$(개)입니다.

4-1 사각뿔에서 12 cm인 모서리는 4개, ㉠인 모서리는 4개 있습니다.
$\underbrace{12\times4}_{48}+㉠\times4=72$, $㉠\times4=24$, $㉠=6$ cm

4-2 오각뿔에서 15 cm인 모서리는 5개, ㉠인 모서리는 5개 있습니다.
$\underbrace{15\times5}_{75}+㉠\times5=110$, $㉠\times5=35$, $㉠=7$ cm

5-1 꼭짓점과 면의 수가 같은 입체도형은 각뿔입니다.
□각뿔의 면의 수는 (□+1)개입니다.
□$+1=10$, □$=9$ ⇨ 구각뿔
구각뿔의 모서리의 수는 $9\times2=18$(개)입니다.

5-2 꼭짓점과 면의 수가 같은 입체도형은 각뿔입니다.
□각뿔의 면의 수는 (□+1)개입니다.
□$+1=15$, □$=14$ ⇨ 십사각뿔
십사각뿔의 모서리의 수는 $14\times2=28$(개)입니다.

6-1 밑면의 두 변이 7 cm, 8 cm이고, 높이가 7 cm인 사각기둥의 전개도입니다.
7 cm인 모서리가 8개, 8 cm인 모서리가 4개입니다.
$7\times8+8\times4=56+32=88$ (cm)

7-1 높이가 □cm이면 옆면인 직사각형의 가로가 7 cm일 때 세로는 □cm입니다.
$(7+□)\times2=30$, $7+□=15$, □$=8$
따라서 각기둥의 높이는 8 cm입니다.

7-2 높이가 □cm이면 옆면인 직사각형의 가로가 8 cm일 때 세로는 □cm입니다.
$(8+□)\times2=40$, $8+□=20$, □$=12$
따라서 각기둥의 높이는 12 cm입니다.

8-1 □각기둥의 모서리의 수는 (□×3)개, 꼭짓점의 수는 (□×2)개입니다.
모서리와 꼭짓점의 수의 차가
$□\times3-□\times2=10$이므로 □$=10$입니다.
따라서 모서리와 꼭짓점의 수의 차가 10개인 각기둥의 이름은 십각기둥입니다.

8-2 □각기둥의 모서리의 수는 (□×3)개, 꼭짓점의 수는 (□×2)개이므로 합은
$□\times3+□\times2=□\times5$입니다.
$□\times5=15$, □$=3$
따라서 각기둥의 이름은 삼각기둥입니다.

필수 체크 전략 2 44~45쪽

01 8개	02 0
03 45 cm	04 19개
05 2 cm	06 사각기둥
07 15 cm	

01 구각뿔의 모서리의 수는 $9\times2=18$(개)입니다.
□각기둥의 모서리의 수가 18개이면
$\square\times3=18$, $\square=6$이므로 육각기둥입니다.
육각기둥의 면의 수는 $6+2=8$(개)입니다.

02 밑면이 삼각형인 각뿔은 삼각뿔입니다.
각뿔은 면의 수와 꼭짓점의 수가 같습니다.
삼각뿔의 면의 수: $3+1=4$(개)
삼각뿔에 있는 꼭짓점의 수: $3+1=4$(개)
⇨ $4-4=0$

03 밑면은 삼각형이고 둘레는 $3+4+5=12$ (cm)입니다.
높이는 7 cm이고 7 cm인 모서리는 3개입니다.
$12\times2+7\times3=24+21=45$ (cm)

04 ㉠ 삼각뿔의 각뿔의 꼭짓점의 수는 1개입니다.
㉡ 사각기둥의 면의 수는 $4+2=6$(개)입니다.
㉢ 육각기둥의 꼭짓점의 수는 $6\times2=12$(개)입니다.
⇨ $1+6+12=19$(개)

05 밑면에 포함되지 않은 모서리는 6개이고 길이가 8 cm입니다.
밑면은 정육각형이므로 밑면에 포함된 모서리의 길이의 합은 (㉠$\times6$) cm입니다.
$\underbrace{8\times6}_{48}+㉠\times6=60$, ㉠$\times6=12$, ㉠$=2$

06 □각기둥의 모서리의 수와 꼭짓점의 수의 합은
$\square\times3+\square\times2=20$입니다.
$\square\times5=20$, $\square=4$ ⇨ 사각기둥

07 옆면의 가로가 4 cm일 때
세로는 $60\div4=15$ (cm)입니다.
따라서 높이는 15 cm입니다.

2주 3일

필수 체크 전략 1 46~49쪽

1-1 25 cm	1-2 160 cm
2-1 12개	2-2 15개
3-1 11 cm	3-2 8 cm
4-1 4개	4-2 5개
5-1 15 cm	
6-1 선분 ㄱㅎ, 선분 ㄴㄷ, 선분 ㅌㅋ, 선분 ㅍㅊ, 선분 ㄹㅈ, 선분 ㅁㅂ	
7-1 24개	7-2 21개
8-1 35개	8-2 25개

1-1

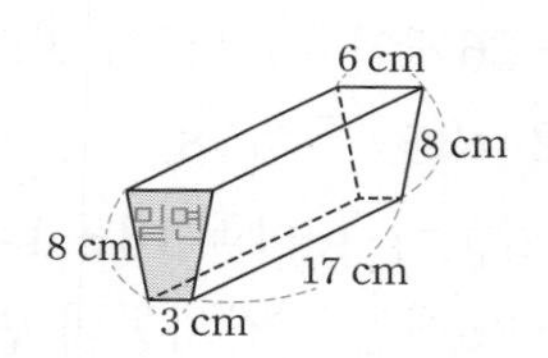

한 밑면의 둘레는 $8+3+8+6=25$ (cm)입니다.

1-2

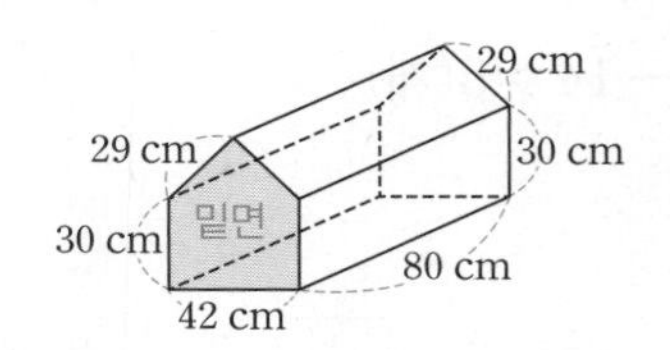

$29+30+42+30+29=160$ (cm)

2-1 옆면이 직사각형이므로 각기둥입니다.
밑면이 사각형이므로 사각기둥의 모서리의 수를 구합니다.
⇨ $4\times3=12$(개)

2-2 옆면이 직사각형이므로 각기둥입니다.
밑면이 오각형이므로 오각기둥의 모서리의 수를 구합니다.
⇨ $5\times3=15$(개)

3-1 옆면에서 11 cm인 변은 밑면과 맞닿지 않으므로 각기둥의 높이는 11 cm입니다.

3-2 옆면에서 8 cm인 변은 밑면과 맞닿지 않으므로 각기둥의 높이는 8 cm입니다.

4-1 모서리가 30개인 □각뿔의 면의 수
→ □$\times2=30$, □$=15$,
(면의 수)$=15+1=16$(개)
모서리가 30개인 △각기둥의 면의 수
→ △$\times3=30$, △$=10$,
(면의 수)$=10+2=12$(개)
⇨ $16-12=4$(개)

4-2 모서리가 36개인 □각뿔의 면의 수
→ □$\times2=36$, □$=18$,
(면의 수)$=$□$+1=18+1=19$(개)
모서리가 36개인 △각기둥의 면의 수
→ △$\times3=36$, △$=12$,
(면의 수)$=$△$+2=12+2=14$(개)
⇨ $19-14=5$(개)

5-1

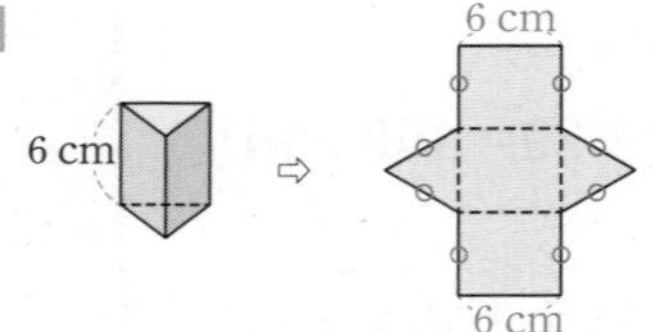

○표 한 곳은 모두 밑면의 한 변의 길이와 같습니다.

밑면의 한 변의 길이를 □cm라고 하면
□$\times8+6\times2=52$, □$\times8=40$, □$=5$입니다.
⇨ $5\times3=15$ (cm)

6-1 밑면을 찾고 밑면에 포함되지 않는 선분을 찾습니다.

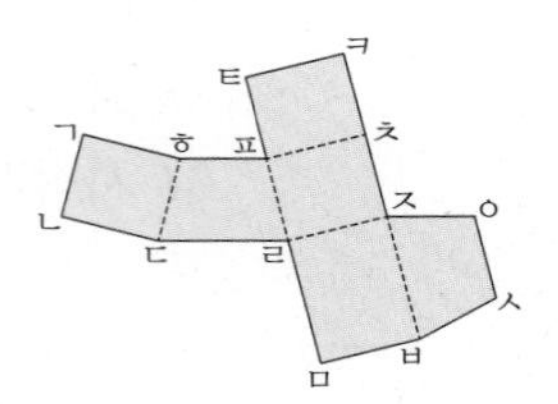

밑면을 찾고 밑면에 포함되지 않는 선분을 찾습니다.
면 ㅎㄷㄹㅍ과 면 ㅈㅂㅅㅇ이 밑면입니다.

7-1 사각기둥이 2개 만들어집니다.
사각기둥의 모서리의 수는 12개이므로 두 각기둥의 모서리의 수의 합은 $12+12=24$(개)입니다.

7-2 삼각기둥과 사각기둥이 만들어집니다.
삼각기둥의 모서리의 수는 9개, 사각기둥의 모서리의 수는 12개이므로 합은 $9+12=21$(개)입니다.

8-1 □각기둥과 □각뿔의 꼭짓점의 수의 합이 22라고 하면
□$\times2+$□$+1=22$, □$\times2+$□$=21$, □$=7$입니다.
(□$\times2+$□ → □$+$□$+$□)
칠각기둥의 모서리는 $7\times3=21$(개), 칠각뿔의 모서리는 $7\times2=14$(개)입니다.
⇨ $21+14=35$(개)

8-2 □각기둥과 □각뿔의 꼭짓점의 수의 합이 16이라고 하면
□$\times2+$□$+1=16$, □$\times2+$□$=15$, □$=5$입니다.
오각기둥의 모서리는 $5\times3=15$(개), 오각뿔의 모서리는 $5\times2=10$(개)입니다.
⇨ $15+10=25$(개)

필수 체크 전략 2 50~51쪽

01 3개　　02 6개
03 오각뿔　　04 30 cm
05 90 cm^2
06 선분 ㄱㄴ, 선분 ㅎㅍ, 선분 ㄷㄹ, 선분 ㅂㅁ, 선분 ㅂㅅ, 선분 ㅍㅌ, 선분 ㅇㅈ, 선분 ㅋㅊ
07 25개　　08 570 cm^2

01 꼭짓점이 10개인 각기둥은 오각기둥이고 모서리의 수는 $5\times3=15$(개)입니다.
꼭짓점이 10개인 각뿔은 구각뿔이고 모서리의 수는 $9\times2=18$(개)입니다.
⇨ $18-15=3$(개)

02 옆면이 삼각형이므로 각뿔입니다.
밑면이 오각형이므로 오각뿔입니다.
오각뿔의 꼭짓점의 수는 $5+1=6$(개)입니다.

03 밑면이 삼각형이므로 삼각기둥의 전개도입니다.
삼각기둥의 꼭짓점의 수는 $3\times2=6$(개)이고, □각뿔의 꼭짓점의 수는 (□+1)개이므로
□+1=6, □=5입니다.
따라서 꼭짓점의 수가 같은 각뿔은 오각뿔입니다.

04 □×20+8×2=116, □×20=100, □=5
밑면이 육각형이므로 한 밑면의 둘레는
$5\times6=30$ (cm)입니다.

05 밑면은 두 밑변이 3 cm, 12 cm이고
높이가 12 cm인 사다리꼴입니다.
$(3+12)\times12\div2=15\times12\div2$
$=180\div2=90$ (cm^2)

06 직사각형이 아닌 면은 사각기둥의 밑면이 됩니다.
사각기둥을 만들었을 때 밑면에 포함되지 않는 선분을 찾습니다.

07 밑면의 모양이 □각형일 때 □각기둥의 면의 수는 (□+2)개이고, □각뿔의 면의 수는 (□+1)개입니다.
□+2+□+1=19, □+□=16, □=8
팔각기둥의 꼭짓점의 수는 $8\times2=16$(개), 팔각뿔의 꼭짓점의 수는 $8+1=9$(개)입니다.
⇨ $16+9=25$(개)

08 모든 옆면의 넓이는
$(15\times9)\times2+(15\times10)\times2$
$=135\times2+150\times2=270+300=570$ (cm^2)
입니다.

누구나 만점 전략 52~53쪽

01 ④　　02 6개
03 4개　　04 10개
05
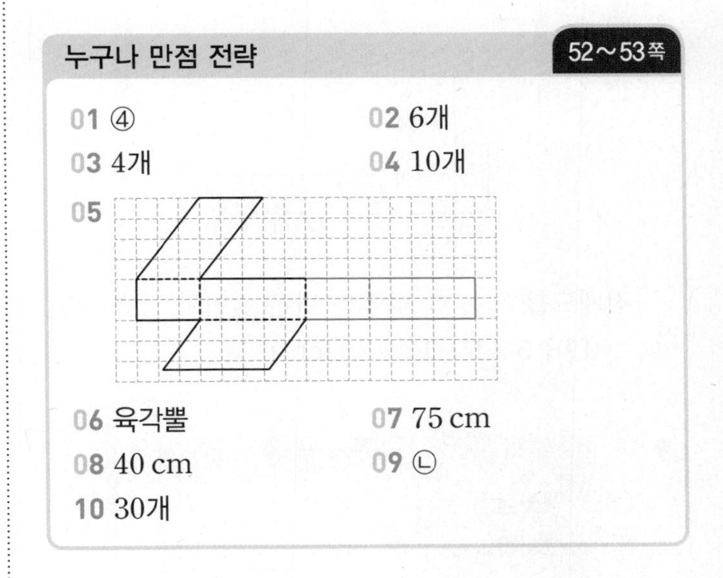
06 육각뿔　　07 75 cm
08 40 cm　　09 ㉡
10 30개

01 ① 육각기둥　② 삼각뿔
③ 삼각기둥　⑤ 사각뿔

02 밑면의 수는 2개, 옆면의 수는 8개입니다.
⇨ $8-2=6$(개)

03 밑면의 모양이 사각형인 각뿔은 사각뿔입니다.
옆면의 수는 밑면의 변의 수와 같습니다.

BOOK 1

04 옆면이 직사각형이므로 각기둥입니다.
밑면이 오각형이므로 오각기둥입니다.
오각기둥의 꼭짓점의 수는 $5 \times 2 = 10$(개)입니다.

05 옆면인 직사각형 모양의 면을 2개 더 그립니다.

06 □각뿔의 꼭짓점의 수는 (□+1)개이므로
□+1=7, □=6
따라서 각뿔의 이름은 육각뿔입니다.

07 8 cm인 모서리가 6개, 9 cm인 모서리가 3개 있습니다.
$8 \times 6 + 9 \times 3 = 48 + 27 = 75$ (cm)

08 사각기둥에서 직사각형이 아닌 면은 밑면이 됩니다.

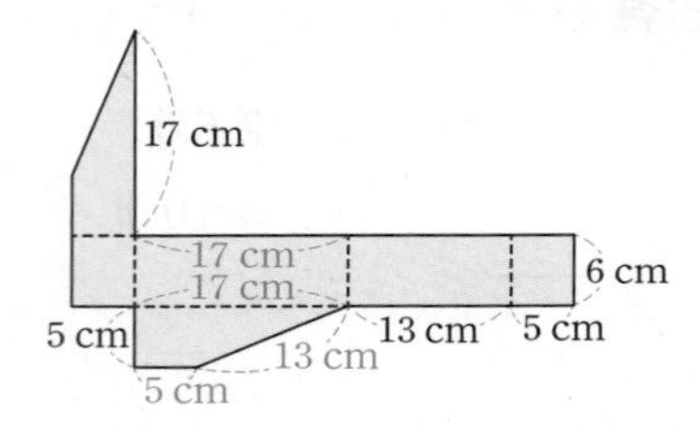

전개도를 접을 때 맞닿는 변은 길이가 같습니다.
⇨ $17 + 5 + 5 + 13 = 40$ (cm)

09

		사각기둥	육각뿔
㉠	꼭짓점의 수	8	7
㉡	모서리의 수	12	12
㉢	면의 수	6	7
㉣	옆면의 수	4	6

10 □각기둥의 꼭짓점의 수는 (□×2)개입니다.
□×2=14, □=7
칠각기둥의 면의 수는 $7 + 2 = 9$(개), 칠각기둥의 모서리의 수는 $7 \times 3 = 21$(개)입니다.
⇨ $9 + 21 = 30$(개)

창의 • 융합 • 코딩 전략 54~57쪽

01 (1) 삼각기둥 (2) 사각뿔, 사각기둥

02

면	8개
모서리	12개
꼭짓점	6개

, 2

03

순서(■)	1	2	3	4	5	…
한 밑면의 변의 수(■+2)	3	4	5	6	7	…
공 모양의 점토 수(▲)	6	8	10	12	14	…

, ▲=(■+2)×2

04

참새 곰 곰팡이 세균 배추 감나무
바꾸어 써도 정답입니다.

05

06 예 시작점 사각기둥 삼각뿔

07 예

08 오각기둥, 오각뿔, 삼각기둥, 사각뿔

01 (1) 밑면의 모양이 삼각형인 각기둥이 2개 만들어집니다.
(2) 윗부분은 밑면이 사각형인 각뿔이 되고, 아랫부분은 밑면이 사각형인 각기둥이 됩니다.

02 사각뿔 2개를 밑면이 맞닿도록 붙여 만든 도형입니다.

$12+\square=8+6$, $12+\square=14$, $\square=2$ (8+6 → 14)

03 ■+2는 한 밑면의 변의 수이므로 꼭짓점의 수는 (■+2)×2입니다.

04 • 생산자: 배추, 감나무
• 소비자: 곰, 참새
• 분해자: 곰팡이, 세균
⇨ 마주 보는 두 밑면에 같은 생물 요소가 들어가도록 써넣습니다.

05 • 삼각기둥의 밑면은 삼각형이고 2개입니다. 필요 없는 삼각형 모양의 면에 ×표 합니다.
• 오각기둥의 옆면은 5개이므로 필요 없는 직사각형 모양의 면에 ×표 합니다.
• 사각기둥의 면은 6개이므로 필요 없는 면 하나에 ×표 합니다.

06 시작점으로 다시 돌아올 수 있도록 변 또는 모서리를 지나야 합니다.

07 밑면의 변의 수가 4이면 사각뿔이고, 사각뿔의 모서리의 수는 $4\times2=8$(개)입니다.
⇨ 밑면의 변의 수를 1만큼 늘리면 오각뿔이고, 오각뿔의 모서리의 수는 $5\times2=10$(개)입니다.
⇨ 밑면의 변의 수를 1만큼 늘리면 육각뿔이고, 육각뿔의 모서리의 수는 $6\times2=12$(개)입니다.
따라서 육각뿔의 겨냥도를 그립니다.

08 꼭짓점의 수가 모두 같지 않으므로 거짓말을 한 사람은 '다'입니다.
면의 수를 비교하면 차례로 6개, 5개, 5개, 7개이므로 '가'가 가진 도형은 네 번째에 있는 오각기둥입니다.
밑면의 모양이 같은 입체도형은 오각뿔과 오각기둥이므로 '나'가 가지고 있는 도형은 오각뿔입니다.
'라'가 가지고 있는 도형은 밑면이 사각형이므로 세 번째에 있는 사각뿔입니다.
'다'가 가지고 있는 도형은 남은 도형인 삼각기둥입니다.

BOOK 1

신유형 • 신경향 • 서술형 전략 60~63쪽

01 58.86 cm
02 2.25, 22.4, 2.35 **03** $\frac{7}{12}$
04 36개
05 예 □각기둥의 꼭짓점의 수는 □×2, □각기둥의 모서리의 수는 □×3입니다.
$\frac{ㄴ}{ㄱ}=\frac{\square\times3}{\square\times2}=\frac{3}{2}=1\frac{1}{2}=1.5$; 1.5
06 10 cm **07** 3.3 cm^2
08 20분 후

01 **I**의 둘레는 모눈 한 칸의 변 20개의 길이와 같습니다.
(모눈 한 칸의 변 길이)$=65.4\div20=3.27$ (cm)
F의 둘레는 모눈 한 칸의 변 18개의 길이와 같습니다.
⇨ $3.27\times18=58.86$ (cm)

02 수성과 금성: $9\div4=2.25$,
화성과 목성: $112\div5=22.4$,
토성과 천왕성: $94\div40=2.35$

03 $\frac{1}{3}\div4=\frac{1}{3}\times\frac{1}{4}=\frac{1}{12}$, $\frac{3}{4}\div3=\frac{3}{4}\times\frac{1}{3}=\frac{1}{4}$, $\frac{1}{2}\div3=\frac{1}{6}$

$\frac{1}{12}\times2+\frac{1}{4}+\frac{1}{6}=\frac{1}{6}+\frac{1}{4}+\frac{1}{6}$

$=\frac{2}{12}+\frac{3}{12}+\frac{2}{12}=\frac{7}{12}$

04 자르는 면이 겹치지 않게 꼭짓점의 수가 최대로 나오는 경우를 찾아야 하므로 육각기둥 3개가 되도록 자릅니다.
육각기둥의 꼭짓점의 수는 $6\times2=12$(개)이므로 최대 $12\times3=36$(개)가 나올 수 있습니다.

06

ㄱ ㄷ 3 cm 5 cm 3 cm ㄹ 2 cm 2 cm ㄴ 2 cm 2 cm ㅁ

선분 ㄱㄴ이 5 cm이고 삼각형 ㄱㄹㄴ과 삼각형 ㄷㄴㅁ은 합동이므로 선분 ㄴㄷ의 길이도 5 cm입니다. 따라서 점 ㄱ에서 점 ㄴ을 거쳐 점 ㄱ으로 되돌아오는 길이는 $5+5=10$ (cm)입니다.

07 $6.1\times6.1-1.1\times1.1=37.21-1.21=36$
$36=6\times6$이므로 길이가 주어지지 않은 변의 길이는 6 cm입니다.
(넓이)$=6\times1.1\div2=6.6\div2=3.3$ (cm^2)

08 두 자동차 사이의 거리를 1이라고 하면
가 자동차는 1분에 $1\div30=\frac{1}{30}$만큼을 가고,
나 자동차는 1분에 $1\div60=\frac{1}{60}$만큼을 갑니다.
동시에 출발하면 1분에
$\frac{1}{30}+\frac{1}{60}=\frac{2}{60}+\frac{1}{60}=\frac{3}{60}=\frac{1}{20}$만큼씩 가까워집니다.
$\frac{1}{20}\times20=1$이므로 20분 후에 만나게 됩니다.

고난도 해결 전략 1회 64~67쪽

01 $1\frac{8}{15}$ cm^2 **02** $10\frac{9}{16}$ m^2

03 ; 1.625

$$\begin{array}{r} 1.625 \\ 4\overline{)6.5} \\ 4 \\ \hline 2\,5 \\ 2\,4 \\ \hline 1\,0 \\ 8 \\ \hline 2\,0 \\ 0 \\ \hline 0 \end{array}$$

04 $2\frac{9}{20}$ m **05** $7\frac{1}{17}$

06 0.04 **07** 13.75 cm

08 $\frac{2}{99}$ **09** 0.96 cm^2

10 34.68 cm^2 **11** 25.5

12 $\frac{5}{8}$배

01 선분을 1개 더 그어 6등분이 되도록 나눕니다.

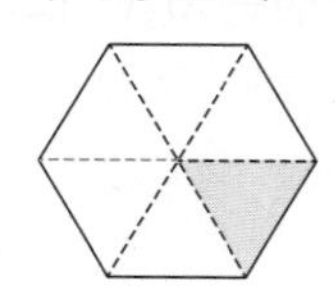

색칠한 부분은 전체를 6으로 나눈 것 중의 하나입니다.

$9\frac{1}{5}\div6=\frac{\overset{23}{\cancel{46}}}{5}\times\frac{1}{\underset{3}{\cancel{6}}}=\frac{23}{15}=1\frac{8}{15}$ (cm^2)

02 (정사각형의 한 변의 길이)$=13\div4=\frac{13}{4}$ (m)

(정사각형의 넓이)$=\frac{13}{4}\times\frac{13}{4}=\frac{169}{16}$

$=10\frac{9}{16}$ (m^2)

03 몫의 일의 자리 숫자가 1이면 $4\times1=4$이고 나누어지는 수의 일의 자리 숫자는 $\square-4=2$, $\square=6$입니다.

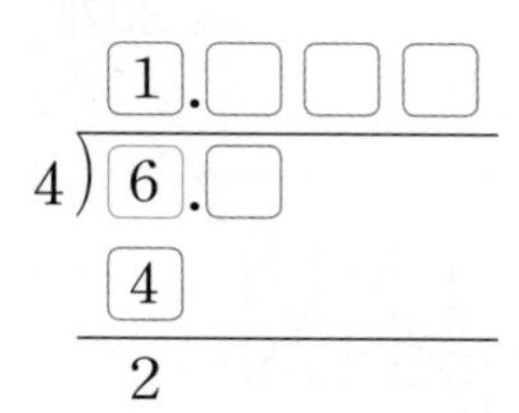

몫의 일의 자리 숫자가 2이면 $4\times2=8$이고 나누어지는 수의 일의 자리 숫자는 $\square-8=2$, $\square=10$이므로 성립하지 않습니다.

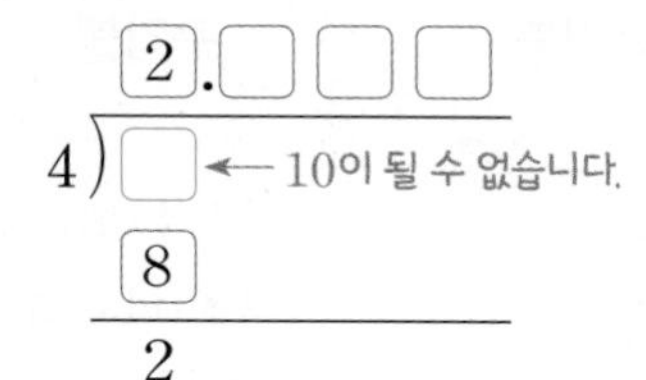

따라서 몫의 일의 자리 숫자는 1입니다.

$$\begin{array}{r} 1.625 \\ 4\overline{)6.5} \\ 4 \\ \hline 25 \\ 24 \\ \hline 10 \\ 8 \\ \hline 20 \\ 20 \\ \hline 0 \end{array}$$

$4\times6=24$이므로 몫의 소수 첫째 자리 숫자는 6입니다.

$\square-4=1$이므로 $\square=5$입니다.

$4\times2=8$이므로 몫의 소수 둘째 자리 숫자는 2입니다.

$4\times5=20$이므로 몫의 소수 셋째 자리 숫자는 5입니다.

04 (첫 번째 가로수와 네 번째 가로수 사이의 거리)

$=10\frac{1}{4}-2\frac{9}{10}=9\frac{5}{4}-2\frac{9}{10}$

$=9\frac{25}{20}-2\frac{18}{20}=7\frac{7}{20}$ (m),

(가로수 사이의 간격)

$=7\frac{7}{20}\div3=\frac{\overset{49}{\cancel{147}}}{5}\times\frac{1}{\underset{1}{\cancel{3}}}=\frac{49}{20}=2\frac{9}{20}$ (m)

05 밑변이 15 cm일 때 높이는 8 cm입니다.

(삼각형의 넓이)$=15\times8\div2=60$ (cm^2)

밑변이 17 cm일 때 높이는 ■ cm입니다.

$17\times■\div2=60$, $17\times■=120$

$■=120\div17=\frac{120}{17}=7\frac{1}{17}$

06

$$\begin{array}{r} 0.2352 \\ 15\overline{)3.528} \\ 30 \\ \hline 52 \\ 45 \\ \hline 78 \\ 75 \\ \hline 30 \\ 30 \\ \hline 0 \end{array}$$

0.2352를 반올림해서 소수 둘째 자리까지 나타내면 0.24입니다.

0.2352를 반올림해서 소수 첫째 자리까지 나타내면 0.2입니다.

⇨ $0.24-0.2=0.04$

07 가로가 15 cm, 세로가 16.5 cm인 직사각형의 넓이는 $15\times16.5=247.5$ (cm^2)입니다.

가로가 $15+3=18$ (cm)일 때 세로는 $247.5\div18=13.75$ (cm)입니다.

08 ㉡=㉠×2,

㉢=㉡×4=㉠×2×4=㉠×8,

㉠+㉡+㉢=㉠+㉠×2+㉠×8=㉠×11

㉠+㉡+㉢$=\frac{2}{9}$이므로 ㉠×11$=\frac{2}{9}$입니다.

㉠$=\frac{2}{9}\div11=\frac{2}{9}\times\frac{1}{11}=\frac{2}{99}$

09 삼각형 ㄱㄴㄹ, ㄱㄹㅁ, ㄱㅁㄷ의 밑변의 길이와 높이가 각각 같으므로 넓이가 같습니다.
따라서 삼각형 ㄱㄹㅁ의 넓이는
삼각형 ㄱㄴㄷ의 넓이를 3으로 나눈 몫과 같습니다.
⇨ $2.88 \div 3 = 0.96$ (cm²)

10 (가로)+(세로)=$27.2 \div 2 = 13.6$ (cm)
세로를 □cm라고 하면
□×3+□=13.6, □×4=13.6이므로 세로는
$13.6 \div 4 = 3.4$ (cm)입니다.
가로는 $3.4 \times 3 = 10.2$(cm)이므로 넓이는
$10.2 \times 3.4 = 34.68$ (cm²)입니다.

11 나누어지는 수는 되도록 크게, 나누는 수는 되도록 작게 만듭니다.
$7 > 6 > 5 > 3$이므로 가장 큰 소수 한 자리 수는 76.5이고, 가장 작은 수인 3을 나누는 수로 하여 식을 쓰면 $76.5 \div 3$입니다.
⇨ $76.5 \div 3 = 25.5$

12 1시간 동안 수영장에 채워지는 물의 양은 가 수도만 틀었을 때 $\frac{1}{9}$, 나 수도만 틀었을 때 $\frac{1}{15}$입니다.
가와 나 수도를 동시에 틀었을 때 1시간 동안 채워지는 물의 양은 전체의
$\frac{1}{9}+\frac{1}{15}=\frac{5}{45}+\frac{3}{45}=\frac{8}{45}$입니다.
가와 나 수도를 동시에 틀어서 전체의 $\frac{1}{45}$을 채우는 데 걸리는 시간은 $1 \div 8 = \frac{1}{8}$(시간)이고
가와 나 수도를 동시에 틀어서 전체를 채우는 데 걸리는 시간은 $\frac{1}{8} \times 45 = \frac{45}{8}$(시간)입니다.
⇨ $\frac{45}{8} \div 9 = \frac{45}{8} \times \frac{1}{9} = \frac{5}{8}$(배)

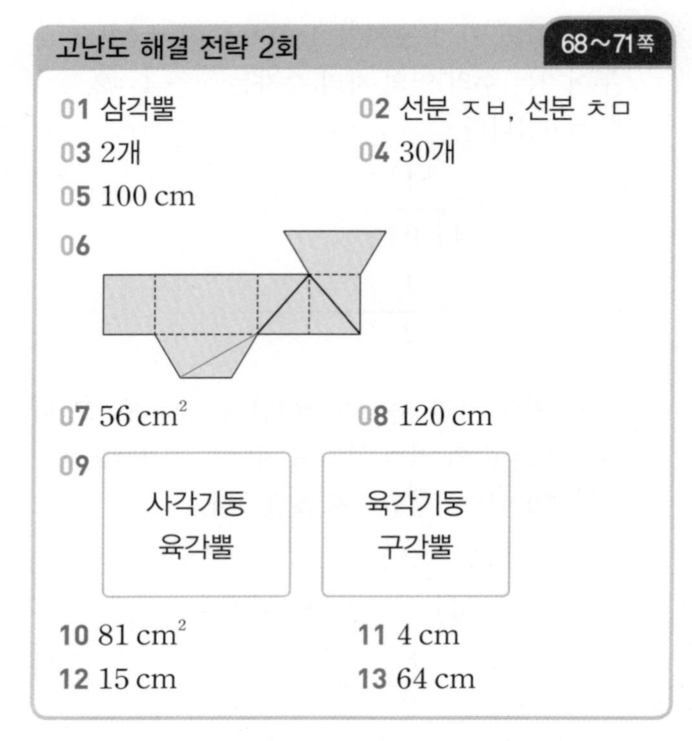

고난도 해결 전략 2회 68~71쪽

01 삼각뿔
02 선분 ㅈㅂ, 선분 ㅊㅁ
03 2개
04 30개
05 100 cm
06 (그림)
07 56 cm²
08 120 cm
09 사각기둥, 육각뿔 / 육각기둥, 구각뿔
10 81 cm²
11 4 cm
12 15 cm
13 64 cm

01 모든 면이 삼각형이므로 밑면도 삼각형입니다.
따라서 각뿔의 이름은 삼각뿔입니다.

02 면 ㄱㄴㅊ과 면 ㄷㄹㅁ은 밑면입니다.
전개도를 접었을 때 면 ㄱㅊ과 만나는 선분은 선분 ㄱㄴ, 선분 ㄴㅊ, 선분 ㅊㅁ, 선분 ㅊㅈ, 선분 ㅈㅇ, 선분 ㅈㅂ입니다.
이 중에서 선분 ㄱㅊ과 수직으로 만나는 선분은 옆면에 포함되는 선분 ㅊㅁ과 선분 ㅈㅂ입니다.

03 ㉠ 오각기둥과 사각기둥이 만들어집니다.
오각기둥의 꼭짓점의 수는 $5 \times 2 = 10$(개),
사각기둥의 꼭짓점의 수는 $4 \times 2 = 8$(개)입니다.
⇨ 18개
㉡ 오각기둥 2개가 만들어집니다.
오각기둥의 꼭짓점의 수는 $5 \times 2 = 10$(개)입니다.
⇨ $10 \times 2 = 20$(개)

04 □각기둥의 꼭짓점의 수는 □×2입니다.
□×2=14, □=7
칠각기둥의 면의 수는 7+2=9(개), 모서리의 수는 7×3=21(개)입니다.
⇨ 9+21=30(개)

05 6 cm인 모서리가 5개, 14 cm인 모서리가 5개입니다.

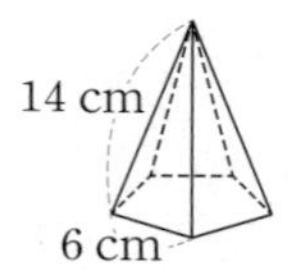

6×5+14×5=30+70=100 (cm)

06 면 ㄱㄴㄷㄹ에 선분 ㄴㄹ이 그어져 있습니다. 점 ㄴ과 만나는 점과 점 ㄹ과 만나는 점을 찾아 선분을 긋습니다.

07 밑면의 한 변의 길이를 □cm라고 하면
□×8+8×2=72, □×8=56, □=7입니다.
⇨ (한 옆면의 넓이)=7×8=56 (cm^2)

08 밑면의 한 변이 5 cm이고 높이를 나타내는 모서리가 10 cm인 육각기둥입니다.
따라서 5 cm인 모서리가 12개, 10 cm인 모서리가 6개이므로 모든 모서리의 길이의 합은
5×12+10×6=60+60=120 (cm)입니다.

09

밑면	각기둥의 모서리 수	각뿔의 모서리 수
삼각형	9	6
사각형	12	8
오각형	15	10
육각형	18	12
칠각형	21	14
팔각형	24	16
구각형	27	18
십각형	30	20

10 밑면에 포함된 모서리가 4 cm일 때 변의 길이가 4 cm인 마름모 중에서 가장 넓은 사각형은 정사각형입니다.
(넓이)=4×4=16 (cm^2)
밑면에 포함된 모서리가 9 cm일 때 변의 길이가 9 cm인 마름모 중에서 가장 넓은 사각형은 정사각형입니다.
(넓이)=9×9=81 (cm^2)
⇨ 16<81

11 각뿔의 옆면은 만나서 모서리가 되므로 맞닿는 변의 길이는 같습니다.

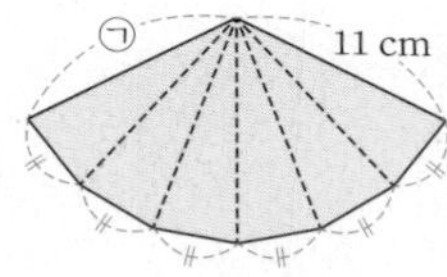

따라서 ㉠의 길이는 11 cm입니다.
46−11×2=24, 24÷6=4 (cm)

12 (전개도에서 두 밑면의 넓이)
=16×30÷2×2=480 (cm^2),
(전개도에서 옆면 4개의 넓이)
=1500−480=1020 (cm^2)
옆면 1개의 넓이는 1020÷4=255 (cm^2)이고, 옆면은 직사각형이므로 높이는
255÷17=15 (cm)입니다.

13 밑면이 평행사변형이므로 밑변이 □cm일 때 높이는 3 cm입니다.
□×3=18, □=6

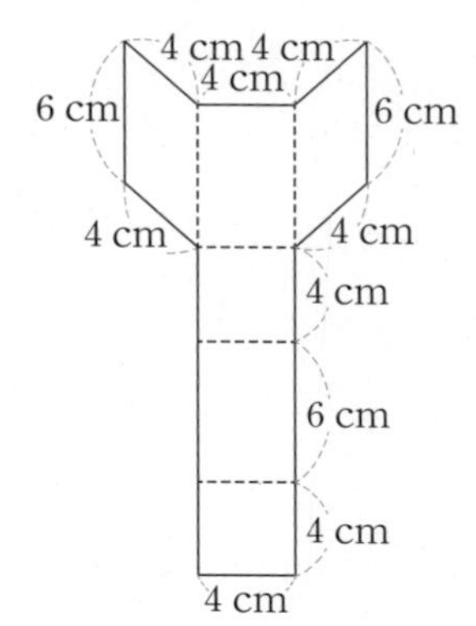

전개도의 둘레는 6 cm인 변이 4개, 4 cm인 변이 10개입니다.
6×4+4×10
=24+40=64 (cm)

memo

정답과 풀이

BOOK 2

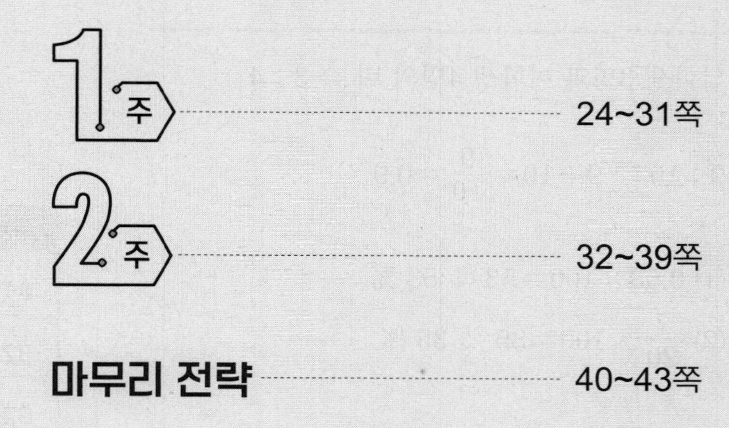

1주 .... 24~31쪽

2주 .... 32~39쪽

마무리 전략 .... 40~43쪽

일등 전략 6-1

1주 1일

개념 돌파 전략 1 | 확인 문제 8~11쪽

01 3 : 4
02 $\frac{9}{10}$, 0.9
03 (1) 53 % (2) 35 %
04 (1) 15, 0.3 (2) 18, 0.45
05 $\frac{6000}{4}$(=1500)
06 50 %
07 (1) 서울 · 인천 · 경기 (2) 3300개
08 15 %
09 장미
10 ㉣
11

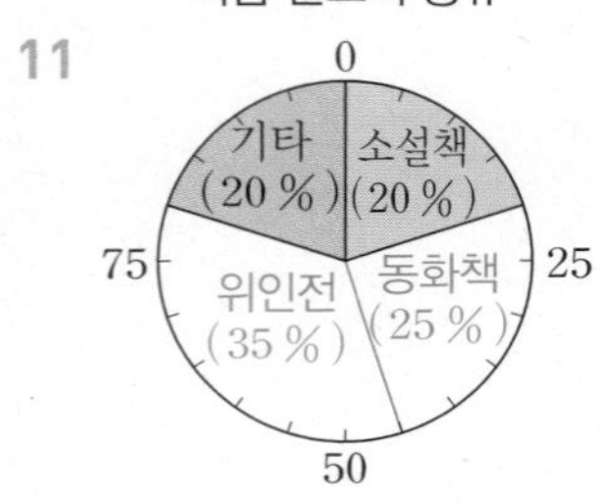

01 남학생 3명과 여학생 4명의 비 ⇨ 3 : 4

02 9 : 10 ⇨ $9 \div 10 = \frac{9}{10} = 0.9$

03 (1) $0.53 \times 100 = 53$ ⇨ 53 %

(2) $\frac{7}{20} \times 100 = 35$ ⇨ 35 %

04 (전체 타수에 대한 안타 수의 비율)

$= \frac{(\text{안타 수})}{(\text{전체 타수})}$이므로

(1) $\frac{15}{50} = \frac{3}{10} = 0.3$

(2) $\frac{18}{40} = \frac{9}{20} = \frac{45}{100} = 0.45$

05 $\frac{(\text{인구})}{(\text{넓이})} = \frac{6000}{4}(=1500)$

06 (민국이의 득표율)$= \frac{200}{400} \times 100 = 50$ ⇨ 50 %

07 (2) 유치원이 가장 많은 권역은 서울 · 인천 · 경기로 3400개이고, 유치원이 가장 적은 권역은 제주로 100개입니다.

⇨ $3400 - 100 = 3300$(개)

10 ㉠ 꺾은선그래프
㉡ 그림그래프
㉢ 막대그래프

11 소설책: $\frac{40}{200} \times 100 = 20$ ⇨ 20 %

동화책: $\frac{50}{200} \times 100 = 25$ ⇨ 25 %

위인전: $\frac{70}{200} \times 100 = 35$ ⇨ 35 %

기타: $\frac{40}{200} \times 100 = 20$ ⇨ 20 %

개념 돌파 전략 2 12~13쪽

01 (1) 3 : 8 (2) 7 : 10
02 $\frac{28}{40}\left(=\frac{7}{10}\right)$, 0.7, 70 %
03 87.5 %
04 콩, 조, 보리, 쌀
05 4배
06

좋아하는 채소별 학생 수

0 10 20 30 40 50 60 70 80 90 100(%)

배추 (25 %)	무 (20 %)	콩나물 (30 %)	오이 (20 %)	기타 (5 %)

01 (1) (색칠한 칸 수) : (전체 칸 수)=3 : 8
(2) (색칠한 칸 수) : (전체 칸 수)=7 : 10

02 가로에 대한 세로의 비

⇨ (세로) : (가로)=28 : 40

28 : 40 ⇨ $\frac{28}{40}=\frac{28\div4}{40\div4}=\frac{7}{10}=0.7$

0.7을 백분율로 나타내면

$0.7\times100=70$ ⇨ 70 %

03 $\frac{21}{24}\times100=87.5$ ⇨ 87.5 %

04 비율의 크기를 비교해 봅니다.

⇨ 10 % (콩) < 20 % (조) < 30 % (보리) < 40 % (쌀)

05 (탕수육의 비율)

$=100-40-25-15-10=10$ (%)

(짜장면의 비율)=40 %,

(탕수육의 비율)=10 %

⇨ $40\div10=4$(배)

06 각 채소별 비율을 구하면

(배추)$=\frac{30}{120}\times100=25$ ⇨ 25 %

(무)$=\frac{24}{120}\times100=20$ ⇨ 20 %

(콩나물)$=\frac{36}{120}\times100=30$ ⇨ 30 %

(오이)$=\frac{24}{120}\times100=20$ ⇨ 20 %

(기타)$=\frac{6}{120}\times100=5$ ⇨ 5 %

필수 체크 전략 1

14~17쪽

1-1 11 : 10

1-2 13 : 28

2-1 0.4

2-2 1.5

3-1 $\frac{250}{2}$(=125), $\frac{390}{3}$(=130), 수진

4-1 $\frac{510000}{300}$(=1700), $\frac{740000}{400}$(=1850), B 도시

5-1

마을별 놀이터 수

마을	샛별	달	해님	꿈
놀이터 수	◎◎○	◎◎○	◎○○○○	◎○○○○

◎10개 ○1개

6-1 42 %

7-1 27건

8-1 98명

1-1 (남학생 수)$=21-11=10$(명)

⇨ (남학생 수에 대한 여학생 수의 비)

=(여학생 수) : (남학생 수)=11 : 10

1-2 (윤아네 반 학생 수)$=15+13=28$(명)

⇨ (반 전체 학생 수에 대한 여학생 수의 비)

=(여학생 수) : (반 전체 학생 수)=13 : 28

2-1 (직사각형의 가로)$=90\div6=15$ (cm)

⇨ (가로에 대한 세로의 비율)

$=\frac{(세로)}{(가로)}=\frac{6}{15}=\frac{2}{5}=0.4$

2-2 (태극기의 세로)$=216\div18=12$ (cm)

⇨ (세로에 대한 가로의 비율)

$=\frac{(가로)}{(세로)}=\frac{18}{12}=\frac{3}{2}=1.5$

3-1 걸린 시간에 대한 간 거리의 비율이 우석이가 탄 기차는 $\frac{250}{2}=125$이고, 수진이가 탄 기차는 $\frac{390}{3}=130$이므로 $125<130$에서 수진이가 탄 기차가 더 빠릅니다.

4-1 넓이에 대한 인구의 비율이 A 도시는 $\frac{510000}{300}=1700$, B 도시는 $\frac{740000}{400}=1850$이므로 인구가 더 밀집한 곳은 $1700<1850$에서 B 도시입니다.

5-1 샛별: 21개, 달: 21개, 해님: 14개
⇨ (꿈 마을의 놀이터 수)
$=70-21-21-14=14$(개)
⇨ 14개는 큰 그림 1개, 작은 그림 4개로 나타냅니다.

6-1 스파게티의 비율이 □ %라면
비빔밥의 비율은 (□×3) %이므로
(□×3)+29+□+10+5=100,
□×4+44=100, □×4=56, □=14
따라서 비빔밥의 비율은 $14\times3=42$ (%)입니다.

7-1 (신호 위반)$=300\times\frac{21}{100}=63$(건)
(졸음 운전)$=300\times\frac{12}{100}=36$(건)
⇨ $63-36=27$(건)

8-1 (연예인이 장래 희망인 학생 수)
$=400\times\frac{35}{100}=140$(명)
연예인이 되고 싶은 여학생은 연예인이 되고 싶은 학생의 $100-30=70$ (%)입니다.
(연예인이 되고 싶은 여학생 수)
$=140\times\frac{70}{100}=98$(명)

필수 체크 전략 2

18~19쪽

01 $\frac{25}{28}$　02 B 자동차
03 우진　04 25 : 20
05 남쪽, 200대　06 5명
07 210명　08 420명

01 (직사각형의 넓이)$=7\times4=28$ (cm^2)
(정사각형의 넓이)$=5\times5=25$ (cm^2)
⇨ $\frac{(\text{정사각형의 넓이})}{(\text{직사각형의 넓이})}=\frac{25}{28}$

02 연료 양에 대한 간 거리의 비율이
A 자동차는 $\frac{375}{25}=15$,
B 자동차는 $\frac{680}{40}=17$이므로
B 자동차의 비율이 더 높습니다.

03 (경희의 성공률)$=\frac{21}{40}=0.525$,
(우진이의 성공률)$=\frac{33}{60}=0.55$이므로
우진이의 성공률이 더 높습니다.

04 (비율)$=\frac{(\text{비교하는 양})}{(\text{기준량})}=1.25=\frac{5}{4}$,
분수의 분모와 분자에 같은 수를 곱해도 크기는 같으므로 비교하는 양을 5×□, 기준량을 4×□로 나타냅니다.
5×□+4×□=45, 9×□=45, □=5
따라서 비교하는 양은 $5\times5=25$,
기준량은 $4\times5=20$입니다.
이 때의 비는 25 : 20입니다.

05 (나 마을의 자동차 수)
$=11400-(3100+2300+3500)$
$=11400-8900=2500$(대)
(북쪽 마을의 자동차 수의 합)
$=3100+2500=5600$(대)
(남쪽 마을의 자동차 수의 합)
$=2300+3500=5800$(대)
⇨ 남쪽 마을의 자동차 수가
$5800-5600=200$(대) 더 많습니다.

06 공부를 □ %라 하면
운동의 비율은 (□×2) %이므로
$20+(□\times2)+18+□+8=100$,
$46+□\times3=100$, $□=18$
(여행)$=250\times\frac{20}{100}=50$(명),
(공부)$=250\times\frac{18}{100}=45$(명)
⇨ $50-45=5$(명)

07 (가 마을에 사는 학생 수)
$=1500\times\frac{35}{100}=525$(명)
가 마을에 사는 학생 중 여학생은
$100-60=40$ (%)입니다.
(가 마을에 사는 여학생 수)
$=525\times\frac{40}{100}=210$(명)

08 (다 마을에 사는 학생 수)
$=1500\times\frac{25}{100}=375$(명)
(라 마을에 사는 학생 수)
$=1500\times\frac{15}{100}=225$(명)
(라 마을에 사는 학생의 $\frac{1}{5}$)
$=225\times\frac{1}{5}=45$(명)
⇨ $375+45=420$(명)

필수 체크 전략 1 20~23쪽

1-1 태현, 56개	1-2 A, 7개
2-1 $\frac{1}{45000}$	2-2 12 cm
3-1 15 %, 20 %	
4-1 16.7 %	4-2 9 %
5-1 208000대	
6-1 374명	

7-1 콩의 영양소 (%)

0 10 20 30 40 50 60 70 80 90 100

단백질 (40 %)	탄수화물 (30 %)	지방 (18 %)	수분(6 %)	기타 (6 %)

8-1 여학생, 200명

1-1 (민호의 안타 수)$=400\times0.225=90$(개)
(태현이의 안타 수)$=400\times0.365=146$(개)
따라서 태현이가 $146-90=56$(개) 더 쳤습니다.

1-2 (A의 안타 수)$=120\times0.35=42$(개)
(B의 안타 수)$=140\times0.25=35$(개)
따라서 A가 $42-35=7$(개) 더 쳤습니다.

2-1 900 m$=$90000 cm이므로
(축척)$=\frac{(\text{지도에서의 거리})}{(\text{실제 거리})}=\frac{2}{90000}=\frac{1}{45000}$

2-2 (축척)$=$(지도에서의 거리)$\div$(실제 거리)
⇨ (지도에서의 거리)$=$(실제 거리)$\times$(축척)
따라서 지도에서의 거리는
$60000\times\frac{1}{5000}=12$ (cm)

3-1 • (인형의 할인 금액)

$=20000-17000=3000$(원)

(인형의 할인율)

$=\frac{3000}{20000}\times 100=15 \Rightarrow 15\ \%$

• (로봇의 할인 금액)

$=15000-12000=3000$(원)

(로봇의 할인율)

$=\frac{3000}{15000}\times 100=20 \Rightarrow 20\ \%$

4-1 처음 소금 양은 $980\times 0.15=147$ (g)입니다.
새로 만든 소금물에서 소금 양은
$147+20=167$ (g)이고, 소금물 양은
$980+20=1000$ (g)입니다.
따라서 새로 만든 소금물의 진하기는
$\frac{167}{1000}\times 100=16.7 \Rightarrow 16.7\ \%$입니다.

4-2 처음 소금 양은 $300\times 0.12=36$ (g)입니다.
새로 만든 소금물에서 소금 양은 변함이 없고 소금물 양은 $300+100=400$ (g)입니다.
따라서 새로 만든 소금물의 진하기는
$\frac{36}{400}\times 100=9 \Rightarrow 9\ \%$입니다.

5-1 이 회사 전체의 자동차 생산량을 □대라 하면

$\square\times\frac{25}{100}=20$만, $\square\times\frac{1}{4}=20$만

$\Rightarrow \square=20$만$\times 4=80$만 (□의 $\frac{1}{4}$이 20만이므로)

(라 공장의 비율)

$=100-(13+25+22+14)=26\ (\%)$

$\Rightarrow$ (라 공장에서 생산한 자동차 수)

$=80$만$\times\frac{26}{100}$

$=20.8$만 $\Rightarrow 208000$대

6-1 (불만인 사람 수)

$=5000\times\frac{22}{100}=1100$(명)

(비싼 가격이 불만인 사람 수)

$=1100\times\frac{34}{100}=374$(명)

7-1 (지방과 수분의 비율의 합)

$=100-40-30-6=24\ (\%)$

수분의 비율을 □ %라 하면

$\square+\square\times 3=24$, $\square\times 4=24$, $\square=6$

따라서 수분의 비율은 6 %, 지방의 비율은
$6\times 3=18\ (\%)$입니다.

8-1 (박씨와 이씨인 남학생 수)

$=400\times\frac{45}{100}=180$(명)

따라서 최씨와 이씨인 여학생도 180명입니다.
전체 여학생 수를 □명이라 하면

$\square\times\frac{30}{100}=180$, $\square\times\frac{3}{10}=180$, $\square=600$ ($\square\times\frac{1}{10}=60$이므로)

따라서 여학생이 남학생보다
$600-400=200$(명) 더 많습니다.

필수 체크 전략 2 24~25쪽

01 12 %, 15 %, 해법 은행

02 10000원 **03** 1700 g

04 25 %

05 책의 수

0 10 20 30 40 50 60 70 80 90 100 (%)

인문 (35 %) | 사회 (20 %) | 과학 (20 %) | 예술 (15 %) | 기타 (10 %)

06 7.2 km^2 **07** 250명

08 54명

01 (천재 은행의 이자율)
$=\frac{360000}{3000000}\times100=12 \Rightarrow 12\ \%$
(해법 은행의 이자율)
$=\frac{750000}{5000000}\times100=15 \Rightarrow 15\ \%$
⇨ $12<15$이므로 해법 은행의 이자율이 더 높습니다.

02 원래 가격의 20 %$\left(=\frac{1}{5}\right)$가 2000원이므로
원래 가격은 $2000\times5=10000$(원)입니다.

03 소금물의 15 %가 300 g이므로
소금물의 1 %는 $300\div15=20$ (g),
소금물의 100 %는 $20\times100=2000$ (g)입니다.
소금물 양에 소금이 포함되어 있으므로
물 양은 $2000-300=1700$ (g)입니다.

04 (작년 귤 한 개의 가격)
$=5600\div10=560$(원)
(올해 귤 한 개의 가격)
$=5600\div8=700$(원)
귤의 가격이 오른 비율은
$\frac{(\text{오른 금액})}{(\text{작년 가격})}=\frac{700-560}{560}=\frac{140}{560}$이므로
백분율로 나타내면 $\frac{140}{560}\times100=25 \Rightarrow 25\ \%$입니다.

05 예술책을 □권이라 하면
과학책은 (□+18)권이므로
$126+72+(□+18)+□+36=360$,
$□\times2+252=360$, $□\times2=108$, $□=54$
$\frac{(\text{항목별 책 수})}{(\text{전체 책 수})}$를 계산하면 인문 35 %, 사회 20 %,
과학 20 %, 예술 15 %, 기타 10 %입니다.

06 (토지 이용도에서 밭의 비율)
$=100-(35+25+15+5)=20$ (%)
(밭의 이용도에서 고구마의 비율)
$=100-(28+23+17+14)=18$ (%)
(밭의 넓이)
$=200\times\frac{20}{100}=40$ (km^2)
(고구마를 심은 넓이)
$=40\times\frac{18}{100}=7.2$ (km^2)

07 '기타'라고 대답한 여학생 수를 □명이라 하면
$□\times\frac{20}{100}=5$, $□\times\frac{1}{5}=5$, $□=5\times5=25$
조사한 여학생 수를 △명이라 하면
$△\times\frac{10}{100}=25$, $△\times\frac{1}{10}=25$,
$△=25\times10=250$입니다.

08 (매실 주스를 좋아하는 여학생 수)
$=200\times\frac{15}{100}=30$(명)
(매실 주스를 좋아하는 남학생 수)
$=30\times1.5=45$(명)
남학생 수를 □명이라 하면
$□\times\frac{25}{100}=45$, $□\times\frac{1}{4}=45$,
$□=45\times4=180$
따라서 오렌지 주스를 좋아하는 남학생은
$180\times\frac{30}{100}=54$(명)입니다.

누구나 만점 전략 26~27쪽

01 0.625

02 $\frac{12}{480}\left(=\frac{1}{40}\right)$, 2.5 %

03 151 : 449　　04 ①, ③, ⑤

05 예

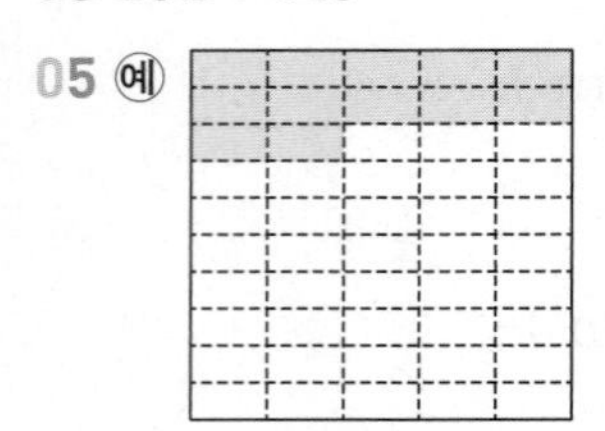

06 32, 25, 16, 27, 100

07

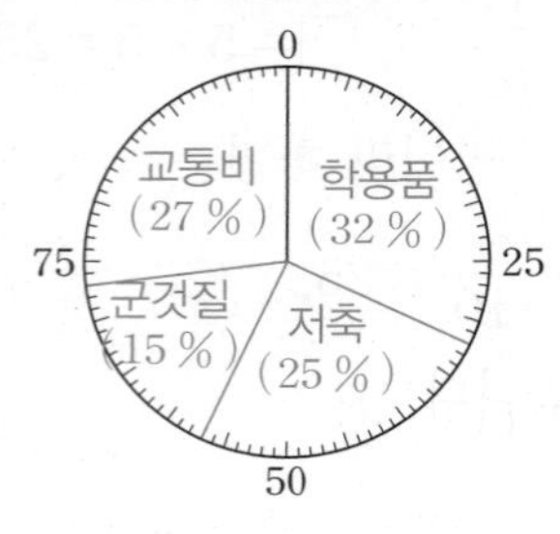

08 3차 산업 종사자　　09 1.5배

10 14 m^2

01 (전체에 대한 색칠한 부분의 비율)

$=\frac{(\text{색칠한 칸 수})}{(\text{전체 칸 수})}=\frac{5}{8}=0.625$

02 (전체 인형 수에 대한 불량품의 비율)

$=\frac{(\text{불량품의 수})}{(\text{전체 인형의 수})}=\frac{12}{480}=\frac{1}{40}$

백분율로 나타내면

$\frac{1}{40}\times100=2\frac{1}{2}$ ⇨ 2.5 %

03 (여자 관객 수)$=600-449=151$(명)

(남자 관객 수에 대한 여자 관객 수의 비)

=(여자 관객 수) : (남자 관객 수)

$=151 : 449$

04 $\frac{(\text{비교하는 양})}{(\text{기준량})}$에서 (기준량)$<$(비교하는 양)이면 비율이 1보다 큽니다.

비율이 1보다 큰 것은 ①, ③, ⑤입니다.

05 (텃밭의 넓이에 대한 고추를 심은 넓이의 비율)

$=\frac{60}{250}=\frac{6}{25}$

도형은 50칸이므로 위의 비율을 분모가 50인 분수로 나타내면 $\frac{6}{25}=\frac{12}{50}$입니다.

따라서 50칸 중 12칸에 색칠합니다.

06 (교통비로 쓴 돈)

$=20000-6400-5000-3200=5400$(원)

백분율을 구하면

(학용품)$=\frac{6400}{20000}\times100=32$ ⇨ 32 %

(저축)$=\frac{5000}{20000}\times100=25$ ⇨ 25 %

(군것질)$=\frac{3200}{20000}\times100=16$ ⇨ 16 %

(교통비)$=\frac{5400}{20000}\times100=27$ ⇨ 27 %

07 각 항목이 차지하는 백분율의 크기만큼 선을 그어 원을 나누고, 나눈 부분에 각 항목의 내용과 백분율을 씁니다.

09 (2000년 1차 산업 종사자 비율)

÷(2020년 1차 산업 종사자 비율)

$=42\div28=1.5$(배)

10 상추와 가지의 비율의 합이 $35+15=50$ (%)이므로 전체 넓이를 □m^2라 하면

$\square\times\frac{50}{100}=7$, $\square\times\frac{1}{2}=7$, $\square=7\times2=14$입니다.

창의 • 융합 • 코딩 전략 28~31쪽

01 4등급 02 45000원

03 예

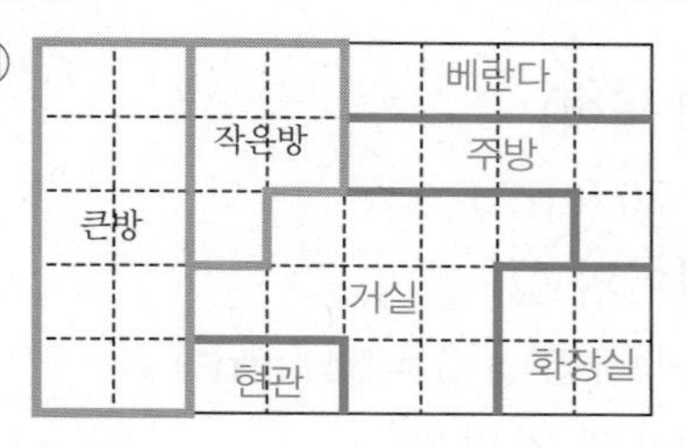

04 150 cm

05 58.8 %, 65.4 % 06 25 %

07 150만 명

08

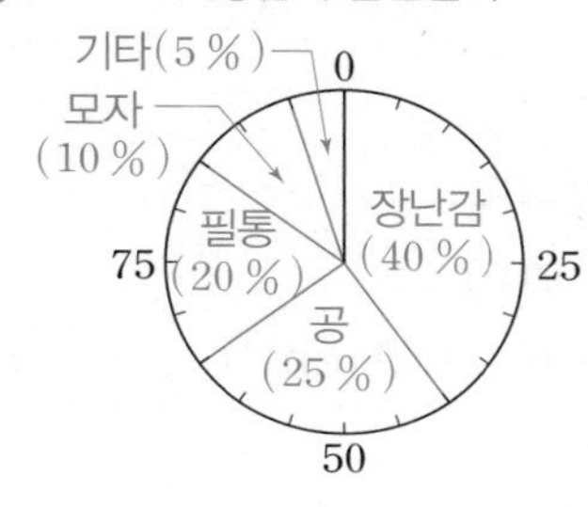

01 (연비)$=\frac{360}{32}=11\frac{1}{4}=11.25$

11.25는 9.4 이상 11.6 미만 범위에 있으므로 4등급입니다.

02 (1년 동안의 이자)=(5년 동안의 이자)÷5

$=150000\div5=30000$(원)

(이자율)$=\frac{30000}{1000000}=\frac{3}{100}$

150만 원을 1년 동안 예금했을 때의 이자는

$1500000\times\frac{3}{100}=45000$(원)

03 각 공간이 차지하는 칸 수는 다음과 같습니다.

거실: $40\times0.25=10$(칸),

주방: $10\times0.5=5$(칸),

큰방: $40\times0.25=10$(칸),

작은방: $10\times0.5=5$(칸),

현관: $10\times0.2=2$(칸),

화장실: $10\times0.4=4$(칸),

베란다: $40\times0.1=4$(칸)

04 물체의 높이와 그림자의 길이의 비율을 구해 보면

그네: $\frac{180}{300}=\frac{3}{5}=0.6$,

미끄럼틀: $\frac{240}{400}=\frac{3}{5}=0.6$으로 일정합니다.

철봉의 높이를 □cm라 하면

$\frac{□}{250}=0.6$, $□=0.6\times250=150$입니다.

05 남자: $43.0+15.8=58.8$ (%)

여자: $41.1+24.3=65.4$ (%)

06 (게임기와 핸드폰의 길이의 합)

$=60-12-9-9=30$ (cm)

(게임기의 길이)$=30\div2=15$ (cm)

(게임기를 받고 싶은 학생의 백분율)

$=\frac{15}{60}\times100=25$ ⇨ 25 %

07 강원도 전체 인구의 18 %가 27만 명이므로 강원도 전체 인구의 1 %는 27만÷18=1.5만 (명)이고, 강원도 전체 인구 100 %는

1.5만×100=150만 (명)입니다.

08 모자 수가 □개라 하면 필통 수는 (□×2)개, 공 수는 (□×2+10)개입니다.

$80+(□\times2+10)+(□\times2)+□+10=200$,

$□\times5+100=200$, $□\times5=100$, $□=20$

⇨ 공: $20\times2+10=50$(개),

필통: $20\times2=40$(개),

모자: 20개

(백분율)$=\frac{(물건 수)}{(합계)}\times100$을 이용하여 각 물건의 백분율을 구해 원그래프로 나타냅니다.

BOOK 2

2주 1일

개념 돌파 전략 1 | 확인 문제 34~37쪽

01 나
02 (1) 7 (2) 20
03 $16\ cm^3$
04 $36\ cm^3$
05 (1) 3000000 (2) 7
06 $72\ m^3$
07 $8\ cm^2$, $10\ cm^2$, $20\ cm^2$, $10\ cm^2$, $20\ cm^2$, $8\ cm^2$; $76\ cm^2$
08 (1) $8\ cm^2$, $6\ cm^2$, $12\ cm^2$; $52\ cm^2$
(2) $21\ cm^2$, $35\ cm^2$, $15\ cm^2$; $142\ cm^2$ └순서는 바뀌어도 됩니다.
09 $20\ cm^2$, $54\ cm^2$, $94\ cm^2$
10 $12\ cm^3$
11 $150\ cm^3$

01 가는 쌓기나무 3개, 나는 쌓기나무 4개로 쌓았으므로 나의 부피가 더 큽니다.

02 쌓기나무 1개의 부피가 $1\ cm^3$일 때, 쌓기나무 ■개의 부피는 ■ cm^3입니다.

03 (쌓기나무의 개수)$=4\times2\times2=16$(개)
(직육면체의 부피)$=16\ cm^3$

04 (직육면체의 부피)=(가로)×(세로)×(높이)
$=4\times3\times3=36\ (cm^3)$

05 $1\ m^3=1000000\ cm^3$이므로
■ m^3=■000000 cm^3입니다.

06 (직육면체의 부피)=(가로)×(세로)×(높이)
$=6\times4\times3=72\ (m^3)$

07 $8+10+20+10+20+8=76\ (cm^2)$

08 (1) $(8+6+12)\times2=52\ (cm^2)$
(2) $(21+35+15)\times2=142\ (cm^2)$

09 (한 밑면의 넓이)
$=4\times5=20\ (cm^2)$
(옆면의 넓이의 합)
$=(4+5+4+5)\times3=54\ (cm^2)$
⇨ (직육면체의 겉넓이)
$=20\times2+54=94\ (cm^2)$

10 $2\times2\times3=12\ (cm^3)$

11 (가로)$=4+1=5\ (cm)$
(세로)$=4+1=5\ (cm)$
⇨ (부피)$=5\times5\times6=150\ (cm^3)$

개념 돌파 전략 2 38~39쪽

01 ㉡
02 (1) < (2) >
03 $693\ cm^3$
04 $40\ cm^2$
05 $84\ cm^3$
06 $154\ cm^3$

01 ㉠ $3\times2\times5=30\ (cm^3)$
㉡ $4\times4\times3=48\ (cm^3)$ ⇨ ㉠<㉡

02 (1) $5600000\ cm^3=5.6\ m^3$이므로
$4.2\ m^3<5.6\ m^3$
(2) $15000000\ cm^3=15\ m^3$이므로
$15\ m^3>1.8\ m^3$

03 $7\times11\times9=693\ (cm^3)$

04 (정호가 가지고 있는 상자의 겉넓이)
$=(6\times10+10\times7+6\times7)\times2=344$ (cm^2)
(민정이가 가지고 있는 상자의 겉넓이)
$=8\times8\times6=384$ (cm^2)
⇨ $384-344=40$ (cm^2)

05 1층에 쌓은 쌓기나무는 $3\times4=12$(개)이고 높이를 7층으로 쌓으면 쌓기나무는 모두 $12\times7=84$(개)가 됩니다.
⇨ (만든 직육면체의 부피)$=84$ cm^3

06 (가로)$=10-3=7$ (cm),
(세로)$=14-3=11$ (cm),
(높이)$=5-3=2$ (cm)
⇨ (직육면체의 부피)$=7\times11\times2=154$ (cm^3)

2주 2일

필수 체크 전략 1 (40~43쪽)

1-1 ㉣, ㉢, ㉠, ㉡	1-2 1000000개
2-1 90000, 0.09	2-2 135000, 0.135
3-1 10	3-2 9
4-1 752 cm^2	4-2 726 cm^2
5-1 64개	5-2 960개
6-1 6	6-2 7
7-1 384 cm^2	7-2 216 cm^2
8-1 9배	8-2 27배

1-1 ㉠ 7.3 m^3
㉡ 830000 cm^3=0.83 m^3
㉢ 22000000 cm^3=22 m^3
㉣ 31 m^3
⇨ ㉣ 31 m^3 > ㉢ 22 m^3 > ㉠ 7.3 m^3 > ㉡ 0.83 m^3

1-2 쌓기나무 한 개의 부피는 1 cm^{3}입니다.
1 m^3=1000000 cm^{3}이므로 필요한 쌓기나무는 1000000개입니다.

2-1 0.3 m=30 cm이므로
$60\times50\times30=90000$ (cm^3) ⇨ 0.09 m^3

2-2 0.5 m=50 cm이므로
(직육면체의 부피)
$=30\times50\times90=135000$ (cm^3)
⇨ 135000 cm^3=0.135 m^3

3-1 (직육면체의 부피)=(가로)×(세로)×(높이)이므로
$\square\times8\times6=480$, $\square\times48=480$,
$\square=480\div48=10$입니다.

3-2 (직육면체의 부피)=(가로)×(세로)×(높이)이므로
$4\times\square\times11=396$, $44\times\square=396$,
$\square=396\div44=9$입니다.

4-1 직육면체에서 마주 보는 면은 합동이므로 겉넓이는 $(12\times8)+(12\times14)+(8\times14)$의 2배입니다.
⇨ $(96+168+112)\times2=752$ (cm^2)

4-2 한 모서리의 길이가 11 cm인 정육면체의 전개도입니다.
⇨ $11\times11\times6=726$ (cm^2)

5-1 주사위를 상자의 가로에 $16\div4=4$(개), 세로에 $16\div4=4$(개), 높이에 $16\div4=4$(개)까지 넣을 수 있으므로 $4\times4\times4=64$(개)까지 넣을 수 있습니다.

BOOK 2

5-2 주사위를 상자의 가로에 $60 \div 5 = 12$(개), 세로에 $50 \div 5 = 10$(개), 높이에 $40 \div 5 = 8$(개)까지 넣을 수 있으므로 $12 \times 10 \times 8 = 960$(개)까지 넣을 수 있습니다.

6-1 직육면체에서 마주 보는 면은 합동이므로
$(8 \times 5 + 5 \times \square + 8 \times \square) \times 2 = 236$,
$(40 + 13 \times \square) \times 2 = 236$,
$40 + 13 \times \square = 118$,
$13 \times \square = 78$, $\square = 6$

6-2 직육면체에서 마주 보는 면은 합동이므로
$(2 \times 4 + 4 \times \square + 2 \times \square) \times 2 = 100$,
$(8 + 6 \times \square) \times 2 = 100$,
$8 + 6 \times \square = 50$,
$6 \times \square = 42$, $\square = 7$

7-1 (정육면체의 한 모서리의 길이)
$= 32 \div 4 = 8$ (cm)
(정육면체의 겉넓이)
$= 8 \times 8 \times 6 = 384$ (cm^2)

7-2 (정육면체의 한 모서리의 길이)
$= 30 \div 5 = 6$ (cm)
(정육면체의 겉넓이)
$= 6 \times 6 \times 6 = 216$ (cm^2)

8-1 (오른쪽 직육면체의 부피)
$= 5 \times 7 \times 3$ (cm^3)
(가로와 세로가 각각 3배인 직육면체의 부피)
$= (5 \times 3) \times (7 \times 3) \times 3$
$= (5 \times 7 \times 3) \times 3 \times 3$
$= (5 \times 7 \times 3) \times 9$ (cm^3)
따라서 가로와 세로가 각각 3배인 직육면체의 부피는 오른쪽 직육면체의 부피의 9배입니다.

8-2 처음 직육면체의 부피를 ■×▲×●라고 하면 만든 직육면체의 부피는
■×3×▲×3×●×3=■×▲×●×27이므로 27배입니다.

필수 체크 전략 2 44~45쪽

01 10	02 1000배
03 512 cm^3	04 144 cm^3
05 480 cm^3	06 1900개
07 6 cm	08 4배

01 왼쪽 직육면체의 부피는 $8 \times 5 \times 3 = 120$ (cm^3)이므로 $2 \times \square \times 6 = 120$, $12 \times \square = 120$, $\square = 10$입니다.

02 2 m$=$200 cm입니다.
한 모서리의 길이가 각각 $200 \div 20 = 10$(배)가 되었으므로 부피는 $10 \times 10 \times 10 = 1000$(배)입니다.

03 (한 모서리의 길이)$\times 12 = 96$,
(한 모서리의 길이)$= 96 \div 12 = 8$ (cm)
⇨ (정육면체의 부피)$= 8 \times 8 \times 8 = 512$ (cm^3)

04 직육면체의 겉넓이를 이용하면
$(6 \times 8 + 8 \times \square + 6 \times \square) \times 2 = 180$,
$48 + 14 \times \square = 90$,
$14 \times \square = 42$, $\square = 3$입니다.
따라서 직육면체의 부피는
$6 \times 8 \times 3 = 144$ (cm^3)입니다.

05 (직육면체의 겉넓이)$=208\times2=416$ (cm^2)
직육면체의 나머지 한 모서리의 길이를 $\square$ cm라 하면
$(10\times12+10\times\square+12\times\square)\times2=416$,
$120+22\times\square=208$,
$22\times\square=88$, $\square=4$
⇨ (직육면체의 부피)$=10\times12\times4=480$ (cm^3)

06 (가로)$=25+5=30$ (cm),
(세로)$=25+5=30$ (cm)
주사위를 상자의 가로에 $30\div3=10$(개), 세로에 $30\div3=10$(개), 높이에 $57\div3=19$(개)까지 넣을 수 있으므로 $10\times10\times19=1900$(개)까지 넣을 수 있습니다.

07 (직육면체의 겉넓이)
$=(30+18+60)\times2=216$ (cm^2)
정육면체의 한 모서리의 길이를 $\square$ cm라고 하면
$\square\times\square\times6=216$, $\square\times\square=36$, $\square=6$

08 (㉮의 부피)$=(■\times▲\times●)$ cm^3
(㉯의 부피)$=(■\times★)\times(▲\times★)\times(●\times★)$
$=(■\times▲\times●\times★\times★\times★)$ cm^3
$★\times★\times★$는 64이므로 $4\times4\times4=64$에서
$★=4$입니다.
가로, 세로, 높이를 똑같이 4배 한 것이므로 ㉯의 가로는 ㉮의 가로의 4배입니다.

필수 체크 전략 1

46~49쪽

1-1 729 cm^3	1-2 64 cm^3
2-1 3150 cm^3	2-2 2160 cm^3
3-1 30 cm^3	3-2 125 cm^3
4-1 6 cm	4-2 11 cm
5-1 1350 cm^2	5-2 384 cm^2
6-1 350 cm^2	6-2 1024 cm^2
7-1 56 cm^3	7-2 120 cm^3
8-1 462 cm^2	

1-1 정육면체의 한 모서리의 길이를 $\square$ cm라 하면
$\square\times\square=81$, $\square=9$
⇨ (정육면체의 부피)$=9\times9\times9=729$ (cm^3)

1-2 (정육면체의 한 모서리의 길이)$=16\div4=4$ (cm)
⇨ (정육면체의 부피)$=4\times4\times4=64$ (cm^3)

2-1 돌의 부피는 가로 35 cm, 세로 18 cm, 높이 5 cm인 직육면체의 부피와 같습니다.
⇨ $35\times18\times5=3150$ (cm^3)

2-2 $18\times10\times12=2160$ (cm^3)

3-1 쌓기나무의 개수가 가로로 2, 3, 4, ..., 세로로 1, 높이가 1, 2, 3, ...으로 변하고 있습니다.
⇨ (다섯 번째 모양의 부피)
$=6\times1\times5=30$ (cm^3)

3-2 (다섯 번째 모양의 쌓기나무의 개수)
$=5\times5\times5=125$(개)
⇨ (다섯 번째 모양의 부피)$=125$ cm^3

4-1 (직육면체의 부피)$=9\times8\times3=216\ (\text{cm}^3)$
$216=6\times6\times6$이므로 정육면체의 한 모서리의 길이는 6 cm입니다.

4-2 (직육면체의 부피)$=16\times9\times9=1296\ (\text{cm}^3)$
(정육면체의 부피)$=1296+35=1331\ (\text{cm}^3)$
$1331=11\times11\times11$이므로 정육면체의 한 모서리의 길이는 11 cm입니다.

5-1 직육면체를 잘라 만들 수 있는 가장 큰 정육면체의 한 모서리의 길이는 직육면체의 가장 짧은 모서리의 길이인 15 cm입니다.
⇨ (정육면체의 겉넓이)
$=15\times15\times6=1350\ (\text{cm}^2)$

5-2 직육면체를 잘라 만들 수 있는 가장 큰 정육면체의 한 모서리의 길이는 직육면체의 가장 짧은 모서리의 길이인 8 cm입니다.
⇨ (정육면체의 겉넓이)
$=8\times8\times6=384\ (\text{cm}^2)$

6-1 (정육면체의 한 면의 넓이)$=5\times5=25\ (\text{cm}^2)$
이어 붙인 직육면체의 겉넓이는 정육면체의 한 면의 넓이의 14배입니다.
⇨ (이어 붙인 직육면체의 겉넓이)
$=25\times14=350\ (\text{cm}^2)$

6-2 (정육면체의 한 면의 넓이)$=8\times8=64\ (\text{cm}^2)$
이어 붙인 직육면체의 겉넓이는 정육면체의 한 면의 넓이의 16배입니다.
⇨ (이어 붙인 직육면체의 겉넓이)
$=64\times16=1024\ (\text{cm}^2)$

7-1 2 cm 8 cm 2 cm ㉠ ㉡ 2 cm 6 cm 2 cm

(㉠의 부피)$=8\times2\times2=32\ (\text{cm}^3)$
(㉡의 부피)$=6\times2\times2=24\ (\text{cm}^3)$
⇨ (입체도형의 부피)$=32+24=56\ (\text{cm}^3)$

7-2

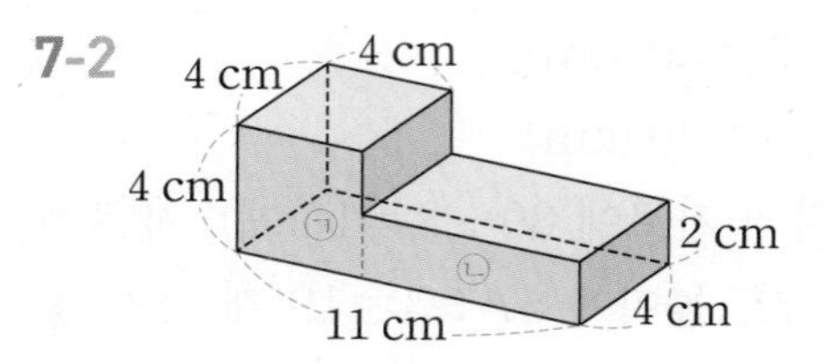

(㉠의 부피)$=4\times4\times4=64\ (\text{cm}^3)$
(㉡의 부피)$=7\times4\times2=56\ (\text{cm}^3)$
⇨ (입체도형의 부피)$=64+56=120\ (\text{cm}^3)$

8-1

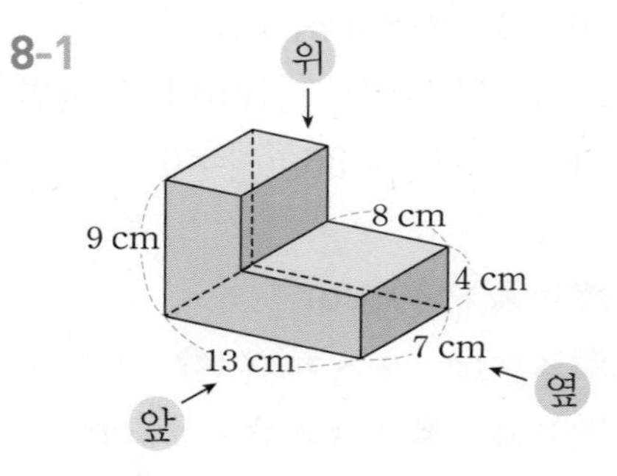

(위에서 보이는 면)
$=13\times7=91\ (\text{cm}^2)$
(옆에서 보이는 면)
$=7\times9=63\ (\text{cm}^2)$
(앞에서 보이는 면)
$=13\times9-8\times5=77\ (\text{cm}^2)$
⇨ $(91+63+77)\times2=462\ (\text{cm}^2)$

필수 체크 전략 2

50~51쪽

01 304 cm^2	02 2590 cm^3
03 729 cm^3	04 2000 cm^3
05 792 cm^3	06 418 cm^2
07 216 cm^2	08 8 cm^2

01 만든 직육면체는 가로가 $2\times4=8$ (cm), 세로가 $2\times2=4$ (cm), 높이가 $2\times5=10$ (cm)입니다.
⇨ (새로 만든 직육면체의 겉넓이)
$=(8\times4+4\times10+8\times10)\times2$
$=152\times2$
$=304\ (\text{cm}^2)$

02

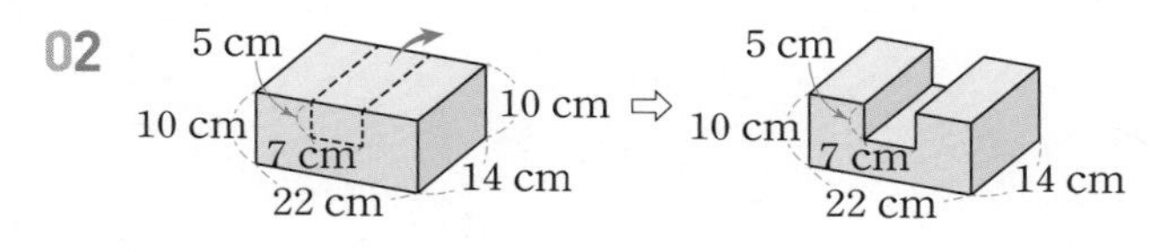

(큰 직육면체의 부피)
$=22\times14\times10=3080\ (\text{cm}^3)$
(작은 직육면체의 부피)
$=7\times14\times5=490\ (\text{cm}^3)$
⇨ (입체도형의 부피)
$=3080-490=2590\ (\text{cm}^3)$

03 정육면체의 한 모서리의 길이를 □cm라 하면
□×□×6=486, □×□=81, □=9
(정육면체의 부피)$=9\times9\times9=729\ (\text{cm}^3)$

04 (돌을 꺼낸 후 물의 높이)$=16\times\frac{3}{4}=12$ (cm)
(줄어든 물의 높이)$=16-12=4$ (cm)
(돌의 부피)$=20\times25\times4=2000\ (\text{cm}^3)$

05 정육면체의 한 모서리의 길이를 □cm라 하면
□×□×6=864, □×□=144, □=12
정육면체의 한 모서리의 길이는 직육면체에서 가장 짧은 모서리의 길이와 같으므로 직육면체의 가로는 12 cm입니다.
(남은 부분의 부피)
$=12\times14\times15-12\times12\times12$
$=2520-1728$
$=792\ (\text{cm}^3)$

06

(한 밑면의 넓이)$=(8\times8)-(5\times3)$
$=64-15=49\ (\text{cm}^2)$
(㉠의 넓이의 합)$=8\times10=80\ (\text{cm}^2)$
(㉡의 넓이의 합)$=8\times10=80\ (\text{cm}^2)$
⇨ (겉넓이)$=(49+80+80)\times2=418\ (\text{cm}^2)$

07 (이어 붙인 정육면체의 한 면의 넓이)

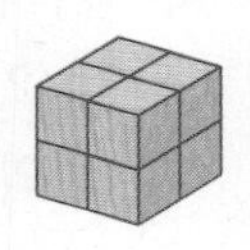

$=6\times6=36\ (\text{cm}^2)$
(이어 붙인 큰 정육면체의 겉넓이)
$=36\times6=216\ (\text{cm}^2)$

08 반으로 자른 직육면체는 다음과 같습니다.

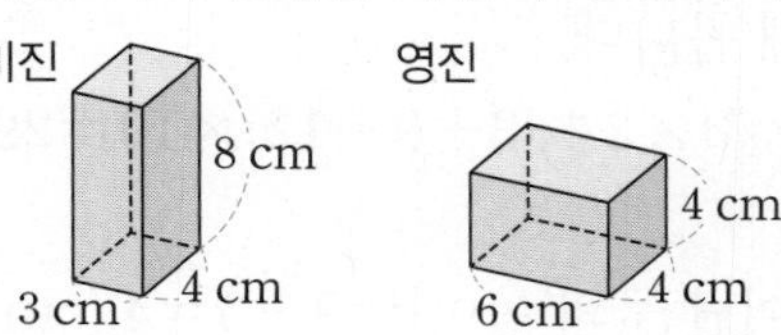

(미진이가 자른 직육면체의 겉넓이)
$=(3\times4+4\times8+3\times8)\times2=136\ (\text{cm}^2)$
(영진이가 자른 직육면체의 겉넓이)
$=(6\times4+4\times4+6\times4)\times2=128\ (\text{cm}^2)$
⇨ $136-128=8\ (\text{cm}^2)$

누구나 만점 전략 52~53쪽

01 64 m^3	02 선미
03 125 cm^3	04 나
05 294 cm^2	06 264 cm^3
07 4 cm	08 216 cm^2
09 600 cm^2	10 125 cm^3

01 $400 \times 400 \times 400 = 64000000\ (cm^2)$ ⇨ 64 m^3

02 (선미가 사용한 쌓기나무의 수)
$= 3 \times 2 \times 4 = 24$(개)
(아현이가 사용한 쌓기나무의 수)
$= 2 \times 5 \times 2 = 20$(개)
⇨ $24 > 20$이므로 선미가 만든 직육면체가 더 큽니다.

03 $5 \times 5 = 25$이므로 정육면체의 한 모서리의 길이는 5 cm입니다.
⇨ (정육면체의 부피)$= 5 \times 5 \times 5 = 125\ (cm^3)$

04 (가의 겉넓이)
$= (2 \times 6 + 6 \times 3 + 2 \times 3) \times 2 = 72\ (cm^2)$
(나의 겉넓이)
$= (4 \times 5 + 5 \times 2 + 4 \times 2) \times 2 = 76\ (cm^2)$
⇨ $72 < 76$이므로 나의 넓이가 더 넓습니다.

05 두 밑면의 넓이의 합과 네 옆면의 넓이의 합을 더해 봅니다.
$(9 \times 3) \times 2 + (3 + 9 + 12) \times 10 = 294\ (cm^2)$

06 (늘어난 물의 높이)$= 9 - 5 = 4$ (cm)
(돌의 부피)$= 11 \times 6 \times 4 = 264\ (cm^3)$

07 (직육면체의 부피)$= 8 \times 2 \times 4 = 64\ (cm^3)$
$64 = 4 \times 4 \times 4$이므로 정육면체의 한 모서리의 길이는 4 cm입니다.

08 가운데 쌓기나무의 보이는 면은 4개이므로 쌓기나무 한 면의 넓이는 $144 \div 4 = 36\ (cm^2)$입니다.
따라서 쌓기나무 1개의 겉넓이는
$36 \times 6 = 216\ (cm^2)$입니다.

09 (늘인 정육면체의 한 모서리의 길이)
$= 5 \times 2 = 10$ (cm)
(늘인 정육면체의 겉넓이)
$= 10 \times 10 \times 6 = 600\ (cm^2)$

10 정육면체의 한 모서리의 길이를 □cm라 하면
□×□×6=150, □×□=25, □=5입니다.
따라서 정육면체의 부피는
$5 \times 5 \times 5 = 125\ (cm^3)$입니다.

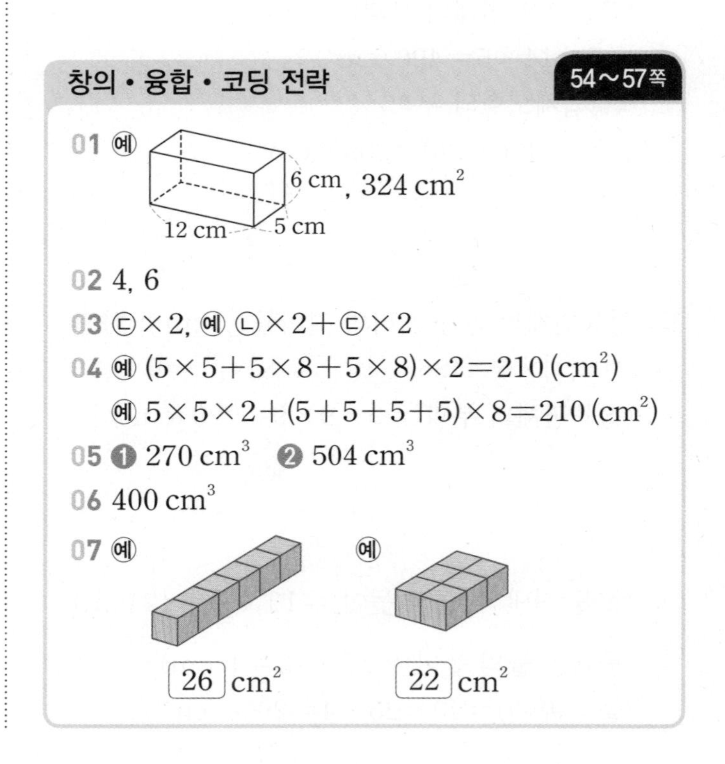

창의 • 융합 • 코딩 전략 54~57쪽

01 예 6 cm, 324 cm^2 (12 cm, 5 cm)
02 4, 6
03 ㉢×2, 예 ㉡×2+㉢×2
04 예 $(5 \times 5 + 5 \times 8 + 5 \times 8) \times 2 = 210\ (cm^2)$
예 $5 \times 5 \times 2 + (5 + 5 + 5 + 5) \times 8 = 210\ (cm^2)$
05 ❶ 270 cm^3 ❷ 504 cm^3
06 400 cm^3
07 예 26 cm^2 예 22 cm^2

01 (직육면체의 겉넓이)
$=(12\times5+5\times6+12\times6)\times2$
$=(60+30+72)\times2$
$=324\ (cm^2)$

02 (직육면체의 부피)=(가로)×(세로)×(높이)
=■×▲×●라면
- 가로를 4배 했을 때의 부피는
■×4×▲×●=(■×▲×●)×4로
처음 부피의 4배가 됩니다.
- 가로를 3배, 세로를 2배 했을 때의 부피는
■×3×▲×2×●=(■×▲×●)×6으로
처음 부피의 6배가 됩니다.

03 보기: 가로로 1번 잘랐으므로 겉넓이는 면 ㉡이 2개만큼 늘어납니다.
첫 번째: 세로로 1번 잘랐으므로 겉넓이는 면 ㉢이 2개만큼 늘어납니다.
두 번째: 가로로 1번, 세로로 1번 잘랐으므로 겉넓이는 면 ㉡이 2개, 면 ㉢이 2개만큼 늘어납니다.

04 가로 5 cm, 세로 5 cm, 높이 8 cm인 직육면체의 겉넓이를 구합니다.

05 ❶ (각기둥의 부피)
=(가로가 9 cm, 세로가 5 cm, 높이가 12 cm인 직육면체의 부피)÷2
$=(9\times5\times12)\div2$
$=270\ (cm^3)$
❷ (각기둥의 부피)
=(가로가 16 cm, 세로가 7 cm, 높이가 9 cm인 직육면체의 부피)÷2
$=(16\times7\times9)\div2$
$=504\ (cm^3)$

06 직육면체의 세로를 ● cm라 하면
가로는 (●+5) cm, 높이는 (●+3) cm입니다.
직육면체에서 길이가 같은 모서리는 4개씩 있으므로
(●+5+●+●+3)×4=92,
●×3+8=23,
●×3=15,
●=5
⇨ (직육면체의 부피)$=(5+5)\times5\times(5+3)$
$=10\times5\times8$
$=400\ (cm^3)$

07 ( 모양의 겉넓이)
$=(1\times6+6\times1+1\times1)\times2$
$=13\times2$
$=26\ (cm^2)$
( 모양의 겉넓이)
$=(2\times3+3\times1+2\times1)\times2$
$=11\times2$
$=22\ (cm^2)$

BOOK 2

신유형 • 신경향 • 서술형 전략 60~63쪽

01 128 % 02 26.8 g
03 678만 원 04 25 %, 20 %
05 예 초등학교 학령 인구가 점차 줄어드는 추세입니다.
06 9명 07 792 cm^2, 1440 cm^3
08 0.01 m^3

01 (1960년의 인구에 대한 1970년의 인구의 비율)

$=\frac{(1970\text{년의 인구})}{(1960\text{년의 인구})}=\frac{3200\text{만}}{2500\text{만}}=\frac{32}{25}$

⇨ $\frac{32}{25}\times 100=128$ (%)

02 탄수화물은 100 g 중 67 g이므로

전체의 $\frac{67}{100}$입니다.

⇨ 40 g에 들어 있는 탄수화물의 양은

$40\times\frac{67}{100}=26.8$ (g)입니다.

03 (내야 할 세금)=5000만×0.24−522만

=1200만−522만

=678만 (원)

04 (A 기업의 주가 상승률)

$=\frac{(35000-28000)}{28000}\times 100$

$=\frac{7000}{28000}\times 100=25$ ⇨ 25 %

(B 기업의 주가 하락률)

$=\frac{(50000-40000)}{50000}\times 100$

$=\frac{10000}{50000}\times 100=20$ ⇨ 20 %

06 B형에게 수혈할 수 있는 혈액형은 B형과 O형입니다.

B형은 15 %, O형은 30 %이므로

B형에게 수혈할 수 있는 비율은

15+30=45 (%) ⇨ 0.45입니다.

⇨ 20×0.45=9(명)

07 가로 12 cm, 세로 8 cm, 높이 15 cm인 직육면체를 각 방향에서 본 모양입니다.

(직육면체의 겉넓이)

$=(12\times 8+12\times 15+8\times 15)\times 2$

$=(96+180+120)\times 2$

$=792$ (cm^2)

(직육면체의 부피)

$=12\times 8\times 15=1440$ (cm^3)

08 0.4 m=40 cm이므로

(수조의 부피)

$=25\times 20\times 40=20000$ (cm^3)

(수조에 남아 있는 물의 부피)

$=20000\div 2=10000$ (cm^3) ⇨ 0.01 m^3

고난도 해결 전략 1회 64~67쪽

01 0.64
02 1.5
03 79 : 42
04 사과
05 30 %
06 6명
07 3만 원
08 48000원
09 72 km
10 17.4 %
11 지역별 초등학생 수

가 | 나
다 | 라

10만 명 1만 명

12 140 g
13 (위에서부터) 90, 10 ; 45, 20, 30, 5, 100
14 5.4 cm, 2.4 cm, 3.6 cm, 0.6 cm

01 $(\text{승률})=\dfrac{(\text{이긴 경기 수})}{(\text{전체 경기 수})}=\dfrac{48}{75}=0.64$

02 꼭짓점: 8개, 모서리: 12개

⇨ $\dfrac{(\text{모서리 수})}{(\text{꼭짓점 수})}=\dfrac{12}{8}=1.5$

03 (수민이 아버지의 몸무게)$=42\times2-5=79$ (kg)

⇨ (수민이의 몸무게에 대한 수민이 아버지 몸무게의 비)

=(수민이 아버지의 몸무게) : (수민이의 몸무게)

$=79 : 42$

04 사과: $\dfrac{(1200-840)}{1200}=\dfrac{360}{1200}\times100$

$=30$ ⇨ 30 %

배: $\dfrac{(2000-1600)}{2000}=\dfrac{400}{2000}\times100$

$=20$ ⇨ 20 %

⇨ 30 % > 20 %

05 (겨울)$=360°-54°-126°-72°=108°$

⇨ $\dfrac{108}{360}\times100=30$ ⇨ 30 %

06 $20\times\dfrac{30}{100}=6$(명)

07 (고기와 과일의 비율의 합)

$=100-10-30-10=50$ (%)

(고기의 비율)

$=50\div2=25$ (%)

(고기를 산 금액)

$=12$만$\times\dfrac{25}{100}=3$만 (원)

08 12 %는 0.12이므로 의자 1개의 판매 이익금은 $50000\times0.12=6000$(원)입니다.
따라서 의자 8개의 판매 이익금은
$6000\times8=48000$(원)입니다.

09 걸린 시간에 대한 간 거리의 비율은

$\dfrac{(\text{간 거리})}{(\text{걸린 시간})}=\dfrac{6000\text{ m}}{5\text{분}}=1200$입니다.

1시간 동안 간 거리를 □m라 하면

$\dfrac{\square\text{ m}}{60\text{분}}=1200$이어야 하므로

$\square=1200\times60=72000$ (m) ⇨ 72 km입니다.

10 (전체 설탕물의 양)$=300+200=500$ (g)

(전체 설탕의 양)$=300\times\dfrac{15}{100}+200\times\dfrac{21}{100}$

$=45+42=87$ (g)

⇨ (새로 만든 설탕물의 진하기)

$=\dfrac{87}{500}\times100=17.4$ ⇨ 17.4 %

11 (전체 초등학생 수)$=21$만$\times 4=84$만 (명)
가: 28만 명, 나: 15만 명, 라: 18만 명
(다 지역의 초등학생 수)
$=84$만-28만-15만-18만$=23$만 (명)
따라서 다 지역은 10만 명 그림 2개, 1만 명 그림 3개로 나타냅니다.

12 단백질의 비율을 □ %라 하면,
탄수화물의 비율은 (□$\times 4$) %입니다.
(탄수화물과 단백질의 비율의 합)
$=100-60-5=35$ (%)
⇨ □$\times 4+$□$=35$, □$\times 5=35$, □$=7$
단백질은 7 %, 탄수화물은 28 %이므로
탄수화물은 $500\times\frac{28}{100}=140$ (g)입니다.

13 (국어와 과학을 좋아하는 학생 수의 합)
$=200-40-60=100$(명)
과학을 좋아하는 학생 수를 □명이라 하면,
국어를 좋아하는 학생 수는 (□$\times 9$)명이므로
□$\times 9+$□$=100$, □$=10$으로 과학을 좋아하는 학생은 10명, 국어를 좋아하는 학생은 90명입니다.
(백분율)$=\frac{(\text{과목별 학생 수})}{200}\times 100$이므로
(국어)$=\frac{90}{200}\times 100=45$ ⇨ 45 %
(수학)$=\frac{40}{200}\times 100=20$ ⇨ 20 %
(사회)$=\frac{60}{200}\times 100=30$ ⇨ 30 %
(과학)$=\frac{10}{200}\times 100=5$ ⇨ 5 %

14 국어: $12\times 0.45=5.4$ (cm)
수학: $12\times 0.2=2.4$ (cm)
사회: $12\times 0.3=3.6$ (cm)
과학: $12\times 0.05=0.6$ (cm)

고난도 해결 전략 2회 (68~71쪽)

01 343 cm^3	**02** 384 cm^2
03 6 cm	**04** 350 cm
05 314 cm^2	**06** 5
07 37975 cm^3	**08** 294 cm^2
09 5	**10** 756 cm^3
11 2660 cm^3	**12** 256 cm^2
13 864 cm^2	**14** 54 cm^2

01 한 모서리의 길이가 7 cm인 정육면체입니다.
⇨ (정육면체의 부피)
=(한 모서리의 길이)×(한 모서리의 길이)×(한 모서리의 길이)
$=7\times 7\times 7=343$ (cm^3)

02 색칠한 면은 정사각형이므로
(정육면체의 한 모서리의 길이)
$=32\div 4=8$ (cm)
⇨ (정육면체의 겉넓이)$=8\times 8\times 6=384$ (cm^2)

03 (정육면체의 부피)$=4\times 9\times 6=216$ (cm^3)
정육면체의 한 모서리의 길이를 □cm라고 하면
□$\times$□$\times$□$=216$이므로 □$=6$입니다.

04 세로를 □m라고 하면
42000000 cm^3 $=42$ m^3이므로
$3\times$□$\times 4=42$, □$=42\div 12=3.5$에서
3.5 m $=350$ cm입니다.

05 직육면체의 가로는 5 cm, 세로는 9 cm, 높이는 8 cm입니다.
⇨ (겉넓이)$=(5\times 9+9\times 8+5\times 8)\times 2$
$=157\times 2$
$=314$ (cm^2)

06 모서리의 길이가 9 cm, □cm, 4 cm인 직육면체의 전개도입니다.
$(9\times\square+\square\times4+9\times4)\times2=202$,
$9\times\square+\square\times4+36=101$,
$\square\times13+36=101$,
$\square\times13=65$, $\square=5$

07 (입체도형의 부피)
=(가로가 50 cm, 세로가 32 cm, 높이가 25 cm인 직육면체의 부피)
−(가로가 9 cm, 세로가 9 cm, 높이가 25 cm인 직육면체의 부피)
$=50\times32\times25-9\times9\times25$
$=40000-2025=37975\ (\text{cm}^3)$

08 처음 정육면체의 한 모서리의 길이를 □cm라고 하면
$(\square\times3\times\square\times3)\times6=2646$,
$\square\times\square\times9=441$, $\square\times\square=49$, $\square=7$
따라서 처음 정육면체의 겉넓이는
$7\times7\times6=294\ (\text{cm}^2)$입니다.

09 $(7\times\square+\square\times4+7\times4)\times2=166$,
$\square\times11+28=83$, $\square\times11=55$, $\square=5$

10 밑면의 가로를 □cm라고 하면
세로는 $(\square\times3)$ cm이므로
밑면의 둘레를 이용하면
$\square+\square\times3+\square+\square\times3=48$,
$\square\times8=48$, $\square=6$
따라서 가로가 6 cm, 세로가 $3\times6=18\ (\text{cm})$, 높이가 7 cm인 직육면체의 부피는
$6\times18\times7=756\ (\text{cm}^3)$입니다.

11 (물을 넣었을 때 늘어난 물의 높이)
$=15-8=7\ (\text{cm})$
⇨ (돌의 부피)$=20\times19\times7=2660\ (\text{cm}^3)$

12

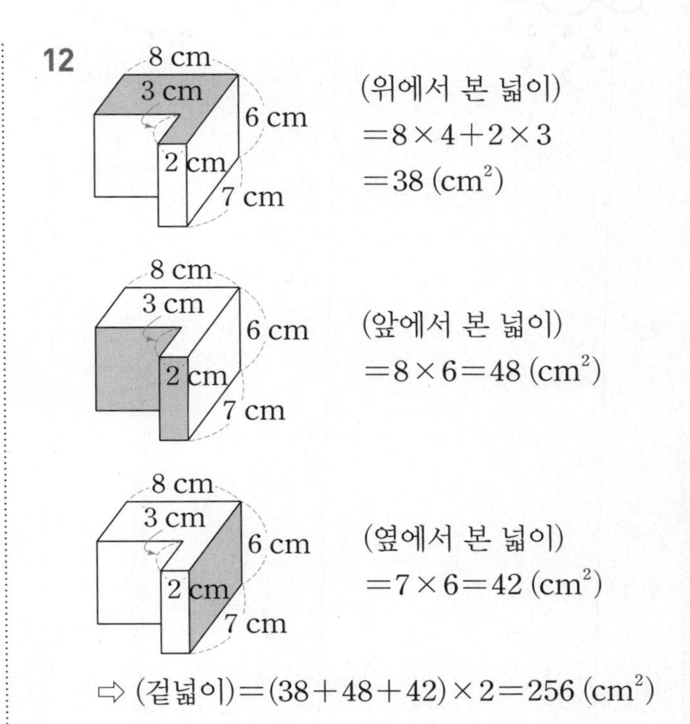

(위에서 본 넓이)
$=8\times4+2\times3$
$=38\ (\text{cm}^2)$

(앞에서 본 넓이)
$=8\times6=48\ (\text{cm}^2)$

(옆에서 본 넓이)
$=7\times6=42\ (\text{cm}^2)$

⇨ (겉넓이)$=(38+48+42)\times2=256\ (\text{cm}^2)$

13 $64=4\times4\times4$이므로 쌓기나무의 한 모서리의 길이는 4 cm입니다.
일곱 번째 모양의 겉넓이는 한 변의 길이가 4 cm인 정사각형 모양의 면이 모두
$(13+7+7)\times2=54$(개)입니다.

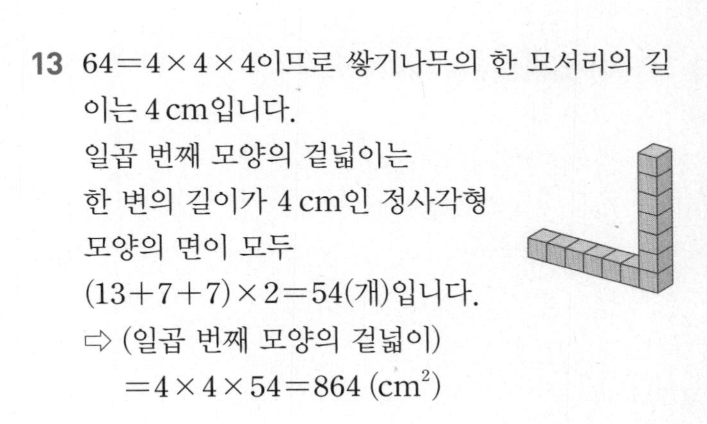

⇨ (일곱 번째 모양의 겉넓이)
$=4\times4\times54=864\ (\text{cm}^2)$

14 쌓기나무 한 면의 넓이를 □cm^2라고 하면
쌓기나무 1개의 겉넓이는 $(\square\times6)\ \text{cm}^2$,
쌓기나무 27개의 겉넓이의 합은
$(\square\times6\times27)\ \text{cm}^2$입니다.
큰 정육면체의 한 면의 넓이는 $(\square\times9)\ \text{cm}^2$이므로
큰 정육면체의 겉넓이는 $(\square\times9\times6)\ \text{cm}^2$입니다.
⇨ $(\square\times6\times27)-(\square\times9\times6)=972$,
$\square\times108=972$, $\square=9$
쌓기나무 한 면의 넓이가 9 cm^2이므로 쌓기나무 1개의 겉넓이는 $9\times6=54\ (\text{cm}^2)$입니다.

memo

◀ 정답은
이안에
있어!